国家科学技术学术著作出版基金资助出版
Supported by the National Fund for Academic Publication in Science and Technology

西南山区滑坡泥石流灾害风险评估理论与实践

丁明涛　胡凯衡　张　继　著

U0287376

科学出版社

北　京

内 容 简 介

本书选取西南典型地区的滑坡泥石流灾害为研究对象,在滑坡和泥石流灾害风险框架下,讨论西南地区滑坡泥石流灾害的易发性、危险性、易损性及其风险性,可为我国西南地区及其他滑坡泥石流活跃区防灾减灾规划和山区经济建设以及布局再调整提供理论与关键技术支持。

本书适合地质科学、地理科学、环境科学、环境管理及相关专业的科研人员和研究生阅读参考。

审图号: GS 川 (2022) 12 号

图书在版编目(CIP)数据

西南山区滑坡泥石流灾害风险评估理论与实践 / 丁明涛,胡凯衡,张继著.
— 北京:科学出版社,2022.6
ISBN 978-7-03-069991-6

Ⅰ.①西… Ⅱ.①丁… ②胡… ③张… Ⅲ.①滑坡–地质灾害–风险评价–西南地区②泥石流–地质灾害–风险评价–西南地区 Ⅳ.①P642.2

中国版本图书馆 CIP 数据核字 (2021) 第 204192 号

责任编辑:莫永国 / 责任校对:彭　映
责任印制:罗　科 / 封面设计:义和文创

科 学 出 版 社 出版
北京东黄城根北街16号
邮政编码:100717
http://www.sciencep.com

四川煤田地质制图印刷厂印刷
科学出版社发行　各地新华书店经销
*

2022 年 6 月第 一 版　　开本:787×1092 1/16
2022 年 6 月第一次印刷　　印张:20 1/2
字数:420 000
定价:189.00 元
(如有印装质量问题,我社负责调换)

本书成果主要来源于以下科研项目

● 国家自然科学基金面上项目，No. 41871174，面向灾害保险的岷江上游聚落风险模式化认知与应急响应，2019/01—2022/12

● 国家重点研发计划项目，No. 2018YFC150540202，"强震区宽缓沟道型泥石流致灾机理及灾害链效应"项目子课题，2018/12—2021/12

● 国家自然科学基金面上项目，No. 41371185，岷江上游河谷聚落对泥石流灾变的响应机制研究，2014/01—2017/12

● 四川省青年科技基金项目，No. 2017JQ0051，岷江上游聚落灾变与山地垂直分异的耦合机制研究(青年基金)，2017/03—2020/03

作者简介

丁明涛(1981—)，男，山东日照人，博士，西南交通大学教授，博士生导师，四川省学术和技术带头人后备人选(第十二批)，四川省海外高层次留学人才，长期从事地质灾害防灾减灾理论及其技术方面的教学与科研工作。2009 年 6 月毕业于中国科学院水利部成都山地灾害与环境研究所，获理学博士学位；2013 年 11 月～2014 年 11 月，赴奥地利维也纳自然资源与生命科学大学(BOKU)从事博士后工作。已主持国家自然科学基金委等 30 余项科研项目；已发表学术论文 60 余篇，其中 SCI 收录 18 篇；授权国家发明专利 7 项，授权软件著作权 6 项；出版学术著作 3 部；入选四川省杰出青年学术技术带头人培育计划(2017 年)；荣获第十四届四川省青年科技奖(2017 年)。

胡凯衡(1975—)，男，江西瑞金人，博士，中国科学院水利部成都山地灾害与环境研究所研究员，博士生导师，第十二批四川省有突出贡献的优秀专家，长期从事泥石流动力学、泥石流减灾理论与技术、地表过程数值模拟等研究。任四川省气象学会常务理事、中国水土保持学会泥石流滑坡防治专业委员会委员、中国地理学会山地分会委员。2006 年毕业于北京大学工学院，获理学博士学位。1997 年进入中国科学院水利部成都山地灾害与环境研究所工作至今。承担了重点研发计划等国家和地方重要项目 30 余项。共发表论文 200 余篇，授权软件著作权 5 项，专利 8 项，荣获 2009年国家科技进步奖二等奖、2020 年中国科学院杰出科技成就奖、2006 年和 2013 年四川省科技进步奖一等奖。

　　张继(1974—)，男，四川荣县人，博士，教授级高级工程师，四川省地质工程勘察院集团有限公司副总工程师，西南石油大学校外硕士研究生导师，长期从事地质灾害生态化信息化防治理论和技术研究。任四川省自然资源厅地质环境库专家、四川省综合评标专家库专家、四川省建设项目节约集约用地评价类专家库专家、成都市土地学会理事。2008 年毕业于中国科学院水利部成都山地灾害与环境研究所，获理学博士学位；2008 年进入四川省地质工程勘察院集团有限公司工作至今。承担省部级重大民生型项目 80 余项，主持并参与省部级地灾防治生态化、信息化科研项目 8 项；先后发表论文 20 余篇，授权发明专利和实用新型专利 12 项，获 2018 年第三届野外青年地质贡献奖——金罗盘奖，获省部级荣誉奖 4 项，省部级科技成果奖 18 项。

前　言

　　西南山区是我国滑坡和泥石流灾害最为发育的区域之一，滑坡和泥石流数量众多，分布范围广，危害严重。根据目前的研究资料和相关情况，我们已掌握基本信息的滑坡有7217处、泥石流沟有7561条。由于目前西南地区滑坡和泥石流的调查研究工作开展很不平衡，特别是西藏自治区的调查和研究工作较为薄弱，大多数研究工作是沿交通干线开展的，因此已掌握的西藏区域的滑坡和泥石流灾害点也多沿交通干线分布。这些滑坡和泥石流灾害点的大致分布情况如图 0-1 和图 0-2 所示。

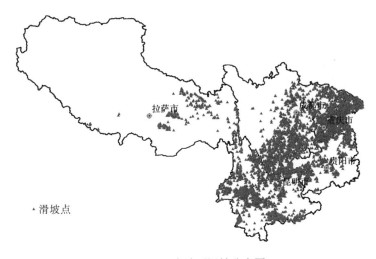

▲ 滑坡点

图 0-1　西南地区滑坡分布图

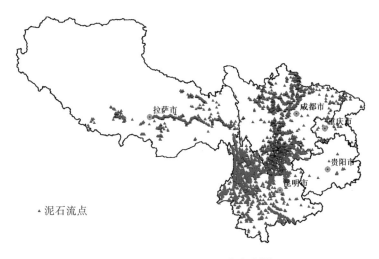

▲ 泥石流点

图 0-2　西南地区泥石流分布图

西南山区主要涉及的五省(自治区、直辖市)均有滑坡和泥石流分布,其中以四川省、云南省分布最多。四川省、云南省滑坡和泥石流分布密集,其中,四川省滑坡和泥石流灾害主要分布在甘孜藏族自治州、阿坝藏族羌族自治州和凉山彝族自治州,以及雅安市和广元市;云南省滑坡和泥石流灾害主要分布在滇东北和滇西地区。受地形条件的限制,重庆市的滑坡分布数量众多,泥石流分布数量则相对较少。贵州省由于出露地层多为灰岩,岩质坚硬,松散的碎屑物质积累较少,除毕节和六盘水地区滑坡、泥石流分布较多外,其他地区分布则相对较少。西藏自治区的滑坡泥石流多分布在藏东和藏南,主要包括林芝、昌都、山南、拉萨和日喀则等地区,目前掌握的灾害数据多沿川藏公路、中尼公路等交通干线分布。

0.1 研究目的和意义

西南山区是我国社会经济发展中各种不利条件和困难因素叠加影响的区域,是地形上的隆起区和经济上的低谷区,更是滑坡、泥石流等地质灾害的多发区。滑坡泥石流灾害风险评估与管理是当今世界防灾减灾领域关注的焦点。本书综合研究滑坡泥石流灾害易发性、危险性、易损性和风险性,形成完整的滑坡泥石流灾害风险评估体系,选择典型区(三江并流区、芦山震区、汶川震区和岷江上游等地区)进行示范应用,以期为我国西南地区及其他滑坡泥石流活跃区防灾减灾规划和山区经济建设及布局再调整提供理论与关键技术支持。

0.2 主要研究内容

本书选取西南地区滑坡泥石流灾害为研究对象,在滑坡和泥石流灾害风险框架下,讨论区域滑坡泥石流灾害的易发性、危险性、易损性及其风险性,并选择典型案例开展示范应用研究。全书共有三篇,包括理论方法、区域应用和专题示范,各部分的主要内容如下所述。

第一篇:理论方法,该篇共包括 4 章。第 1 章绪论:主要介绍西南地区滑坡泥石流灾害发育特征及其风险评估框架体系;第 2 章滑坡泥石流易发性与危险性评价:介绍滑坡泥石流灾害易发性、危险性概念及其国内外发展现状,系统阐述危险性评价原则和评价方法;第 3 章地质灾害易损性评价:介绍滑坡泥石流灾害易损性(包括社会易损性、人口易损性和建筑易损性)概念及其国内外发展现状、易损性评价指标及评价方法;第 4 章滑坡泥石流风险评价:介绍滑坡泥石流灾害风险概念及其国内外发展现状、风险评价方法及其应用。

第二篇:区域应用,该篇共包括 2 章。其中,第 5 章三江并流区泥石流危险性评价:主要介绍三江并流区地理位置、地质地貌环境、构造活动与地震情况、气象和水文条件、植被和土壤、社会经济与人类工程活动,泥石流灾害的分布特征和发育规律,泥石流灾害危险性评价及其防治对策;第 6 章芦山震区滑坡灾害风险评价:主要介绍研究概况与数据来源,芦山震区滑坡灾害成灾规律,芦山震区与汶川震区滑坡分布特征对比分析,滑坡易发性评价与危险性评价,滑坡易损性评价以及滑坡风险评价。

第三篇：专题示范，该篇共包括 5 章。其中，第 7 章岷江上游概况：主要介绍研究区数据来源，自然环境概况，社会经济与人类工程活动；第 8 章泥石流易发性与危险性评价：主要介绍基于栅格单元和子流域单元的泥石流易发性评价，泥石流灾害危险性评价，泥石流沟谷发育趋势分析；第 9 章山区聚落灾害易损性评价：主要介绍山区聚落概况，易损性时空分异特征，基于熵值综合评判和贡献权重叠加法的聚落灾害易损性；第 10 章山区人口与建筑物易损性评价：主要介绍山区人口易损性评价(岷江上游和七盘沟)，山区建筑易损性评价(岷江上游和七盘沟)；第 11 章泥石流灾害风险评估及其预警报：主要介绍泥石流灾害风险评价，泥石流活动短临预警报及泥石流活动中长期预报。

0.3 本书研究成果特色

本书较为完整地阐述了滑坡和泥石流灾害风险评估的工作体系和内容，对西南山区以及类似灾害活跃区开展灾害风险评估与管理工作将会有着非常重要的借鉴意义。本书的研究工作将泥石流易发性评价内容延伸至泥石流沟谷发育趋势预测方面，将某一地区滑坡泥石流灾害的危险性采用多种方法进行评价，将易损性评价工作拓展细化到社会易损性、人口易损性和建筑易损性等多个子内容中，深入开展滑坡泥石流灾害风险评估与预警报区域/专题示范研究工作。

0.4 本书资助及撰写分工

本专著的出版得到了国家科学技术学术著作出版基金和西南交通大学研究生教材(专著)建设项目的资助，本专著内容系由国家自然科学基金面上项目"面向灾害保险的岷江上游聚落风险模式化认知与应急响应"(No. 41871174)、国家重点研发计划项目"强震区宽缓沟道型泥石流致灾机理及灾害链效应"项目子课题(No. 2018YFC150540202)和国家自然科学基金面上项目"岷江上游河谷聚落对泥石流灾变的响应机制研究"(No. 41371185)、四川省青年科技基金项目"岷江上游聚落灾变与山地垂直分异的耦合机制研究(青年基金)"(No. 2017JQ0051)等项目的研究成果共同积累形成。本专著研究成果是依据行业内相关技术标准，将长期野外实践收集的现场资料与室内研究成果相结合，经咨询多位专家指导意见与建议完成。本书主要由近五年项目组相关课题的研究成果组成，可为西南地区滑坡泥石流灾害风险评价研究提供数据支持和方法参考。

本书共分为 11 章，是"地质灾害风险管控与聚落减灾"团队近五年来科学研究的成果集成，各章作者如下：第 1～4 章由丁明涛、胡凯衡、张继和庙成完成；第 5 章由丁明涛、胡凯衡、张继、庙成和黄涛完成；第 6～8 章由丁明涛、胡凯衡、张继、庙成完成；第 9 章由丁明涛、胡凯衡、张继、庙成和黄涛完成；第 10 章和第 11 章由丁明涛、胡凯衡、黄涛和庙成完成；全书由丁明涛和高泽民统稿。

资料整理及书稿撰写过程中，西南交通大学地球科学与环境工程学院领导和同事们给予了充分支持和鼓励，中国科学院水利部成都山地灾害与环境研究所的谢洪研究员等多位专家老师充分提供了无私的帮助和具体建议指导，在此表示诚挚的谢意！

从齐鲁大地到天府之国，辗转数千里，科研探索之路漫长而艰辛，倍加感激那些曾给予我们无私帮助的领导、前辈、朋友和同事们。

限于作者的知识面和学术水平，书中难免有不妥之处，恳请广大读者批评指正。

2021 年 9 月 10 日于西南交大犀浦校区

目　　录

第一篇　理论方法

第二篇　区域应用

第一篇

理 论 方 法

第1章 绪 论

1.1 引言

　　滑坡和泥石流的分布既不随纬度变化而变化,也不随垂直高度变化而变化,即其分布既不具有水平地带性,也不具有垂直地带性,呈现出很强的非地带性特点。滑坡和泥石流的分布受地形、地质和气候等条件的控制,在任何纬度带和高度带,只要具备滑坡和泥石流发育的条件,就会有滑坡和泥石流的发育分布。西南山区的滑坡和泥石流分布主要具有以下四个方面的特点。

　　(1)大地貌单元过渡带上集中分布。在大的地貌单元上,滑坡和泥石流主要集中分布在横断山区、云贵高原的崎岖山区、四川盆周山区和秦巴山区等地区。在藏北高原、川西高原和云贵高原的高原面上以及四川盆地的成都平原等区域内少有滑坡和泥石流分布。因对地貌条件的要求不同,滑坡较泥石流的分布范围更加广泛,如四川盆地中部的丘陵区仍有较多中小规模的滑坡分布,而泥石流在丘陵区则少有分布。

　　大地貌单元过渡带上往往地质构造活跃,地形高差起伏大,起伏的地形又往往造成降水增加,为滑坡和泥石流的发育提供了良好的条件。西南地区(云、贵、川、渝、藏)地跨我国地貌的两大阶梯,具有第一阶梯向第二阶梯过渡和第二阶梯向第三阶梯过渡的两大过渡带。在第一阶梯向第二阶梯的过渡带上不仅具有较大的高差,同时具有较大的坡度[①],导致滑坡和泥石流都异常发育,且分布密集,是我国泥石流和滑坡的主要活动区。在第二阶梯向第三阶梯的过渡带上,由于地形高差变化比前一过渡带小,发育泥石流的条件相对较差,泥石流分布较少,但由于具有较大的坡度变化,滑坡却十分发育且分布密集。四川盆地周边山区是周围山地向四川盆地过渡的地带,滑坡和泥石流分布也十分密集,因盆周山地东西部相对高差较大,西部盆周山地滑坡和泥石流均异常发育,东部盆周山地滑坡分布十分密集,而泥石流分布相对较少。

　　(2)河流切割强烈、相对高差大的地区集中分布。西南山区的干流和主要支流上都有滑坡和泥石流分布。在西南诸河中,雅鲁藏布江、大盈江、怒江干流、澜沧江干支流和元江两岸滑坡和泥石流分布最为密集。其中,怒江干流两岸泥石流分布密集,几乎每条支沟都是泥石流沟,而滑坡分布相对较少;大盈江为滑坡和泥石流分布密集区;帕隆藏布江是雅鲁藏布江流域中泥石流和滑坡分布最为密集的流域,由于海洋性现代冰川的发育,该流域内不仅分布有暴雨型泥石流,还分布有大量的冰川型泥石流。长江上游干流可以分为若干段,金沙江上游滑坡和泥石流分布相对较少,金沙江下游则为滑坡和泥石流分布最为密集的江段;长江宜宾至三峡段泥石流少有分布,而滑坡分布则甚为密集,特别是该江段的下部,长江三峡段滑坡和泥石流皆有分布,但以滑坡分布更为密集;长江上游的各大支流

---

① 本书中"坡度"指坡面与水平面的夹角的度数。

中,滑坡和泥石流在雅砻江中下游分布密集,而在雅砻江上游则分布较少;在岷江上游和大渡河两岸滑坡和泥石流分布密集,在岷江下游则分布较少;嘉陵江上游的白龙江流域滑坡和泥石流分布密集;乌江流域滑坡分布较多,而泥石流分布较少。目前已掌握准确位置的滑坡和泥石流在长江上游和西南诸河各大干流和支流的分布数量如表1-1所示。

表1-1 西南地区各大干流和支流的滑坡和泥石流分布

长江上游						
水系名称	金沙江	雅砻江	岷江	嘉陵江	乌江	大渡河
滑坡/处	640	189	215	181	26	123
泥石流/条	553	750	1157	291	17	747

西南诸河				
水系名称	雅鲁藏布江	怒江	澜沧江	元江
滑坡/处	14	68	129	8
泥石流/条	233	668	836	5

河流切割强烈的地区往往地壳隆升强烈,地质构造活跃,地形相对高差大,地势陡峻,具备滑坡和泥石流发育的有利条件,滑坡和泥石流往往在这些地区集中分布。在云、贵、川、渝、藏地区,河流切割强烈、相对高差大的地区主要有:横断山区及其沿经向构造发育的滇西南诸河以及雅砻江、安宁河、大渡河等河流,金沙江下游地区、岷江上游地区、嘉陵江上游地区、白龙江流域等。

(3)断裂带和地震带集中分布。断裂带皆为地质构造活跃的地带,新构造运动活跃强烈,地震活动频繁,地震带多与大的断裂带重合。这些地带往往岩层破碎,山坡稳定性差,河流沿断裂带切割强烈,形成陡峻的地形,为滑坡和泥石流的发育提供了十分优越的条件,是滑坡和泥石流分布最为密集的地带。地震活动往往诱发大规模的滑坡和泥石流,在地震后较长一段时间内,滑坡和泥石流活动都处于活跃期。西南地区断裂带和地震带众多,都是滑坡和泥石流集中分布的地带,有些地带是我国乃至全世界滑坡和泥石流最为发育的地区。例如:金沙江下游的小江流域沿小江深大断裂带发育,小江深大断裂带也是云南省主要的活动性地震带之一。在断裂带和地震的作用下,小江两岸滑坡泥石流异常发育,小江流域全长仅138km,两岸发育的泥石流沟多达172条,其中蒋家沟泥石流更是世界罕见,平均每年暴发15场泥石流,最多一年暴发泥石流高达28场。沿大盈江弧形断裂发育的大盈江是我国滑坡和泥石流密集分布的又一地带,因滑坡为泥石流提供了极为丰富的物质,许多泥石流沟谷泥石流暴发频繁。通麦-然乌断裂带是帕隆藏布江段滑坡和泥石流发育最为密集的地带,发育有众多大规模的滑坡和泥石流沟,其中的102滑坡和古乡沟泥石流是最为典型的滑坡和泥石流,对川藏公路构成了极其严重的危害。

(4)在降水丰沛和暴雨多发的地区集中分布。高强度降水(特别是暴雨)是滑坡和泥石流的主要激发因素,因此,在降水丰沛和暴雨多发的山区,滑坡和泥石流都很发育。长江上游的攀西地区、龙门山东部、四川盆地北部和东部等都是降水丰沛的地区,年降水量一般超过1200mm,且降水强度大,多为暴雨,皆为长江上游滑坡和泥石流集中分布的地区。

滇西南地区受西南暖湿气流影响，降水异常丰沛，是西南诸河滑坡和泥石流分布最为密集的地区，如云南大盈江流域是西南诸河中滑坡和泥石流密集分布的典型流域。大盈江流域地处亚热带，为西南季风气候区，降水充沛，区域内多年平均降水量随海拔的升高而增加。丰沛的降水造成大盈江流域滑坡和泥石流频发，大盈江主河长 168km，但发育有泥石流沟 116 条。每条泥石流沟内都有大量滑坡发育，为泥石流频繁活动提供了充足的物质。其中，浑水沟为最典型的例子，流域内发育了大量滑坡，滑坡面积占流域总面积的 75.5%，为浑水沟泥石流频繁暴发提供了充足的物源条件。据 1976～1980 年的观测资料可知，浑水沟泥石流平均每年暴发 50 次。

西藏帕隆藏布流域降水丰沛，海洋性冰川发育，是我国冰川型(冰雪融水)泥石流最为发育的地区，同时也是滑坡分布密集的地区。仅川藏公路帕隆藏布流域段(271.4km)就发育灾害性泥石流沟 104 条，同时发育有灾害性滑坡 63 处和溜砂坡 18 处。

滑坡泥石流灾害风险评估是减轻滑坡泥石流灾害危害的有效方法和重要手段之一，在灾害预警、工程评估、应急处置、避灾预案、灾情评估和土地利用等方面得到大量的应用(唐川，1993；唐川 等，2005；韦方强 等，2000；Wei et al.，2003；刘希林 等，2004；Kienholz et al.，2004；Fausto et al.，2006；John et al.，2006；白利平 等，2008；乔建平和吴彩燕，2008)。但是，众多的滑坡泥石流风险评估理论和方法中，存在定义比较混乱、概念不统一、采用的指标和方法不规范等问题。比如，对于"危险性"这个概念，有些研究认为是针对泥石流流域或滑坡体而言的，另一些研究认为是和泥石流或滑坡现象相关联的，还有些研究认为是针对受泥石流滑坡威胁的对象而言的。造成这种情况的原因是目前缺乏一个概念明确、兼容性强的灾害风险评估理论框架，因而无法在同一个体系里对不同的风险评估结果进行阐述、比较和验证。为了厘清当前灾害风险评估研究中亟待解决的问题，促进滑坡泥石流风险研究的进一步发展，本书从滑坡泥石流风险评估已有的基本概念、研究内容和指标方法出发，归纳出一套清晰规范、切实可行的滑坡泥石流风险评估体系，为滑坡泥石流灾害风险评估提供一个初步的理论框架。

1.2　灾害的概念框架

地质灾害风险评估的方法、指标和内容与灾害指代的具体含义有密切的关系。"地质灾害"概念有三个方面的含义：第一是指可能发生灾害的空间单元体；第二是指所发生与灾害有关的自然现象或物理过程；第三是指发生的灾害事件。比如"泥石流"，有时指某天发生的泥石流事件或泥石流现象本身，有时又指发生泥石流的流域；"滑坡"可能指滑坡体，或者指滑坡灾害事件，有时也指一种块体运动的过程。根据灾害的不同含义，可分别用"灾害体""灾害现象""灾害事件"来明确表示。灾害体的特征参数主要是一些空间地学属性，如位置、流域面积、坡度、滑动面、岩性、构造等。对灾害现象的描述主要采用速度、流量、物质总量、颗粒组成、形成条件、激发条件等指标，为物理属性。对灾害事件的描述主要采用发生时间、频率、规模、危害范围、人员伤亡、经济损失等指标，为灾害的社会属性(图 1-1)。

灾害风险评估首先需要对空间单元体进行判识分类。根据灾害发生的可能性，空间或地学单元体(如一个边坡或者流域)可分为四种类型：①单元体不具备灾害形成或发生所必需的条件，即物理上不可能发生灾害，那么这个单元体就是无灾体；②单元体在物理上具备了灾害发生的条件，以前没有发生过，或至少没有发生过灾害的痕迹，但将来可能发生灾害，那么这个单元体就是潜在的灾害体；③单元体在物理上具备了灾害发生的条件，有灾害发生的迹象或者记录，但长时间(如近100年内)没有发生过灾害，那么这个单元体就是潜伏的灾害体；④单元体在物理上具备了灾害发生的条件，在最近的时间内发生过灾害或者灾害一直在发展，那么这个单元体就是活跃的灾害体(图1-1)。为了方便起见，无灾体视为发生概率等于零的灾害体。

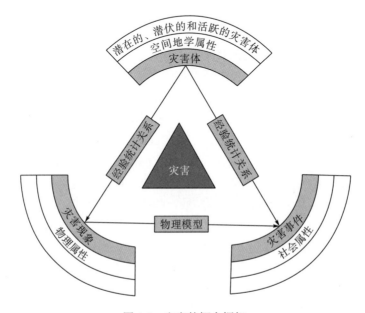

图1-1　灾害的概念框架

　　灾害的风险评估是基于灾害的属性值来进行的，灾害体的特征属性值容易获取。灾害现象和事件的属性值根据灾害体类型不同，获取的难易程度也不同。潜在的、潜伏的灾害体发生灾害的条件、模式和时间难以预测，难以获得灾害现象和事件值。而活跃的灾害体是高频事件，灾害现象和事件的属性值可通过以往的灾害事件来获得。但大多数情况下，灾害事件和现象的信息缺失或者数据太少。这时，灾害事件和现象的属性可通过与灾害体属性值的一些经验统计关系来获得(图1-1)。

1.3　灾害和风险

　　滑坡泥石流等地质灾害的形成和发生受许多因素的影响，目前还无法准确预测灾害发生的时间和地点。正是由于滑坡泥石流等地质灾害在时间和空间上的不确定性，才有"灾害风险"的概念。灾害风险有两个要件：一是与灾害体概念相对的承灾体；二是灾害不确定性的度量。承灾体是指在灾害的影响范围内可能遭受危害的人或价值物。如果灾害发生在无人区，也没有危害到具有一定价值的承灾体，那么这类灾害就没有风险。由于灾害的影响范围是很难事先确定的，所以承灾体是一个动态的概念。许多村庄或者道路往往处于小规模灾害事件的危害范围之外，这时它们不是承灾体。一旦大规模的灾害事件发生，它们又在危害范围之内受到破坏，就成为承灾体。在实践中，确定承灾体的时候，一般是以一个行政功能体所辖制的范围来规定的。当然，也可以设定一个足够大的灾害影响范围，将这个范围之内的人和价值物都作为承灾体。

1.3.1　灾害易发性评价

最低层次的风险评估是针对灾害体开展的，即评估空间位置上发生某种灾害的可能性或程度，这种风险评估称为易发性或敏感性评价。以滑坡泥石流为例，高山峡谷区比丘陵区发生的可能性大，丘陵区又比平原区发生的可能性大；地震带和构造运动活跃的地区比地质构造稳定的区域发生灾害的可能性大；那么，前者的易发性就高于后者。易发性评价给出某个空间位置或单元体发生灾害的可能性或容易度，以离散量来表示，一般从高到低共分为 5 个等级，即极高(5)、高(4)、中等(3)、低(2)和极低(1)，也可以用 0～1 的连续量来表示，易发性为 0 的空间单元体就是无灾体。当然，根据不同的目的和用途，也可以调整灾害易发性的等级。因为易发性不是一个确定的物理量，所以，在不同区域、采用不同方法所得到的易发性评价结果并不具有可比较性。

1.3.2　灾害危险性评价

第二个层次的风险评估称为危险性评价，是针对灾害事件和现象来开展的，即评价在某一发生频率条件下灾害可能具有的危险性。灾害的危险性可以用不同的特征量来表征，经常采用的指标为灾害的发生频率和对应的规模。一般来说，同等频率条件下，灾害规模越大，危险性也就越大；另一方面，同等规模的灾害发生的频率越高，危险性也就越大。例如，同样是百年一遇的频率下，100×10^4 m³ 的滑坡比 10×10^4 m³ 的滑坡危险性大，而十年发生一次的 10×10^4 m³ 泥石流灾害比百年一次的 10×10^4 m³ 泥石流危险性大得多。除了灾害规模外，也可以通过其他的特征量来表征灾害的危险性，如滑坡体的最大总方量、最大冲出距离，泥石流的最大规模、冲击力等。确定这些特征量的值可以直接通过野外调查、监测、室内模拟实验等方法，更多的是借助统计回归的方法，从已有的灾害数据库中，间接建立灾害体与这些特征量的经验关系。危险性评估是基于灾害的物理特征量的，因而不同的评估结果之间可以直接进行比较(Wei et al.，2006)。

综上所述，灾害的危险性有两个要素：灾害的危险特征量(如规模、冲击力和流速等)和危险特征量的概率分布。以 H 表示灾害的危险性，那么危险性如式(1-1)所示：

$$H=g(\{h\},\{p(h)\}) \tag{1-1}$$

式中，h 为危险特征量；$p(h)$ 为危险特征量的概率分布函数；{,}表示多个量的集合；$g(,)$就称为危险性函数。

如果灾害的危险性涉及多个危险特征量，那么就需要知道多个特征量的联合概率分布。单变量的危险性函数可以写为 $H=g(h,p(h))$。由于危险特征量的概率分布在通常情况下难以确定。所以，实际常用一个综合量化指标即危险度来表示危险性的程度。

1.3.3 灾害风险评价

第三个层次的风险评估称为灾前损失评价，也就是通常所说的风险评价，是指评价灾害可能造成的人员伤亡和经济损失。灾害可能造成的损失与灾害的危险性和承灾体的受灾响应密切相关，需要综合考虑这两方面的因素。影响灾害损失的因素是非常多的，一方面，灾害的发生规模、破坏方式、发生时间、物质组成等都对灾损有严重的影响；另一方面，承灾体的结构、类型、质量、方向和位置等都在不同程度上影响灾害对其造成的损失或破坏。例如，在其他条件都相同的情况下，一栋钢筋混凝土结构的楼房比砖混结构的房屋更能抵抗灾害的破坏，受到的损害也较小。承灾体对灾害的响应可以用易损性函数来表征，假设承灾体受灾前的总价值为 M，受灾后的残留价值为 m，则易损性 V 定义为 $(1-m/M)$。易损性的影响因素很多，如承灾体的质量、结构和方位、灾害的各种物理量的时空分布等，大致可归结为两个方面：承灾体本身的属性和灾害的属性。因此，可将易损性用式 (1-2) 表示：

$$V=f(\{H\},\{O\}) \tag{1-2}$$

式中，$\{H\}$ 表示灾害危险性的集合；$\{O\}$ 表示承灾体属性集合。

对于某个固定的承灾体，其属性值是不变的，易损性只是灾害属性的函数。为了便于计算，往往将同一类型承灾体的易损性函数简化为单变量，如泥石流的冲击力、流深等的函数。单变量的易损性函数可以表示为某一危险特征量的函数 $V=f(h)$。比如，Fuchs 等 (2007)、Akbas 等 (2009) 和 Luna (2011) 给出了建筑易损性随泥石流流深的变化曲线，Wilhelm (1998)、Barbolini 等 (2004) 和 Luna 等 (2011) 给出了建筑易损性随泥石流冲击力的变化曲线。

风险可分为广义和狭义的风险。广义的风险是指在一定条件下和一定时期内，由于滑坡泥石流发生的不确定性而导致承灾体遭受损失的大小以及这种损失发生可能性的大小。根据 UNDHA (1991，1992) 的定义，狭义的风险是指在一定区域和给定时段内，由于某一灾害而引起的人们生命财产和经济活动的期望损失值。简而言之，广义的风险是指损失的概率分布，而狭义的风险是指损失的期望。狭义的风险是一个确定的量。对于一个固定的承灾体，如一栋建筑物，假设造成其损失的决定性因素为冲击力 F，用 $V=f(F)$ 表示其易损性函数，用 $p(F)$ 表示在这个建筑物所在位置冲击力的概率分布函数。那么，这栋建筑物遭受损失的概率分布为 $p(f^{-1}(V))$，而期望即狭义风险度 R 如式 (1-3) 所示：

$$R=\int_{p}^{1}f^{-1}(V)p(f^{-1}(V))\mathrm{d}V \tag{1-3}$$

这就是单承灾体单变量的风险评估模型。不同的承灾体需要具体分析，并选择不同的影响变量，如对于水库、农田这类承灾体，泥石流的流深、物质总量可能对损失的影响比较大，这时就需要选择流深或总方量（即物质总量）作为危险特征量。

1.3.4 风险评估理论框架

但是，即使是在考虑固定承灾体和单个影响变量的情况下，确定易损性函数和风险损失概率分布函数也是非常困难的。实际的灾害风险评估中常采用半定量化模型，即分别用三个综合量化指标——危险度 (H)、易损度 (V) 和风险度 (R) 来表征灾害危险性、易损性和风险性的程度。根据 UNDHA 对自然灾害风险的定义及其数学表达式(1-4)(Wilhelm，1998；Barbolini et al.，2004)，综合量化后灾害的风险度($\overline{R}$)与危险度($\overline{H}$)和易损度($\overline{V}$)之间的关系可以表达为

$$\overline{R} = \overline{H} \times \overline{V} \qquad (1-4)$$

灾害风险度只是对灾害风险非常粗糙的一种度量，是对灾害与承灾体相互作用这个复杂过程所可能产生的结果的综合表征。危险度可以通过大量的灾害统计数据，使用统计方法建立与灾害体指标值的经验关系来计算，也可以由危险性函数进行综合平均得到；易损度与危险度类似，既可以通过与承灾体指标值之间的经验统计关系来计算，也可以由易损性函数进行综合平均得到。具体实践中，一方面，危险性函数和易损性函数难以确定；另一方面，如果知道了危险性函数和易损性函数就可以直接计算风险性，没有必要再去综合平均计算风险度。所以，往往使用统计关系来计算危险度和易损度。

根据前面所述的灾害与风险关系，滑坡泥石流灾害风险评估的理论框架可用图 1-2 来表示。风险评估理论的核心在于确定危险性函数和易损性函数，建立风险性定量评估模型。目前的研究还只停留在单承灾体单变量风险定量评估阶段，所以该理论中只列出了单承灾体单变量的易损性和风险性函数。相比定量评估模型，半定量模型比较成熟，评估的方法也比较多，如多元统计分析法、神经网络法和聚类分析法等。半定量模型可以给出一个风险的粗略评价，但是应用的范围有限。

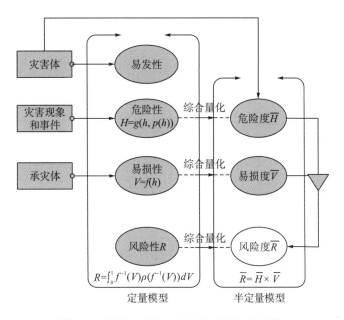

图 1-2　滑坡泥石流风险灾害评估的理论框架

1.4　小结

目前，国内外滑坡泥石流灾害风险评估的方法很多，但是没有一个规范的概念和方法体系以及一个统一的理论框架。如何科学界定滑坡泥石流风险评估的基本概念和研究内

容，建立一个相对一致的理论框架，是风险评估研究进一步发展迫切要解决的问题。通过分析和归纳现有风险评估方法和理论，本书得到以下结论。

(1)提出了灾害的概念框架，将其分为"灾害体""灾害事件""灾害现象"三个基本对象，然后结合灾害风险两个要件(承灾体和不确定性)的表示，明确界定了灾害易发性、危险性和风险性的内涵。

(2)提出了危险性和易损性的数学表达形式，根据单变量危险性函数和固定承灾体单变量易损性函数，推导了单变量风险的概率表达式，由此建立了滑坡泥石流风险评估的理论模型。通常将危险度、易损度和风险度视为危险性、易损性和风险性的综合量化指标。

本书提出的滑坡泥石流灾害风险评估理论框架为灾害风险理论研究和规范的编写提供了相对一致的基础。但是，定量和半定量模型中危险性、易损性等的具体函数形式需要通过大量的灾害样本数据、模型实验数据等来确定。不同的灾害类型需要采用不同的危险特征量，同一灾害对不同的承灾体破坏作用差别也很大。因此，这方面的研究还需要长期的工作才能达到一个比较成熟规范的水平。

第 2 章　滑坡泥石流易发性与危险性评价

　　滑坡泥石流易发性评价是指对整个地区或单体的滑坡泥石流灾害发生的可能性进行的评价。由于区域滑坡泥石流的范围往往较大，研究对象多为一个流域、地区或更大的自然区域，导致其易发性成灾的因素复杂多样(李阔和唐川，2007)。不同类型的影响因子广泛分布，导致分析结果具有较高的不确定性和非线性，定性因素与非定性因素相互影响，造成量纲不统一的问题，所以选择的指标多为相对指标，评价结果多为较低的定量化结果。

　　滑坡泥石流灾害危险性评价可以定量分析某一个评价区域内所存在的一切人、物、资源和环境遭到滑坡泥石流危害和破坏的可能性大小。它可以确定某一沟谷/山体一次或多次滑坡泥石流的危险范围，也能给出一个地区或流域内的滑坡泥石流危险性等级。

2.1　易发性评价概述

　　影响滑坡泥石流灾害形成、发展、运动和堆积的因子众多，所以选取评价因子时应遵循全面性和代表性原则、易操作性原则和规范性原则、主导性原则和分主次原则(莫婷，2015)。在分析山区地理环境以及滑坡泥石流发生的数量、分布范围的基础上，得出滑坡泥石流发生与其流域地理环境的关系，包括降水及流域地形等。因此，可选取坡度、坡向、地形起伏度、岩性、构造作用、多年平均降水量、人口密度、土地利用、NDVI 等因子作为滑坡泥石流易发性评价的指标(图 2-1)。

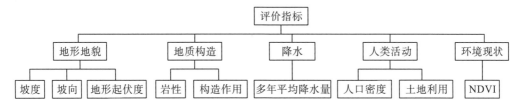

图 2-1　易发性评价指标体系

注：NDVI(normalized difference vegetation index，标准差异植被指数)，也称为生物量指标变化。

　　目前，大量国内外学者对区域滑坡泥石流易发程度进行了分区评价的系统研究，评价方法趋于多样化，而且可以实现更加客观、科学地评价滑坡泥石流灾害易发性(马强，2015)。对于滑坡泥石流易发性的评价方法，最早采用的多是定性的评价方法，而且主要研究对象多为单沟泥石流或单体滑坡，此方法是从实践中发展起来的(罗兵和韩丽芳，2011)。比如，谭炳炎(1986)提出了泥石流严重程度的综合评判，是对判别泥石流沟及其活动强度的定性判别方法，并为今后的研究提供了依据(李阔和唐川，2007)。其后，许多学者投入到滑坡泥石流易发性评估的研究中，将各种数学方法引入泥石流易发性的判别中，用数学语言表达其发展过程，泥石流易发性的分区评价研究由定性的评价向半定性、半定量的评价逐渐转变(张文娟，2011；苏经宇 等，1993；刘希林，1988)。进入 20 世纪 90 年代后期，随着研究的深入，地貌信息熵评价方法、人工神经网络法、多因子综合评价法、灰色关联分析法和分形理论评价法的数学模型被应用到滑坡泥石流的易发性评价中，开始逐渐走向以定量为主的泥石流易发性评价(杜榕恒和段金凡，1990；铁永波 等，2005；赵源和刘希林，2005；倪化勇和刘希林，2005；黄伟 等，2013)，其主要特点是为找出影响泥石流诱发的主要影响因素，采用各种数学方法确定各影响因素的重要性及其权重值，从而构建出数学模型对滑坡泥石流的易发性进行评价。

进入 21 世纪，伴随着地理信息系统(geographic information system，GIS)技术的发展，GIS 技术和数理统计模型相结合，应用于区域滑坡泥石流灾害易发性评价研究，使其具有高精度、高效性的特点，GIS 技术的应用如今已经成为国内地质灾害探索中的一个热门话题(曾超 等，2011；张春耀，2008；丁明涛 等，2015；宁娜 等，2013；邱海军，2012)。

2.2　危险性评价概述

2.2.1　滑坡危险性评价概述

国外 20 世纪 60 年代以前，区域滑坡研究主要局限于灾害形成机理、分布规律及趋势预测研究，有关灾害评价的内容多以宏观定性分析为主。20 世纪 70 年代后，随着滑坡灾害破坏损失的急剧增加，人们开始进行滑坡灾害定量化评价工作。

Radbruch-hall 等开展了全美大陆 1∶750 万滑坡灾害评价图的研绘工作。该研究使用单元多因指数综合评价方法使得以往对地质灾害的纯定性描述向定量化方向前进了一大步(Radbruch-hall，1983)。20 世纪 80 年代初，Radbruch-hall 又研绘了 1∶750 万全美大陆环境地质评价图系，选择了滑坡、岩溶、火山灾害等地质问题作为评价因子，通过图形叠加生成环境地质质量评价图。近年来，随着计算机技术、信息技术、数学模型分析方法以及专题图编制理论技术等的发展，为区域滑坡灾害评价提供了全方位的支持。20 世纪 90 年代初，Gupta 和 Josh(1990)将地理信息系统技术应用在喜马拉雅山麓 Rumgana 流域滑坡灾害危险性评价中，将各因子依权重进行叠加，勾绘了滑坡危险性分区图，从而奠定了基于地理信息系统技术的滑坡灾害危险性定量评价的基础，此后，GIS 在地质灾害评价中逐步发展并广泛应用。

各国根据具体情况对于滑坡危险性评价采用的评价指标不尽相同。美国进行危险度区划主要采用了与滑坡相关的地形因素和岩性因素，以及滑坡分布现状，将滑坡危险性划分为五个等级进行评价(R.Z.舒斯特和 R.J.克利泽克，1987)。美国开展此项研究较早，并逐步标准化。美国 1997 年采用 1∶3000 的土地利用图，对加利福尼亚 Saratoga 地区进行滑坡编目和危险性区划；1978 年采用 1∶10000 地形图，对 Switzerland 地区的建筑、公路以及其他设施区进行了滑坡编目和危险性区划(Wieczork，1984)；1983 年采用 1∶24000 地形图对加利福尼亚北部的山林伐木规划进行滑坡危险性编目和区划。1988 年通过航片判译对加利福尼亚地区的暴雨滑坡进行危险度区划，注明了防灾重点地区和一般地区(Ellen，1988)。瑞士国家水文局 1995 年以政府行为规定，对全国的坡地进行危险性评价，其中对滑坡危险度提出特殊评价标准，采用的评价指标主要为坡度和滑动速度，评价等级分为高、中、低三级。日本采用坡度、切割密度、降水量、滑坡分布等因素对日本部分流域滑坡危险度进行区划，并提交生产部门使用。日本对地震区的滑坡危险性评价采用了地震震级、坡度、降水量 3 项指标，划分了地震区的滑坡危险度。

张业成和郑学信(1995)针对我国崩塌、滑坡、泥石流、岩溶塌陷等灾害，建立了地质灾害危险性指数评价模型和危险性评价分析模型，并研绘了地质灾害强度分布图和区划图。郑乾墙(1999)用模糊综合评判方法对江西典型滑坡进行了半定量危险性评价，选取了滑坡前缘、滑体滑坡后缘、母岩岩性残坡积土厚度、人工切坡几个评价因子，并将危险度等级分为危险、次危险、不危险三类，采用模糊综合评判方法通过最大隶属度原则计算滑坡的危险度。乔建平(1999)研究了斜坡表面的变形迹象、斜坡本身的内部条件及外部触发因素，建立了 12 项定性和半定量的评价指标，分别赋予 1～6 的判别因子指数，运用判别因子指数直接叠加法建立了危险斜坡的半定量评价模型并划分了 6 级危险度，并运用该模型在木里县城古滑坡进行了危险度评价。王成华等(2000)从滑坡的内部条件、外部条件和变形现状三大条件入手，建立了高速滑坡危险度三级评价指标体系，并依据专家经验对各个指标赋予作用指数，通过对各个指标进行叠加的方法对高速滑坡危险度进行判断并给出了危险度的三级划分，最后通过叠溪滑坡和查纳滑坡两个典型滑坡对模型进行了检验。樊晓一等(2004)运用层次分析法，通过专家意见建立成对比较矩阵，将成对比较矩阵的特征向量作为典型滑坡评价因子的权重，确定了评价因子的影响力排序，得到了基于专家意见的滑坡 9 个评价因子的主观权重，在前人研究基础上建立了典型滑坡危险度评价模型，并对宝塔滑坡进行了危险度评价。唐红梅等(2004)通过对重庆库区松散土体滑坡灾害危险性影响因素的分析，提出对典型滑坡危险性评价和分区的方法，并用层次分析法得到各个因子权重系数以及用专家系统评分法给每一危险因子赋值，对吴家湾滑坡进行危险性分区并对其进行半定量评价。

2.2.2 泥石流危险性评价概述

泥石流危险性研究不仅是国内外灾害科学研究的热点，也是灾害预测预报和防灾减灾的重要内容。国外对泥石流危险性评价研究较早，其研究成果也相对较多(韩金华，2010；沈娜，2008)。早在 19 世纪后半期，俄国道路工程师 B.H.斯塔科特夫斯基设计格鲁吉亚军用公路时，因需穿越主高加索山脉，就开始考虑泥石流的成因和危险度问题(C.M.弗莱施曼，1986)。此后近一百年内，对泥石流灾害危险性的研究仍停留在定性描述上。直到 20 世纪 30 年代，以日本为代表的国家在泥石流危险性研究领域取得了较大的进展。足立胜治等在 1977 年开展了对泥石流危险度的研究和等级划分，从地貌条件、泥石流形态和降水等方面来研究泥石流发生的可能性，但当时的危险度仅指泥石流发生的频率，具有较大局限性(Gao，2006；Yuan and Zhang，2006)。高桥保等(1988)开展的扇形地上泥石流危险度评价研究中，探讨了建筑物的损害与泥石流堆积厚度的关系；两年后也从短历时降水的有效降水量和降水强度来研究泥石流发生的可能性(久保田哲也等，1990)。Okimura 运用简化的力学模型来评价花岗岩地区的泥石流危险性，发现稳定系数低的斜坡都可能会在暴雨作用下形成泥石流的现象(Jibson et al.，2000)。此外，美国对于泥石流危险性评价研究也相对较多，Smith(1996)利用地形图和航空照片判别出花岗岩地区、旧金山砂岩地区、加利福尼亚泥页岩地区坡度大于20°的山体易发生暴雨型滑坡泥石流。Hollingsworth和Kovacs(1981)提出了泥石流危险度评价体系，将评价因子划分为0~4共5个等级，然后采用叠加求和的方法计算出危险度值。Peatross(1986)选取流域面积、形状、曲率等定量指标作为评价因子，采用多元统计法完成了弗吉尼亚中部地区泥石流危险度区划。

国外在泥石流危险区划与灾害制图方面，美国、加拿大、日本、德国和奥地利等大部分地区都已完成洪水(含滑坡泥石流)灾害的制图工作(Hungr et al.，1987)；奥地利、瑞士等国家对泥石流灾害进行危险性评价时，较早提出了采用红、黄、绿三色代表泥石流危险区、潜在危险区和无危险区(唐川，1993)；瑞典的Eldeen(1980)研究地质灾害危险度分析、灾害类型辨别及灾害规模估计时，根据危险度等级分为四个不同的危险区，并用危险区划图来表示。

我国对泥石流危险性的研究始于20世纪80年代。王礼先(1982)在《关于荒溪分类》一文中首先对泥石流沟谷的危险度进行了划分。20世纪80年代中期，谭炳炎(1986)提出了关于泥石流沟危险程度判别因素量化分析法。20世纪80年代后期，泥石流危险性划分研究也随着一些数学方法的引用，发展得更加量化和客观，其中以刘希林(1988)提出的泥石流影响因素等级划分及因子得分判定法为典型代表。1989年，国内首次提出区域泥石流危险度评价方法，该方法将影响泥石流活动的主要因子确定为泥石流沟分布密度，次要因子从地质条件、地貌条件、水文气象条件、森林植被条件和人类活动条件5个方面的17个环境因子中选取，采用关联度分析方法，通过比较选出相对权重值最大的7个环境因子。此后该方法得到了较为广泛的引用和应用，但其不足之处在于未突出影响泥石流活动主要因子的权重，又未能标准化泥石流危险度值，使得与泥石流风险度和易损度评价接轨变得困难(刘希林，2002a)。20世纪90年代以来，随着一些适用的数学模型应用到滑坡泥石流的危险性划分中，其发展到了精确定量、模型模式化操作的地步(张春耀，2008)。

泥石流的危险性研究也经过了几个阶段的发展，无论是对于单点泥石流，还是对于区域泥石流的危险性评价，都已经形成了较为成熟的评价体系。其中，对于区域泥石流的危险性评价，刘希林等通过大量的研究，建立了多因子综合评价模型，并在此基础上完成了由分段函数代替差分法确定权值的改进。目前，对泥石流危险性评价的研究正经历着由经验模型向理论模型的突破(刘希林，2000，2002b)。关于泥石流危险性评价的方法，唐川(2007)做了较为全面和准确的总结，对于单沟泥石流，较为成熟的危险性评价方法有模糊数学评价法、灰色系统评价法、回归分析评价法和神经网络评价法；而对于区域泥石流危险性评价方法，除了较为成熟的多因子综合评价法之外，还包括灰色关联分析法、人工神经网络法、信息熵理论评价法和分形理论评价法。魏永明等(1998)采用关联度分析法和模糊综合评判法对研究区进行了泥石流沟危险度划分。汪明武(2000)在对泥石流发育、分布和演化特征的研究基础上，建立人工神经网络模型划分泥石流危险等级。刘洪江等(2007)根据泥石流危险度评价的5个层次——泥石流灾害野外调查、泥石流爆发成因分析、危险度评价模型、灾害评价和减灾及泥石流的发生学原理，采用权重模型和方根模型，完成了对云南昆明东川区泥石流危险性评价。白利平等(2008)将北京市划分为3km×3km的格网，运用层次分析法进行泥石流危险度的区划研究。

2.3 评价原则

为确保滑坡泥石流灾害易发性与危险性评价结果的准确性和真实性,其评价过程须遵循以下原则(陈国玉,2010)。

(1)科学性原则。为使灾害研究体系能够系统化、条理化,要求灾害易发与危险程度划分体系能够揭示灾害的本质和自然属性,根据本质和自然属性将滑坡泥石流灾害划分为不同的类型,为滑坡泥石流灾害的防治、治理工作提供科学依据。

(2)实用性原则。滑坡泥石流灾害易发性与危险性评价实用性原则主要包括两个方面:一是划分体系可清楚地揭示灾害本身特征,对灾害危险程度进行有效归类和划分;二是为滑坡泥石流灾害的预测、灾情评估和灾害治理提供信息。

(3)简明易行的原则。滑坡泥石流灾害的发生与人民群众有着密切直接的联系,区域性滑坡泥石流灾害的预测、防护及治理等工作需要大家的共同参与,这就要求对滑坡泥石流灾害的易发与危险程度划分需具有简明可操作性,便于为广大人民群众所掌握。

2.4 评价指标体系

滑坡泥石流易发性与危险性评价指标体系是对现有灾害风险评估理论方法中所采用的指标进行系统化。易发性与危险性评价指标不是固定的指标,而需要根据灾害的类型、评估方法、评估的层次、评估的目的采用不同的指标集。例如,灾害评估的不同层次,即易发性评价指标和危险性评价指标完全不同。滑坡和泥石流的评价指标也需要根据灾害自身的形成条件、成灾特点等进行不同的选择,而统计的和物理的评价方法所采用的指标更是在量化取值、权重等各方面截然不同。

根据划分研究单元的不同,可以将区域易发性评价分为基于网格单元、基于流域/地貌单元和基于行政单元的区域易发性评价。意大利著名滑坡专家 Carrara 博士认为,网格和自然地貌单元作为评价单元各有优缺点(Carrara and Guzzetti,1995)。①网格区域在每一个网格单元内对每一个因子给定一个数值,然后将每个单元作为一个样本,进行统计分析和处理;其优点在于计算机处理非常便利和简单,也不会出现样本数量不够的问题。通常取 100m×100m 或 1km×1km 的范围作为一个网格单元,以便在大区域内使网格数保持在 1000～10000 个;其缺点是网格单元没有考虑地质、地貌和其他环境要素的边界,从而导致分区的理想化而脱离实际。②自然区域(地貌单元)由于自然环境中各因素的相互作用,形成了能够反映地貌、地质和水文等差异的地貌边界,这种边界可作为各类评估的基础,其缺点是不同的调查者划分出的区域单元可能各不相同,边界线往往因人而异,很难完全统一。③以行政区域为评价单元,可认为是上述两种区域单元在某种程度上的结合(Fannin and Wise,2001)。行政区大可以为一个国家、一个省、一个地(州、市),小可以为一个县、一个乡,甚至一个自然村。行政区划的确定既考虑了管理上的便利(社会方面),又考虑了山川、湖海、气候等的差异(自然方面)。我国的行政区域边界许多都以河流、山脉为分界。当地势平坦、气候均一时,则主要考虑人口规模适当、民族相对集中,土地面积均衡等原则，整齐切块划分。以行政区域为基本评价单元的最大优点，就是能够直接为各级政府和不同层次的管理部门防灾减灾决策和抗灾救灾工作提供科学依据和技术支持。

基于不同研究单元的区域易发性评价的指标选择是有区别的。基于网格单元的易发性评价选择的指标主要有：地震烈度、地层岩性、构造断层、地形坡度、相对高差、土地利用、灾害密度、水系密度和降水量等指标；基于行政单元选择的指标主要有：地表覆被、相对切割、灾害密度和降水量等指标；基于流域/地貌单元选择的指标主要有：峰值流量、流域面积、暴发频率、相对高差、形状系数、松散物质量、平均坡度和降水量等指标（图 2-2）。

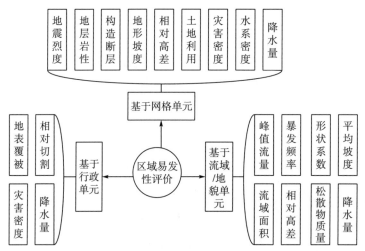

图 2-2　区域易发性评价指标体系

目前单灾点危险性评价方法大多是从影响滑坡泥石流的发育、发展以及导致其暴发的背景因子和诱发因子入手，采用不同的数学方法确定因子间的主次关系和权重，从而构造出相应的数学模型。这些评价方法虽不尽相同，但其原理却是基本一致的。

滑坡单灾点危险性评价选择的指标主要有：松散物质量、滑坡距离和碰撞力等指标；泥石流单灾点危险性评价选择的指标主要有：暴发频率、泛滥范围、峰值流量、流速、泥深和冲击力等指标（图 2-3）。

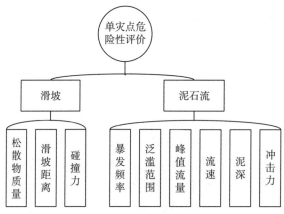

图 2-3　单灾点危险性评价指标体系

2.5　评价方法

滑坡泥石流易发性与危险性评价指标的选取,主要考虑滑坡泥石流灾害形成与发展的基本条件和可能发生的控制与诱发因素。从定性来看,滑坡泥石流灾害活动程度越高,其危险性越大,可能造成的灾害损失越严重;从定量化评价的要求看,滑坡泥石流灾害的易发性与危险性则需通过具体的指标予以反映。在实际条件允许时,选取评价指标应尽量遵循相对一致性原则、定量指标与定性指标相结合原则、主导因素原则以及自然区界与行政区界完整性原则。根据其作用机制,滑坡泥石流易发性与危险性评价因子可分为主控因子和触发因子:主控因子即滑坡泥石流灾害发育的基础条件,主要包括地形地貌、地层岩性、植被覆盖、断裂等,这些因子一般具有相对稳定性,为滑坡泥石流灾害的发生、发展奠定物质基础和创造运行条件;触发因子主要包括地震、降水和人为活动,为滑坡泥石流灾害的发育与发展提供动力条件(苏鹏程 等,2009)。

本书在野外实地考察基础之上,综合室内资料分析结果,参阅大量滑坡泥石流灾害危险性研究成果和相关文献,筛选出对滑坡泥石流灾害发生起着主导作用、便于区域数据与空间资料匹配、关系密切的多个要素作为滑坡泥石流易发性与危险性评价指标,即泥石流分布密度、坡度、坡向、植被、岩性、断裂带密度、河流切割密度、降水量和道路网密度等指标,对于不同区域的滑坡泥石流灾害易发性与危险性评价可以选取适当的指标内容。

滑坡泥石流易发性与危险性评价中,评价指标的权重是影响评价合理性的重要因素。权重的确定按评价过程和评价思路划分,主要有经验法和条件分析法。经验法是利用滑坡泥石流灾害重复性、周期性的特点,在地质、地形地貌等条件相同或相近的地区内进行评价(如一处已发生或存在潜在的滑坡泥石流灾害,则另一处也有可能发生或存在隐患的滑坡泥石流灾害)。条件分析法是在分析潜在灾害体动力状态或形成条件的基础上,认识其目前的稳定程度,判断其活动可能性,从而间接确定灾害的发生概率。

目前,国内外区域滑坡泥石流危险性评价的预测模型主要有数理统计模型(回归分析、判别分析、聚类分析等)、信息模型、模糊判别模型、灰色模型、模式识别模型(专家系统、神经网络法等)、非线性模型(分形理论)等。具体的方法主要有层次分析法、逻辑回归方法、信息量法等(罗元华 等,1998;吴信才,1998)。

2.5.1　模糊数学评判法

模糊数学评判法,在评判过程中体现滑坡泥石流灾害的易发性与危险性等级及各评判因子的易发性与危险性程度,通过分析比较判定滑坡泥石流灾害损毁程度,把复杂问题定量描述,从而制定优化防治措施,可为滑坡泥石流灾害的勘查和治理提供科学依据。由于对复杂事物的评判往往涉及很多因素,当模糊数学评判法运用到地质灾害评价时,会存在权数难以恰当分配、得不到有意义的结果等问题,由此影响该方法在滑坡泥石流灾害易发性与危险性评价中的适用性。

2.5.2　逻辑回归方法

逻辑回归方法,是一种对定性变量预测的方法。回归分析用于拟合影响滑坡泥石流各要素之间的具体数量关系，进而预测发展趋势。滑坡泥石流灾害的形成具有很大的不确定性，滑坡泥石流影响因子包括岩性等定性因素和坡度、海拔等定量因素，它们也有很强的随机性和不确定性，这都增大了滑坡泥石流灾害预测的难度。对于作为因变量的滑坡泥石流来说，所能获得的取值仅有发生与没有发生两种状况，即表示为 1 和 0 两种状态，对应在栅格上，就是二态性变量(高克昌，2003；肖桐，2007)。在建立模型时，原有针对定量影响因素成立的假设检验、参数估计等内容也适用于定性数据，采用逻辑回归模型能很好地解决灾害评价中出现的二态性变量的问题。

2.5.3 神经网络法

用神经网络进行斜坡稳定性空间预测的基本思路是：用研究程度较高的斜坡地段作为典型单元，将可能影响斜坡稳定性的各因素或能将各种斜坡稳定性程度区别开来的因素作为输入层各节点的输入值；依据各单元危险性程度的不同，将各斜坡划分为不同的稳定性等级，并将其作为输出层各节点的期望输出。用这些斜坡作为已知样本的信息对网络进行训练，直至网络已掌握数据间的关系为止，然后用该地区其他稳定性未知的斜坡地段作为预测样本，输入到已训练好的网络中，网络便可通过其联想记忆功能直接输出预测结果(冯夏庭 等，1994；苏生瑞，1994)。人工神经网络分析具有独特的学习特性，收敛速度快，容错能力高，因而被广泛应用于灾害预测等各个方面，并且已取得了比较满意的效果，考虑到实际运算的复杂度等情况，系统采用三层神经网络体系模型，学习规则采用反推学习规则，但是由于人工神经网络对输入层和输出层有着严格的要求，而在滑坡泥石流灾害评价中输出层(危险性等级)和实际数据(灾害是否发生)一致，使得在滑坡泥石流灾害中应用人工神经网络技术的难点集中在训练样本的选择上。

2.5.4 层次分析法

层次分析(analytic hierarchy process，AHP)法(王哲 等，2009)，以运筹学为基础，由美国运筹学家 T.L.Saaty 教授于 20 世纪 70 年代初提出，是一种原理简单、数学依据严格、灵活而又实用的多准则决策方法。层次分析法把一个复杂问题分解成各个组成因素，按支配关系分组，形成有序的递阶层次结构，通过两两比较的方式确定层次中各因素的相对重要性，再加以综合以确定相对重要性权重。层次分析法的优点包括：①原理科学、层次分明、因素具体、结果可靠，可用于单一灾害点评价，也可用于多灾害点综合评价，实用性强；②指标对比等级划分较细，能充分显示权重作用；③对原始数据直接加权计算综合评分指数，没有削弱原始信息量，具有切实、合理性；④客观检验其判断思维全过程的一致性；⑤对定性与定量资料综合分析，可得出明确的定量化结果。层次分析法的不足之处在于：递阶层次结构构建过程复杂，影响评价结果因素较多，将各因素进行两两判断过于主观，计算过程也显复杂。层次分析法已被广泛应用到经济管理规划、能源开发利用与资源分析、环境质量评价、城市产业规划、企业管理、人才预测、科研管理、水资源分析利用等领域。

(1)建立阶梯层次结构。应用层次分析法解决地质灾害问题时，需要将复杂的灾害问题条理化、层次化。根据问题和理想目标，将问题分解为不同的组成因素，并按因素间的相互关系将其聚集组合，形成一个多层次的分析结构模型。其中，同一层次的因素对下层因素有支配作用,同时又受上层因素的支配。层次结构通常分为目标层、准则层和方案层:目标层处于最上层,通常只有一个要素,是分析问题的预定目标或理想结果;中间层称为准则层,包含为实现目标所涉及的中间环节,可由若干个层次组成;最底层称为方案层,包括为实现目标可供选择的各种措施、决策方案等。

(2)构造两两比较判断矩阵。层次分析模型的建立,确定上下层元素间的隶属关系,对于上一层次中某一准则,将同一层次各元素的重要性进行两两比较,构造两两比较判断矩阵。判断矩阵的建立从层次模型的第二层开始,自上而下计算某一层次因素对上一层次某个因素的相对权重,构造出判断矩阵。矩阵数值则是结合数据资料、专家意见和分析者认识,综合平衡后所确定。本书引用 1~9 标度对重要性判断结果进行量化,判断矩阵 1~9 标度的含义如表 2-1 所示。

表 2-1　判断矩阵 1~9 标度的含义

标度	含义
1	表示两个因素相比,具有相同重要性
3	表示两个因素相比,前者比后者稍重要
5	表示两个因素相比,前者比后者明显重要
7	表示两个因素相比,前者比后者强烈重要
9	表示两个因素相比,前者比后者极端重要
2,4,6,8	表示上述相邻判断的中间值
倒数	若因素 a_i 与 a_j 的重要性之比为 a_{ij},则因素 a_j 与 a_i 重要性之比为 $a_{ji}=1/a_{ij}$

(3)计算单一准则层下元素的权向量并进行一致性检验。由于地质灾害问题的复杂性和对其认识的片面性,根据构造的判断矩阵求出的特征向量是否合理,需计算出每一个成对比较矩阵的最大特征根及对应的特征向量,采用一致性指标、随机一致性指标和一致性比率进行验证,若通过验证,特征向量即为权向量;若通不过,则需重新调整判断矩阵,直到取得满意的一致性为止。

判断矩阵的最大特征根和特征向量采用和法、近似法计算,步骤如下所示。

①将矩阵 A 的每一列向量进行归一化,得到:

$$\bar{\omega}_{ij} = \frac{a_{ij}}{\sum_{i=1}^{n} a_{ij}} \tag{2-1}$$

②对 $\bar{\omega}_{ij}$ 按行求和,得到:

$$\bar{\omega}_i = \sum_{j=1}^{n} \bar{\omega}_{ij} \tag{2-2}$$

③将 $\bar{\omega}_i$ 进行归一化,得到特征向量为

$$\omega_i = \frac{\bar{\omega}_i}{\sum_{i=1}^{n} \bar{\omega}_i}, \quad \omega = (\omega_1, \omega_2, \cdots, \omega_n)^{\mathrm{T}} \tag{2-3}$$

④计算判断矩阵的最大特征根:

$$\lambda_{\max} = \frac{1}{n}\sum_{i=1}^{n}\frac{(A\omega)_i}{\omega_i} \tag{2-4}$$

对判断矩阵进行一致性检验,一致性指标计算公式为

$$I_C = \frac{\lambda_{\max}-n}{n-1} \tag{2-5}$$

查找相应的随机一致性指标 I_R,当 n 为 $1\sim10$ 时,T.L.Saaty 给出了 I_R 的值,如表 2-2 所示。

表 2-2 平均随机一致性指标 I_R 取值表

参数	数值									
n	1	2	3	4	5	6	7	8	9	10
I_R	0	0	0.58	0.90	1.12	1.24	1.32	1.41	1.45	1.49

一致性比例计算公式为

$$R_C = \frac{I_C}{I_R} \tag{2-6}$$

式中,当 $R_C<0.10$ 时,则判断矩阵的一致性可以接受,否则需对矩阵做出适当修改;I_C 表示 C 层元素对于 B 层某一元素 B_i 的单排序一致性指标;I_R 表示与 I_{Cj} 相对应的平均随机一致性指标。

(4) 层次总排序。求出指标层中各单因素在危险性评价中的相对重要性的排序权重。为确保精度,总排序也需进行一致性检验,只有当总随机一致性比率 $R_C<0.10$ 时,一致性才满足要求,否则需重新调整判别矩阵元素的取值。

总随机一致性比率 R_C 计算公式为

$$R_C = \frac{I_C}{I_R} = \frac{\sum\limits_{j=1}^{n}\omega_j \cdot I_{Cj}}{\sum\limits_{j=1}^{n}\omega_j \cdot I_{Rj}} \tag{2-7}$$

式中,ω_j 为 B 层的层次组合排序权值,$j=1,2,\cdots$。

2.5.5 信息量法

信息量法是由信息论发展而来的一种评价预测方法(宋晓雨 等,2012)。晏国珍首先将其引入滑坡泥石流的预测中(黄润秋 等,2008),后该方法被许多学者广泛应用到滑坡泥石流灾害评价中。信息量法是以已知灾害区的影响因素为依据推算出标志灾害易发性的信息量,建立评价灾害预测模型,并依据类比原则外推到相邻地区,从而对整个地区的灾害易发性做出评价(李伟和王晞,2010)。

在基于信息量法的地质灾害易发性评价中,将滑坡泥石流灾害视为研究对象,把对滑坡泥石流灾害形成有贡献的地形、坡度、岩性等因子看作模型的评价指标。通过这些影响因子所贡献的信息量大小与综合水平来进行相应的滑坡泥石流易发性预测与等级区划(唐

川和马国超，2015)。

在实际运用中，模型计算单元的变化和影响因素的相关性问题是学者必须要考虑的问题。首先，不同评价尺度下的研究区对应相应的计算单元，在中比例尺情况下，常常选择面形式研究；其次，要求影响因素间相互独立，相关性检验必不可少。

区域滑坡泥石流灾害易发性评价是在对研究区格网单元划分的基础上进行的。如果某区域共划分成 N 个单元，那么已经发生滑坡泥石流灾害的单元为 N_0 个，则具有相同因素 $x_1,x_2,\cdots,x_n$ 组合的单元共 M 个，而在这些单元中发生滑坡泥石流灾害的单元数为 M_0 个。按照统计概率代表先验概率原理，因素 $x_1,x_2,\cdots,x_n$ 在地区内对滑坡泥石流灾害提供的信息量为

$$I(y,x_1,x_2,\cdots,x_n) = \log_2 \frac{M_0/M}{N_0/N} \tag{2-8}$$

如果采用面积比来计算信息量值，则表示为

$$I(y,x_1,x_2,\cdots,x_n) = \log_2 \frac{S_0/S}{A_0/A} \tag{2-9}$$

式中，A 为区域内单元总面积；A_0 为已经发生滑坡泥石流灾害的单元面积之和；S 为具有相同因素 $x_1,x_2,\cdots,x_n$ 组合的单元总面积；S_0 为具有相同因素 $x_1,x_2,\cdots,x_n$ 组合单元发生滑坡泥石流灾害的单元面积之和(朱良峰 等，2004)。

一般情况下，由于滑坡泥石流致灾因子较多，对应的因子组合形式也有多种，基于受到限制的样本数量，故选择简化的单因素信息量模型来计算，再结合叠加分析(朱良峰 等，2004)，对应的信息量模型改为

$$I = \sum_{i=1}^{n} I_i = \sum_{i=1}^{n} \log_2 \frac{S_0^i/S^i}{A_0/A} \tag{2-10}$$

式中，I 为评价区某单元信息量预测值；S^i 为因素 x_i 所占单元总面积；S_0^i 为因素 x_i 单元中发生滑坡泥石流灾害的单元面积之和(陈亮 等，2003)。

信息量模型中，I 的值有正负之分，I 的值为正表明该评价区有利于滑坡泥石流灾害发生；I 的值为负表明该评价区不利于滑坡泥石流灾害发生；$I=0$ 则表明该评价区处于易发和不易发之间的中间值。

2.5.6 地貌信息熵法

滑坡泥石流形成的地貌条件与地貌信息熵紧密相关，依据信息熵值可以推断研究区地貌侵蚀发育程度和地貌演化的阶段，从而判断滑坡泥石流易发性大小(王钧 等，2013)。将研究区地貌特征作为评价因子代入滑坡泥石流沟谷发展趋势中，评价结果会更加准确。信息熵值计算是根据传统的地貌学原理对地貌演化进行系统的评价。

20 世纪 80 年代，我国学者艾南山将反映地貌发展形态的 Strahler 面积-海拔分析法与信息熵原理相结合，总结出了侵蚀地貌的信息熵理论及其计算方法(李雅辉 等，2011)，其核心思想是选取能够反映侵蚀地貌演化特征的流域面积和流域的相对高差为因子，构造一条 Strahler 面积-海拔密度曲线，通过对曲线进行积分计算得出流域的 Strahler 积分值，再通过式(2-11)导出指定流域系统地貌信息熵值：

$$H = S - \ln S - 1 = \int_0^1 f(x)dx - \ln\left[\int_0^1 f(x)dx\right] - 1 \tag{2-11}$$

信息熵值主要是表示能量在空间分布的均匀程度,简言之就是有效能量不断减小的过程。山区沟谷的发育过程与信息熵增原理相同,即能量分布均匀程度与熵值往往呈现正相关的关系,熵值达到最大值也就意味着能量的完全均匀分布,相反,熵值最小意味着山区沟谷能量分布不均,蕴含极大的能量。同时,地貌信息熵值是地质构造第四纪隆升作用强烈程度的反应,熵值越小,表示现代构造活动性越强(李雅辉 等,2011)。强烈的构造运动地区,蕴藏的有效能量很大,可以表现为强烈的山区流域地貌侵蚀,滑坡泥石流活动性越强,研究区往往处在强烈变动的不稳定活跃期;而熵值较大的地区,表现为稳定的构造运动区,蕴藏的有效能量很小,山区沟谷侵蚀趋于稳定,滑坡泥石流活动相对较稳定,研究区处于平稳的老年期(刘丽娜,2015)。因此,可以依据地貌信息熵原理对山区沟谷地貌侵蚀程度进行定量评价,该评价结果可以反映山区滑坡泥石流的发育过程与阶段,并辅助科技人员对滑坡泥石流灾害易发性做出科学判断(卢涛,2004)。

第3章 地质灾害易损性评价

随着我国城镇化进程的加快，山区城镇数量大幅度增加，山区城镇及居住于其中的居民面对灾害的抗御能力逐步引起社会的关注。而山区城镇的易损性分析与评估正是小城镇防灾减灾研究的重要组成部分，它一般是指居民、社区或者一个地区承受自然灾害或人为灾害的应对恢复能力(易损度)。山区城镇承灾体的易损度一直是一个难以量化的指标。

3.1 易损性概述

在全球范围内，山区城镇时常遭受自然灾害的侵袭，造成大量人员伤亡，大量耕地、基础设施和建筑物被毁。对于山体滑坡或泥石流，相关的副作用可能会影响山区社会经济可持续发展(Fuchs et al.，2013)，同时气候的变化也将影响其发生频率(Keiler et al.，2010；Malone and Engle，2011)。为了减轻滑坡泥石流灾害的不利影响，风险的概念已被证明是一个适当的定量方法(Fell et al.，2008)。风险定义为对一个潜在的危险现象给定预期的损失程度和频率(Varnes，1984)，因此，需要了解要素实体的敏感性，如建筑物暴露的风险性等。这种敏感性可以表达为易损性，虽然Lewis(2014)认为这是一个存有争议的概念，但易损性是由多个学科理论支撑的概念和一系列定性或定量评价的范例(Fuchs，2009；Birkmann et al.，2013)。

对于地质灾害，一些学者强调(Fuchs et al.，2011，2012a，2012b；Papathoma-Köhle et al.，2011)物质、经济、制度和社会易损性量化的意义。在过去的几十年里，易损性研究主要集中在评价指标的综合、流程和方法及案例研究等方面。其中，研究方法差异十分明显。大多数的研究集中在建筑物暴露性上，其适用于当地防灾减灾范畴(Cui et al.，2013；Totschnig and Fuchs，2013)，同时也有学者讨论过基础设施和道路等生命线网络(Puissant et al.，2014)。很少有研究关注受企业、旅游业等因素影响的社区的环境易损性或农业用地、经济易损性(Papathoma-Köhle et al.，2011)。有一部分研究通过使用区域范围内多个数据源计算的区域易损性来解决易损度的多维性 (Leone et al.，1996；Liu and Lei，2003；Galli and Guzzetti，2007)。科学研究主要关注暴露于自然灾害风险中要素的物质易损性，为降低灾害风险提供必要的信息和技术(Fuchs，2009；Fuchs et al.，2007，2011，2012a，2012b；Ding and Hu，2014)。学者往往从社会科学中提取区域发展指标(Cutter and Finch，2008；Cutter et al.，2008)和经济指标(Zhang and You，2014)，综合全面的区域易损性评价是了解区域内滑坡泥石流灾害以及制定应对策略的关键。

在全球范围内，地质灾害易损性评价指标用于衡量比较全球尺度和国家尺度下的承灾体的脆弱程度。这些标准主要包括2004年联合国开发计划署提供的灾害风险指标、哥伦比亚大学的热点项目(Dilley et al.，2005)、哥伦比亚国立大学环境研究学院提出美洲地区易损性指标(Cardona,2004)。

在地区或国家尺度上,各种评估方法被应用于自然灾害的易损性和风险性评估中。Birkmann(2006)通过分析,将各种评估方法进行综合研究。Cutter 和 Finch(2008)认为易损性是由暴露性、敏感性和恢复力组成,并通过环境和社会指标来计算美国地区易损性。研究结果发现,灾害易损性评估是一个关键指标对灾害的应急准备、快速反应、减灾计划及长期恢复的过程。虽然这些指标可以很好地用于欧洲和北美地区的易损性评价上,但是,如果将其应用于中国和俄罗斯等地区,还是会有一定的局限性。在中国,Tang(2004)在编制云南省红河流域滑坡灾害风险区划图时,选取了县市"人口密度""房屋资产""GDP""耕地""公路分布"等指标作为滑坡灾害易损性的评价指标;Jin 等(2007)提出了基于土地利用类型的滑坡灾害易损性评价方法,建立了针对滑坡灾害的防灾减灾能力评价指标体系,并给出了具体评价方法;Ding 等(2012)采用自组织神经网络方法,选取"房屋结构""建筑物的修建时间""房屋建筑面积""楼层""家庭人数""家庭收入"6 个评价指标,建立了泥石流灾害易损性评价的指标体系,成功绘制了云南省东川城区泥石流灾害易损性区划图。

3.1.1 评价指标

基于构建地质灾害易损性评价指标体系的科学性、系统性和可比性原则,以及各指标对易损性贡献特征的不同,我们建立了地质灾害易损性评价的指标体系。依据前期的系统研究总共确定了 13 个影响因子作为灾害易损性评价指标,其中,包括 7 个暴露性指标、4 个恢复能力指标和 2 个应对力指标(表 3-1)。

表 3-1　灾害易损性评价指标体系

一级指标	二级指标	描述
暴露性指标	人口密度/(人/km^2)	单位面积上的人口数量
	建筑覆盖率/(km^2/km^2)	建筑的潜在损毁
	GDP 密度/(万元/km^2)	区域的经济活力
	耕地覆盖率/%	耕地的潜在损毁
	道路密度/(km/km^2)	道路的潜在损毁
	水电站影响范围/(km^2/单元网格)	水电站的潜在损毁
	泥石流影响范围/(km^2/单元网格)	泥石流灾害的影响程度
恢复能力指标	监测系数/(个/条)	社会的预警能力
	万人病床数/(床/万人)	社会的救助应急能力
	万人医生数/(人/万人)	社会的救助应急能力
	城市化率/%	经济的发达程度
应对力指标	人均 GDP/(万元/人)	社会的富裕程度
	劳动人口占比/%	人员自救能力

表 3-1 中易损性评价指标体系中各指标的定义如下所述。

(1)人口密度:指单位面积上的人口数量。

$$D = P_i / S_i \tag{3-1}$$

式中，D 为人口密度；P_i 为区域 i 的人口数量；S_i 为区域 i 的区域面积。

易损程度(易损度)首先与人口密度密切相关，人口密度越高，易损性越大，但同时易损性也与人口质量有关，如人口的性别、年龄、身体状态、职业特征、经济状况、受教育程度、社会地位、民族特征等因素，而且这些因素将影响人们预防、应对及抵御灾害的能力。一般来说，老年人、妇女、儿童、生理健康状况较差的人在地质灾害面前是更易损(易损度高)的人群。因此，为了较为全面地反映人口密度这一评价指标，需要对人口密度进行系数修正，本研究选择了大于 60 岁的老年人和小于 16 岁的少年儿童人口比例、女性比例和农业人口比例 3 个指标来修正人口密度，修正后的人口密度就包括人口密度和人口质量两个方面的信息，能够更好地反映人口的易损性特征：

$$D_R = D \times (a + b + c) / 3 \tag{3-2}$$

式中，D_R 为修正的人口密度；D 为原始的人口密度；a 为大于 60 岁的老年人和小于 16 岁的少年儿童人口的比例；b 为女性比例；c 为农业人口的比例。

(2)建筑覆盖率：建筑物对地质灾害同样具有敏感性，本书研究的建筑面积主要是通过提取 SPOT 高清影像数据来获取的，因此，本书研究的建筑覆盖率是指建筑物的覆盖率，具体是指区域内所有建筑的基底总面积与区域面积之比，它可以反映建筑密集程度。

(3)GDP 密度：指国内生产总值与区域面积之比，它表征了聚落单位面积上经济活动的效率和土地利用的密集程度。经济密度越大，社会的易损性越高。

(4)耕地覆盖率：指耕地面积占区域面积的比例。通过研究区的土地利用类型图可以提取耕地面积，用以表征农业状况。通过综合考察发现，耕地是重要的地质灾害承灾体。

(5)道路密度：通过研究区道路网络图提取道路数据，包含高速公路、国道和省道等。道路密度是指区域内的道路长度与研究区面积的比值，它反映了道路网的密集程度，道路密度越大，受损的可能性越高，遭受地质灾害的易损度也就越高。

(6)水电站影响范围：利用水电站的点位信息，建立以 2 km 为半径的缓冲区，计算该水电站的影响范围。

(7)泥石流影响范围：利用野外调查和遥感影像获取泥石流灾害范围信息，建立以 1 km 为半径的缓冲区，计算该地质灾害的影响范围。

(8)监测系数：地质灾害监测点的布设体现了政府对研究区防灾减灾工作的投入程度，同时也体现了地质灾害预警报体系的完善程度，该监测系数是区域内地质灾害监测点数量与地质灾害数量的比值。

(9)万人病床数：指研究区内每万人拥有的医疗机构床位数，该指标可以反映当地社会的救助应急能力。

(10)万人医生数：是指研究区内每万人拥有的医生数，该指标可以反映当地社会的救助应急能力。

(11)城市化率：是衡量城市化发展程度的量化指标，一般用一定研究区的城市人口占总人口的比例来表示。

(12)人均 GDP：可以用来评估一个地区的社会经济的发展水平。因此，用人均 GDP

来反映一个地区社会经济发展的规模、水平和速度，是一个较为理想的指标。一般来说，一个地区人均GDP越高，这个地区灾后重建的恢复能力会越强，反之则弱。

(13) 劳动人口占比：是劳动力在总人口中所占的比例，劳动人口占比越高，灾后重建的恢复能力越强。

3.1.2　评价模型

易损性是暴露性和社会响应力的函数(Cutter and Finch，2008)。暴露性与易损性呈正相关，暴露性的存在使得系统具有了易损性，而响应能力的增加则会降低系统的易损性。由于社会响应力是由社会应对力、适应力和恢复力组成，因此，易损性的概念模型可以表达为

$$V = f(E, \ C, \ Re) \tag{3-3}$$

式中，V为易损性；E为暴露性；C为应对力；Re为恢复力。易损性通过E、C、Re三值计算获得。

根据Liu(2006)的方法概述，区域易损性模型为

$$V = E\left(1 - \sqrt{\frac{C + Re}{2}}\right) \tag{3-4}$$

该评价模型中，假设应对力C和恢复力Re在0和1之间严格增加且在值为1时达到平衡，从1中减去这个C与Re的结果值，再乘以暴露性值，即易损值的计算为函数的平方根，在应对力和恢复力增加时，C和Re较低，易损性的降低幅度较大；C和Re较高，则易损性的降低幅度较小。如果应对力C和恢复力Re均为0，那么易损性V就完全相当于暴露性E；如果应对力C和恢复力Re均是1，则易损性V就变成0。

其中，对易损性各组成部分应用贡献权重叠加模型来计算，该模型由乔建平于2004年提出，后来经过发展与改进，在多个领域中得应用，并取得了较好的效果(Papathoma-Köhle et al.，2011；Puissant et al.，2014；Leone et al.，1996；Liu and Lei，2003)。

贡献权重叠加模型即将地质灾害暴露性E、应对力C和恢复力Re评价指标因子的自权重和互权重与贡献率相乘叠加，如式(3-5)所示：

$$X = \sum_{i=1}^{n} U_{oi} w_{if} w_i' \quad (i = 1, 2, \cdots, n, f = h, m, l) \tag{3-5}$$

式中，X为地质灾害暴露性E、应对力C和恢复力Re的贡献权重叠加值；U_{oi}为评价样本贡献率；w_{if}为因子自权重；w_i'为因子互权重。

1)指标量化

将指标按照一定等级划分成不同的区间(如以标准偏差为划分标准)，统计每个区间内的地质灾害数量、各自所占总地质灾害数量的百分比，则地质灾害对区域暴露性E、应对力C和恢复力Re的贡献关系为

$$U_i'' = U_i''(S) \tag{3-6}$$

式中，U_i''为暴露性E、应对力C和恢复力Re因子集；S为暴露性E、应对力C和恢复力Re因子中分布的地质灾害数量。

2) 贡献率评价

针对地质灾害暴露性 E、应对力 C 和恢复力 Re 因子，贡献权重叠加模型定量分析灾害因子对承灾体造成损失的贡献关系，以求取各因子贡献率为基础，求得各评价因子的自权重与互权重为结果。

计算滑坡灾害对每个区域暴露性 E、应对力 C 和恢复力 Re 因子的贡献指数：

$$U'_{oi} = \frac{U''_i}{m} \tag{3-7}$$

式中，U'_{oi} 为贡献指数；U''_i 为暴露性 E、应对力 C 和恢复力 Re 因子集；m 为地质灾害对暴露性 E、应对力 C 和恢复力 Re 的影响因子数。

运用贡献指数计算贡献率：

$$U_{oi} = \frac{U'_{oi}}{\sum U'_{oi}} \tag{3-8}$$

将式 (3-6) 和式 (3-7) 代入式 (3-8)，则式 (3-8) 可扩展为

$$U_{oi} = \frac{U''_i(S)/m}{\sum U''_i(S)/m} \times 100\% \tag{3-9}$$

对指标贡献率进行极值化处理，即

$$y_i = \frac{x_i - x_{\min}}{x_{\max} - x_{\min}} \tag{3-10}$$

式中，y_i 为指标的归一化值；x_i 为某网格指标的指标值；$x_{\min}$ 为指标中的最小值；$x_{\max}$ 为指标中的最大值。

3) 权重计算

权重是指标在整个评价中的相对重要程度。本书使用贡献权重法来计算，其计算共有三个步骤。

(1) 均值化。按照式 (3-10) 进行采样，将贡献率值划分成高、中、低三级区间：

$$d = \frac{U_{oi\max} - U_{oi\min}}{3} \tag{3-11}$$

式中，$U_{oi\max}$ 为最高贡献值；$U_{oi\min}$ 为最低贡献值。

则高贡献率区间 $X_1 = (a_1 \sim a_2)$，中贡献率区间 $X_2 = (a_2 \sim a_3)$，低贡献率区间 $X_3 = (a_3 \sim a_4)$，其中 $a_1 = U_{oi\max}$，$a_2 = a_1 - d$，$a_3 = U_{oi\min}$，$a_4 = U_{oi\min}$。

将贡献率划分成高、中、低三级区间后，对每个暴露性 E、应对力 C 和恢复力 Re 因子进行均值化处理：

$$\overline{U}_{oi} = \begin{bmatrix} \overline{HU}_{oi} \\ \overline{MU}_{oi} \\ \overline{LU}_{oi} \end{bmatrix} = \begin{bmatrix} \dfrac{\sum HU_{oi}}{N} \\ \dfrac{\sum MU_{oi}}{N} \\ \dfrac{\sum LU_{oi}}{N} \end{bmatrix} \tag{3-12}$$

式中，$\overline{U}_{oi}$ 为均值化处理结果；$\overline{HU}_{oi}$ 为高贡献率均值；$\overline{MU}_{oi}$ 为中贡献率均值；$\overline{LU}_{oi}$ 为低贡献率均值；HU_{oi} 为高贡献率；MU_{oi} 为中贡献率；LU_{oi} 为低贡献率；N 为不同级别贡献率指数的数量。

(2) 自权重。自权重是因子内部不同等级密度区内滑坡灾害对暴露性 E、应对力 C 和恢复力 Re 的贡献率，其计算方法为

$$w_i' = \frac{\overline{U}_{oi}}{\sum \overline{U}_{oi}} \tag{3-13}$$

式中，w_i' 为因子自权重；$\overline{U}_{oi}$ 为均值化处理结果。

(3) 互权重。互权重指不同因子间权重值，代表每种因子对研究区域易损性的贡献程度。此模型充分考虑因子的贡献作用，既考虑个体因子内部的权重，又得到因子之间的权重关系，进而得到指标因子的多重指标权重，计算方法如下。

对式(3-13)中不同等级的贡献率的行求和，即

$$R_{if} = \overset{o}{r} U_{oif} \qquad (i=1,2,\cdots,n; f=h,m,l) \tag{3-14}$$

式中，$\overset{o}{r}$ 为行求和符号；R_{if} 为第 i 个因子贡献率分级求和数列。

然后进行同级别贡献率的归一化处理，得到各因子在不同级别贡献率中的占比：

$$R_{if}' = \frac{R_{if}}{\overset{o}{r} R_{if}} \qquad (i=1,2,\cdots,n; f=h,m,l) \tag{3-15}$$

式中，R_{if}' 为不同级别贡献率归一化数列。

再对式(3-15)中的每一项单因子 R_{if}' 的行进行求和，即

$$D_i = \overset{o}{r} R_{if}' \tag{3-16}$$

最后对式(3-16)进行归一化处理，可得到贡献率互权重，即

$$w_i' = D_i / \overset{o}{r} D_i \tag{3-17}$$

式中，w_i' 为贡献率互权重（$w_i' < 1$）。

3.2　社会易损性评价

3.2.1　社会易损性概述

社会易损性是指人类社会易遭受灾害影响的程度。地质灾害的发生，通常伴随着严重的人员伤亡和经济损失，如何将地质灾害的威胁减小到最低程度，除了考虑地质灾害本身所具有的危险性外，作为主要承灾体的人类社会对于地质灾害的抵御能力(包含人类社会对地质灾害的应急救援能力)，同样是不可忽视的。随着人类社会的快速发展，对于自然改造程度的日益加剧，地质灾害影响的规模与破坏程度也相应增大，使人们对人类社会遭受地质灾害的影响程度(社会易损性)方面的研究也尤为重视。

在不同学者关于易损性的研究中，众多学者将社会易损性单独划分作为一类重要的研究对象。在 20 世纪的最后十年，随着"国际十年减灾"活动(国家地震局震害防御司和自

然灾害学报编辑部，1990)的开展，全球各个国家积极地开展对于自然灾害方面的研究与实践工作，对于地质灾害的各项研究均进入一个新的阶段，但是研究者们对于地质灾害的研究主要集中在地质灾害的自然属性分析方面，从其他视角对灾害进行的分析相对较少，尤其是对于地质灾害社会易损性方面的研究，国内外开展得均相对较晚。其中，关于自然灾害的社会易损性研究主要有：姜彤和许朋柱(1996)从"自然灾害""易损性""灾难"等概念出发，探讨社会易损性的内容、评价方法及其应用，指出社会易损性在自然灾害和减灾研究中的重要性，应在今后积极开展社会易损性分析与评价的研究；Cutter 等(2003)根据美国各县社会经济数据和人口数据，选取了 42 个指标，采用因子分析法，提出利用社会易损性指数来评估这些地区的社会易损性。国内学者通过对自然灾害相关理论的研究与阐述，从社会学角度出发，阐释社会易损性的概念、背景，构建了从个体、组织结构、社会三个角度出发的社会易损性评价指标体系，并将其应用于重庆市及整个中国地区的自然灾害社会易损性的评价中，评价效果良好(王海军，2006；赵卫权，2008；郭跃 等，2010；赵振江，2012；郭跃，2013)；唐玲和刘怡君(2012)通过人口、经济、社会结构和灾害四个层面构建了社会易损性评价指标体系，应用 ArcGIS 软件和空间自相关分析方法，对我国 31 个省(区、市)进行空间综合分析，结果显示我国自然灾害社会易损性存在显著的自相关性和集聚效应；文彦君(2012)选取 10 个评价指标，采用主成分分析法对陕西省各地市自然灾害的社会易损性进行分析和评价。

3.2.2　社会易损性评价指标

本书研究评价指标的选取遵循系统性、科学性、全面性和可操作性的原则，参考美国的社会易损性调查评价指标体系(Cutter et al.，2003)、联合国风险评价研究体系(UNDP，2004)、中国学者对社会易损性评价指标体系的分析讨论(郭跃 等，2010；王海军，2006；赵卫权，2008；赵振江，2012；郭跃，2013)，同时结合地质灾害的分布规律(田述军 等，2014)、易发性分析研究(丁明涛 等，2014)以及灾害影响范围内区域的社会经济情况，建立了地质灾害社会易损性评价指标体系，即综合选取的 8 个易损性评价指标：人口密度、建筑覆盖率、道路密度、万人医院数、万人福利院数、万人村民委员会数、移动电话年末用户占比和万人学校数。

3.2.3　社会易损性评价方法

熵值综合评判法是一种基于熵值法的客观综合评价方法。在信息论中，熵是对不确定性的一种度量。在该评价中，指标的信息熵越小，差异系数就越大，使得指标权重也就越大，因而说明此指标提供的信息量也就越大，在综合评价中的影响作用也就更突出；反之，亦然。因此，熵值法越来越多地被工程科学、社会科学所应用，逐渐成为科学研究中不可或缺的一种实用方法。

关于熵值法的综合应用研究涉及各个方面。其中，姜云(2012)利用熵值法来确定小城镇灾害易损性的熵权，再结合可变模糊集理论来评估小城镇灾害易损性；马致远(2009)通过多种方法的优势融合，改进了熵值法，将其应用于城市交通的可持续发展综合评价中，结果能够较好地反映实际情况；郭显光(1994)将熵值法应用于地区经济效益的综合评价中，并通过与多种方法的对比结合，体现熵值法的简单实用性；杨小玲等(2010)根据指标的不相容性与不确定性，将熵值法改进，用以刻画指标的权重系数，来解决权重的分配问题；孙研和王绍玉(2011)采用广义熵值法对"5·12"汶川地震形成的堰塞湖进行风险评估，评价结果为堰塞湖应急处置和恢复重建工作提供了良好的指导。本书中芦山震区地质灾害的社会易损性研究是从社会学的角度出发，讨论地区社会遭受地质灾害威胁的程度。人类社会系统本身可看作是一个熵，由于各地区之间存在着复杂的差异性，导致各自的熵明显不同。因此，利用熵原理来讨论区域的社会易损性是可行的，本书将熵值法与 GIS 技术相结合，来客观且直观地分析芦山震区地质灾害的社会易损性。熵值综合评判法的具体步骤如下(周爱国 等，2008)。

1) 原始数据标准化处理

由于研究所选指标的量纲、数量级和数量变化幅度存在差异，这些差异可能对最终分析结果产生影响，为了消除这些影响，需要对数据统一进行消除量纲的处理，即标准化处理。本书根据需要选择了标准差标准化的方法。

原始数据为

$$X = \begin{bmatrix} x_{11} & x_{12} & \cdots & x_{1p} \\ x_{21} & x_{22} & \cdots & x_{2p} \\ \vdots & \vdots & & \vdots \\ x_{n1} & x_{n2} & \cdots & x_{np} \end{bmatrix} = \left(X_1, X_2, \cdots, X_p \right) \tag{3-18}$$

标准差标准化，即

$$x'_{ij} = \frac{x_{ij} - \overline{x_j}}{s_j} \quad \left(i = 1, 2, \cdots, n; j = 1, 2, \cdots, p \right) \tag{3-19}$$

式中，$\overline{x_j} = \frac{1}{n} \sum_{i=1}^{n} x_{ij}$；$s_j = \sqrt{\frac{1}{n} \sum_{i=1}^{n} \left(x_{ij} - \overline{x_j} \right)^2}$；$i$ 代表样本；j 代表指标；$\overline{x_j}$ 代表 j 指标下 n 个样本的平均值；s_j 代表 j 指标下 n 个样本的标准差。

经过标准化后，原始矩阵 X 转化成矩阵 X'：

$$X' = \left(X'_1, X'_2, \cdots, X'_p \right) \tag{3-20}$$

2) 标准化数据归一化处理

经过标准化处理后的数据，各指标之间还存在着较大差异，为了消除差异，将指标进行归一化处理，同时根据各指标对社会易损性的作用方向，将其划分为正效指标和负效指标。正效指标的值越大，地区社会易损性越大；负效指标的绝对值越大，地区社会易损性越小。两种指标分别用以下公式进行归一化处理。

当 x_{ij} 为正效指标时：

$$x_{ij}^* = \frac{x'_{ij} - x'_{j\min}}{x'_{j\max} - x'_{j\min}} \tag{3-21}$$

当 x_{ij} 为负效指标时：

$$x_{ij}^* = \frac{x_{j\max}' - x_{ij}'}{x_{j\max}' - x_{j\min}'} \tag{3-22}$$

式中，i 代表样本；j 代表指标；x_{ij}' 代表 j 指标下第 i 个样本标准化后的值；$x_{j\min}'$ 代表 j 指标标准化后的最小值；$x_{j\max}'$ 代表 j 指标标准化后的最大值。

经过计算后，得到归一化后的数据：

$$\boldsymbol{X}^* = \begin{bmatrix} x_{11}^* & x_{12}^* & \cdots & x_{1p}^* \\ x_{21}^* & x_{22}^* & \cdots & x_{2p}^* \\ \vdots & \vdots & & \vdots \\ x_{n1}^* & x_{n2}^* & \cdots & x_{np}^* \end{bmatrix} = \left(\boldsymbol{X}_1^*, \boldsymbol{X}_2^*, \cdots, \boldsymbol{X}_p^* \right) \tag{3-23}$$

3）信息熵处理

第一步，将各指标同度量化，计算第 j 项指标下第 i 方案指标值的权重 p_{ij}：

$$p_{ij} = \frac{x_{ij}^*}{\sum\limits_{i=1}^{n} x_{ij}^*} \tag{3-24}$$

第二步：计算第 j 项指标的熵值 e_j：

$$e_j = -k \sum_{i=1}^{n} p_{ij} \ln p_{ij} \tag{3-25}$$

式中，$k>0$，$k = \dfrac{1}{\ln n}$，$e \geqslant 0$，n 代表样本的个数。

4）差异系数计算

$$g_j = 1 - e_j \tag{3-26}$$

式中，g_j 代表差异系数；e_j 代表熵值。

5）指标权重计算

第 j 项指标的权重为

$$a_j = \frac{g_j}{\sum\limits_{j=1}^{n} g_j} \tag{3-27}$$

式中，a_j 代表权重。

6）计算得分

计算样本的综合得分，为综合分析做准备：

$$Z_i = a_1 x_{i1}^* + a_2 x_{i2}^* + \cdots + a_k x_{pp}^* \tag{3-28}$$

式中，Z_i 代表第 i 样本的得分；a_k 代表第 k 指标对应的权重；$x_{i1}^*, x_{i2}^*, \cdots, x_{pp}^*$ 代表归一化后的数据。

7) 利用 ArcGIS 软件平台对数据处理分级

在 ArcGIS 软件中根据各指标图件，通过权重叠加和自然断点法分类，得到研究区整体的社会易损性评价结果图，结合熵值法综合评判的结果得分，综合分析得到研究区的社会易损性区划图。

3.3　人口易损性评价

人口易损性评价是区域地质灾害预警预报工作的一个重要环节，探讨地质灾害与人口易损性的关系，对加强地质灾害预警预报工作具有一定的针对性和有效性。

如果对于地质灾害研究来说，易损性问题是其研究的重点和难点，那么人口易损性便是其研究的最新问题之一。易损性是地质灾害的自然属性与可能造成的人员伤亡、经济损失等社会属性相结合的结果。而对于区域人口易损性来说，其基本定义是以地质灾害与区域人口暴露性和响应性指标(如人口密度、财富状况、灾害监测点、万人医生数、万人病床数等)相结合的结果，是地质灾害对承灾体所造成的损失程度。

对于同一规模的地质灾害，研究区人口密度、人口财富及灾害监测点等关键因素让不同地区承灾体有不同的易损性。规模相同的地质灾害发生在人口密度相对集中的城镇或乡村，或发生在人员稀少的地方，地质灾害可能造成的财产损失和人员伤亡肯定会有很大的不同。同一类型地质灾害对乡(镇)财产和生命造成的损失也不完全一样，如对于高速和低速泥石流灾害，即使一个乡(镇)的人口财富是一样的，但对于人口易损性而言，显然高速泥石流比低速泥石流的破坏性要强得多。

3.3.1　人口易损性概述

滑坡泥石流灾害是我国及世界山区的常见地质灾害类型。"5·12"汶川地震以来，西南山区更容易发生此类灾害事件。在西南山区，人们通常居住在河岸附近的小冲沟附近或堆积扇上，公路和发电站等服务基础设施也靠近或直接进入河道。因此，一些学者对冲沟型泥石流灾害的不同方面进行了系统研究。例如，Huang 和 Tang(2016)，Zou 等(2016)对汶川县七盘沟泥石流灾害进行了定量风险评估研究；Xiang 等(2015)分析了棋盘沟泥石流坝体的水动力特征和该地区泥石流的触发条件。然而，这些研究并没有对泥石流灾害胁迫下的人口易损性进行深入研究。因此，本书旨在对有地质灾害风险的山区聚落进行人口易损性评估，并为我国西南地区滑坡泥石流易发区的深入研究提供关键技术指导。

联合国 1992 年将"易损性"定义为"在特定区域内可能造成损害的潜在现象"。这一定义已逐渐被国际机构和绝大多数学者所接受(Alexander，1993；Hungr et al.，2005)。易损性研究主要涉及两个关键要素(Fuchs and Thaler，2018)：第一个要素集中于危险的性质，通常被描述为危险因素的特征(如空间分布、概率、大小和强度)和暴露程度，对特定结构或社区的危害；第二个关键要素包括物理或建筑环境的特征(如社会资产、农业资源、个人和社区资产以及周围的自然环境)(Mejia-Navarro and Wohl，1994；Li et al.，1991；Ding et al.，2016)。

Fuchs 和 Thaler(2018)描述了由适应能力和应对能力构成的易损性的人类维度，包括技能和敏感性。在本书中，人口易损性被定义为在地质灾害胁迫下，家庭成员可能受到的潜在损害，确定了一组易损性因素，即家庭规模、年龄结构、健康状况、种族、文化水平以及与已知灾害事件的关系，并将其作为评估社会人口易损性分析的综合因素，使用自组织神经网络(self-organizing mapping，SOM)模型(Kohonen，1982，2000)分析这些关键因素，从而获得社会人口易损值。

易损性研究在国内外具有重要意义，研究主要集中在大城市中，然而，地质灾害通常发生在西南山区的小城镇中。传统的研究主要通过收集和评价指标数据对人口易损性进行评价，这是一项耗时耗力的系统研究。由于人口易损性评估仅代表了易损性研究的一部分。目前，易损性评价主要采用遥感、全球定位系统和地理信息系统技术，结合模糊集理论来研究易损性评价方法(Mejia-Navarro and Wohl，1994)。其中，模糊集理论主要依靠自然语言来定义集和隶属函数，具有显著的主观性和任意性。基于模糊评价或层次分析过程的易损性指标在其定量或定性的方式中大多是主观的，而 SOM 模型特别适用于高维数据的无监督聚类和复杂对象的精确聚类分析。与传统的聚类方法相比，SOM 模型模拟了生物神经网络的机制，其中输入模式能够进行自我组织和判断；相同功能的神经元以紧密的空间分布进行聚类，最终可以作为易损数据的原型(Kohonen,1982；Li et al.，2007)。SOM 神经网络模型(Ding et al.，2010)能够持续实时学习，建立稳定的学习网络，而且评价过程不受外部函数的影响。因此，这个 SOM 神经网络模型可以将人为因素对各指标权重的影响降到最低。

3.3.2　人口易损性评价指标

影响人口易损性的因素众多，如人口密度、人口质量、经济状态等都会对人口易损性有着至关重要的作用，因此，选择合理有效的指标对人口易损性进行评价显得尤为重要。人口易损性的影响因素有以下几点。

(1)人口密度。地质灾害的发生是众多因子综合作用的结果，而影响地质灾害人口易损性的因素非常多。首先，造成人员伤亡最多的因子肯定与人口密度有关。一个区域的人口密度越大，遭受地质灾害威胁时，这个区域的人口遭受损伤的可能性越大，也就是人口易损性越大。其次，也与人口质量有关，如从年龄结构来看，有老年人、中年人、青年人和少年儿童等 4 个年龄阶段，每一个阶段的人生命价值是同等重要的，但就其易损性来说，研究区域中少年儿童和老年人所占比例越大，其易损性就越大，反之则易损性越小。同时，研究区内人员对地质灾害的防范意识(受教育的程度)也是影响人口易损性的重要指标，即居民的安全防范意识。一般来说，对地质灾害的认识程度越低，其人口易损性越高，反之亦然。综上所述可知，人口密度还不能完全代表人的价值，需要适当修正人口密度指数，才能进行人口易损性评价。

(2)灾害发生时间。地质灾害发生时间与人员易损性有着很强的相关性。在不同的时间段内，人们休息和活动的场所是随着时间推移而变化的(李闯，2002)，一般来说，晚上、清晨、正午时间，大多数人在室内休息、用餐，户内人数相对较多；其余时间就在各场所进行活动，户外人数相对较多。与此同时，在不同的季节里，人们对地质灾害的承受能力也是不一样的。因此，如果地质灾害发生在晚上，那么造成人员的伤亡数肯定要比发生在白天的多得多。同时，午夜前后发生地质灾害造成人员的死亡数，要高出中午前后地质灾害导致死亡人数的一倍以上，显示出比较明显的灾害发生时间与每幢倒塌建筑物中平均死亡人数的日变化关系。在白天，居民大多离开住宅前往各种公共建筑物内进行社会活动。但是，在一些公共建筑物内，如办公室、影剧院、商场、学校等场所，不时会出现人群高度集中的时段，如果在这样的时间内发生灾害，必然会造成人员的巨大伤亡。

(3)政府重视程度。政府对地质灾害的重视程度，也是一个影响人口易损性的关键因素，即评价政府对研究区地质灾害知识的宣传力度、投入防灾减灾工作中的人力和物力等。当地政府对地质灾害重视程度越高，人口易损性会相应降低。当地政府部门有没有对地质灾害的防治工作采取有重点、分区域的措施，也从侧面反映出政府部门对不同区域重视程度的不同。

(4)灾害发生频次。在研究地质灾害活动特征时，地质学家很早就发现一个规律，即地质灾害规模越小，发生的频次越多。李闵(2002)就曾利用历史地质灾害事件造成人员死亡的资料，建立地质灾害重现频次与人数的关系。在人口密度较高的地区，已经记录和积累了很多地质灾害造成人员死亡的资料。在地质灾害造成人员伤亡的记录中，人员死亡这个标志比较容易判别。因此，有人倾向于用死亡人数作为破坏程度的标志，他们认为在一定情况下，使用死亡人数这个标志比财产损失价值和房屋毁坏数的资料更有用。

Cutter 等(2008)认为区域易损性是暴露性和社会响应力的函数。暴露性与易损性成正相关，暴露性的存在使得系统具有了易损性，而响应能力的增加则在一定程度上会降低系统的易损性。对于人口易损性来说，暴露性和社会响应影响因素主要包括人口及其结构。人口指标的暴露性指标有人口密度、人口自然增长率、人口出生率、人口死亡率及劳动人口率；响应性指标有万人病床数和万人医生数。人口结构的暴露性指标有人口健康状态、人口年龄结构等，响应性指标有人口教育程度、人口财富状态等。人口易损性评价指标体系如表 3-2 所示。

表 3-2　人口易损性评价指标体系

评价指标体系	人口指标	人口结构
暴露性指标	人口密度	人口健康状况
	人口自然增长率	人口年龄结构
	人口死亡率	
	劳动人口率	
	人口出生率	
响应性指标	万人病床数	人口教育程度
	万人医生数	人口财富状态

3.3.2.1　县市级指标选择

根据岷江上游(县市级)人口易损性的研究需求和资料的可获取度，本书选择人口密度、万人病床数、万人医生数、监测点数、人均 GDP 和劳动人口率为区域人口易损性评价指标。具体定义如下所示。

(1)人口密度。人口密度是单位面积的人口数量,计算方法与 3.1.1 节中的(1)人口密度计算方法一致。

(2)万人病床数。万人病床数指的是研究区内每万人拥有的医疗机构床位数,可以反映当地的应急救助能力。

(3)万人医生数。万人医生数指的是研究区内每万人拥有的医生数,可以反映当地的应急救助能力。

(4)监测点数。地质灾害监测点的设置体现了政府对研究区的防灾减灾投入程度,同时也体现了地质灾害预警报体系的完善程度,监测点数是区域内地质灾害监测点的总数。

(5)人均 GDP。人均 GDP 主要用来评估一个地区的经济发展水平,这也是影响易损性的重要因素之一。现阶段我国存在着城乡差异,从经济状况来说,农村居民的经济状况比城市居民差,而一个地方越贫瘠,居民地质灾害风险意识也会越低,加上农村人口多住在地质灾害易发区,地质灾害发生时致损程度就越高。因此,一般来说,一个地区人均GDP 越高,如果发生同规模的地质灾害时,人口易损性相对就较低。

(6)劳动人口率。劳动人口率是劳动人口在总人口中所占的比例,劳动力的占比越高,对地质灾害恢复重建的能力就会越强。

3.3.2.2　乡镇级指标选择

基于地质灾害易损性评价指标体系的科学性、可比性、系统性的原则,并根据实地调查,建立了汶川县七盘沟村(乡镇级)地质灾害人口易损性评价的指标体系。本书选取最能体现人口易损性的 6 个影响因子作为评价指标,分别是家庭规模、民族特征、年龄结构、文化程度、健康状况和与地质灾害的距离。

(1)家庭规模。家庭规模,即家庭人口的数量。人口易损性与人口密度息息相关,人口密度越大,人口易损性也会越高。

(2)民族特征。根据调查,七盘沟村 90%为少数民族,且接受关于地质灾害的信息多为每年雨季前村镇的口头宣讲及灾难发生后的感知。

(3)年龄结构。居民的年龄结构不同,灾害发生时造成的损害也不同。儿童和老人对地质灾害的抵御能力较差,儿童和老人所占人口比例越高,表示发生灾害时,这一地区的人口易损性也会越高。

(4)文化程度:人口易损性也与受教育程度密切相关,人们一般把文化程度分为以下几类:文盲、半文盲、初等教育、中等教育和高等教育,前三类指的是六周岁以上没有接受过教育和只接受过小学教育的居民,后两类是指受过高中(中专)以上教育的居民。显而易见,文盲、半文盲和初等教育所占人口比例越大,其人口易损性也会越高。文化程度可以反映出该评价单元内居民对地质灾害的认知程度及风险防范的意识、观念和敏感程度等。一个地区居民对地质灾害的认知程度越高,其人口易损性也就会越低,反之亦然。

(5)健康状况:承灾体的完整程度、新旧、健康程度等状态也是影响承灾体易损程度的重要因素。居民因伤病致使其应急反应能力下降,人口易损性升高。因此,非健康状态比健康状态的承灾能力要小。

(6)与地质灾害的距离：居住地离地质灾害的距离越近，冲击力越强，人口易损性会越高，反之亦然。

3.3.3 人口易损性评价方法

自组织神经网络(SOM)模型由 Kohonen(1982)提出后，逐渐发展成为应用最广泛的自组织神经网络方法，其中的胜者为王(winner takes all)竞争机制反映了自组织学习最根本的特征(Kohonen，2000；Kohonen et al.，1996)。

易损性评价过程主要是运用 3S 技术，应用易损性评价模型及模糊理论等研究方法开展承灾体易损性方面的评价工作。但是要运用模糊理论，首先需要确定隶属度函数，而隶属度函数的确定有很大的随意性和主观性。除此之外，模糊评估中的指标权重一般都存在很大的主观性，或是经验给定的，或是半定量的层次分析(AHP)法确定的。与传统模式的聚类方法相比，自组织神经网络是基于生物神经网络机理建立的，它能够对输入模式进行自组织训练和判断，实现功能相同的神经元在空间分布上的聚集，并将其最终分为不同的类型(Kohonen，1982；李春华 等，2007)。岳素青(2006)用扩展的 SOM 模型对水文站进行分类，并得到了良好的效果；张晨辉(2006)将 SOM 模型用于痴呆诊断方面的研究；赵胜利等(2007)运用 SOM 模型和 BP 复合神经网络解决边坡稳定性预测问题，并证明该方法具有实际应用价值；周忠学和任志远(2007)应用 SOM 模型对陕北土地利用动态变化过程的空间差异进行了分析，并利用研究结果提出了对应的改善措施；赵晓丹和齐志(2008)将 SOM 模型用于数据挖掘，根据实体的特征对大型数据库的数据进行聚类或分类，进而发现整个空间分布规律和典型模式；刘鑫等(2008)将 SOM 模型用于干旱聚类分析，并达到相应的精度要求；曹蕾等(2008)在 MATLAB 平台上，建立了小城镇土地集约利用的 SOM 模型，所得结果精确，与实际情况也比较相符；雷璐宁等(2009)用改进后的 SOM 模型对水质进行分析，可以直观准确地评价水体质量，反映水体整体状况；施明辉等(2011)等用 SOM 模型对森林健康状况进行了定量评价，并分析了各种状态下的森林健康状况；王家伟等(2013)通过设计的 SOM 模型提高了高校奖学金评定中的公平性、公正性；王艺陶等(2014)使用 SOM 模型进行聚类分析，对高粱产品进行评定，分析结果良好。

综上所述，SOM 模型的优点在于：能够实时学习，模型网络稳定性较高，聚类过程不需要外界给出评价函数，可以消除人为因素的影响，具有一定的客观性，适用于高维数据的无指导聚类分析。

3.3.3.1 SOM 思想来源

Kohonen 提出自组织神经网络主要是模拟哺乳动物大脑皮质神经元的自组织、侧抑制等特性。1984 年，Kohonen 运用 SOM 模型将芬兰语音精确地聚类为因素图，1986 年又将运动指令组织成运动控制图。这些案例的成功应用引起了世人对自组织特征映射这种方法的高度关注，并逐渐发展成一种有特点的无监督训练神经网络模型。

自组织特征映射的思想来源有两个方面，即人脑的自组织性和矢量量化(vector quantization，VQ)(张青贵，2004)。

(1)人脑的自组织性。如今遗传生理学的研究结果显示，人类的口舌、鼻子、耳朵、眼睛、皮肤五种基础感受信号，在大脑皮层有对应的处理区，如遗传因素决定了视觉信号传往大脑的视野。根据 Kohonen 的观点，在大脑中，高层次的信息主要是按照空间位置进行组织联络的，但是这种组织方式相当复杂，如不同的两句话，在脑皮层的听觉区具有不同的空间轨迹，这已经不能再用普通的距离概念去衡量两者的区别，这是一种超距离的逻辑关系。

这些神经学知识是 Kohonen 设计网络的部分依据。SOM 模型在原有神经网络中引入了网络的拓扑结构，并在此基础之上进一步引入变化邻域概念，用来模拟生物神经网络中的侧抑制现象，进而实现网络的自组织特征。

(2) 矢量量化。SOM 神经网络模型的另一个思想来源是矢量量化。20 世纪 80 年代出现矢量量化，这是一种广泛应用在图像数据传输和语音方面的数据压缩方法。它的基本思想是将输入空间划分成多个不相交的超多面体，不同超多面体都有各自的区域，每个区域中选一个代表点，称为码本向量，只要是同一区域的点均用码本向量来表示，可大大压缩数据。

3.3.3.2　SOM 模型算法

SOM 算法是一种根据其学习规则对输入的模式自动进行分类的聚类方法(Kohonen et al.，1996；Kohonen，2000；Oja et al.，2003；Mora et al.，2007)，也就是说在没有监督的情况下，模型网络对输入模式进行自组织学习，并通过不断调整输入与输出的权重系数，最后这些系数能直接反映输入样本之间的距离关系，并在竞争层中将分类结果表示出来。将 SOM 模型运用于人口易损性的聚类，聚类过程不需要外界给出评价函数，消除了人为因素的主观影响。SOM 模型计算方法如下。

(1) 设置变量和参量输入向量为 $X(n) = (x_1(n), x_2(n), \cdots, x_n(n))^{\mathrm{T}}$，权值向量为 $W(n) = (w_{i1}(n), w_{i2}(n), \cdots, w_{in}(n))^{\mathrm{T}}, i = 1, 2, \cdots, m$，设置迭代总次数为 N。

(2) 将权值向量 W_i 进行初始化，设置初始学习率 η_0；对权值向量初始值 $W_i(0)$ 和所有的输入向量 X 进行归一化处理。

$$X' = \frac{X}{\|X\|} = \frac{(x_1, x_2, \cdots, x_n)}{\left[x_1^2 + x_2^2 + \cdots + x_n^2 \right]^{1/2}} \tag{3-29}$$

$$W'(0) = \frac{W_i(0)}{\|W_i(0)\|} \tag{3-30}$$

式中，$\|W_i(0)\| = \left\{ \sum_{j=1}^{n} \left[w_{ij}(0) \right]^2 \right\}^{1/2}$，$\|X\| = \left[\sum_{j=1}^{n} (x_j)^2 \right]^{1/2}$，分别是输入向量的范数和权值向量。

(3) 采样：从输入空间中选取训练样本 X'。

(4) 用式 (3-31) 计算 W' 和 X' 之间的欧氏距离：

$$d_i = \left[\sum_{j=1}^{n} (x_j - w_{ij})^2 \right]^{1/2} \quad (i = 1, 2, \cdots, m) \tag{3-31}$$

(5) 近似匹配，通过欧氏距离最小的标准

$$\left\| X' - W_c' \right\| = \min \left\| X' - W' \right\| = \min \left[d_i \right] \qquad (i = 1, 2, \cdots, m) \qquad (3\text{-}32)$$

来选取获胜神经元 c，从而实现神经元的竞争过程。

(6)更新：对获胜神经元拓扑领域 $N_{i(X)}(n)$ 内的兴奋神经元，用

$$w_j(n+1) = w_j(n) + \eta(n) h_{j,i(X)}(n) [X - w_j(n)], j \in N_{i(X)}(n)$$
$$w_j(n+1) = w_j(n+1), j \in N_{i(X)}(n) \qquad (3\text{-}33)$$

更新神经元的权值向量，进一步实现了神经元的合作和更新过程。

(7)更新学习速率 η 及拓扑领域，并对学习后的权值重新进行归一化处理：

$$\eta(n) = \eta_0 \exp\left(-\frac{n}{\tau_2} \right) \qquad (n = 0, 1, 2, \cdots, N)$$

$$\sigma(n) = \sigma_0 \exp\left(-\frac{n}{\tau_1} \right) \qquad (n = 0, 1, 2, \cdots, N) \qquad (3\text{-}34)$$

$$W'(n+1) = \frac{W_i(n+1)}{\left\| W_i(n+1) \right\|} \qquad (3\text{-}35)$$

(8)判断迭代次数 n 是否超过 N，如果 $n \le N$ 就转到第(3)步，否则结束迭代过程。

3.4 建筑易损性评价

3.4.1 建筑易损性概述

建筑，是人类为提高生存机会按照自身意愿对外部环境进行简单改造的结果，是为了满足人类最基本的生活生产需要(孙璐和范世奇，1999)。随着人类社会的进步、人类改造能力的增强，建筑逐渐成为人类社会文明的一种重要载体。例如，孙璐和范世奇(1999)指出："罗西认为建筑的内在本质是文化习俗的产物，文化的一部分是编译进入表现形式之中的，而绝大部分则是编译进入类型之中的，前者是表层结构，后者是深层结构。"沈益人(1999)指出："地理学家拉夫、西蒙等人提出建筑的'空间现象'说，认为'存在空间'是由人与其环境构成的基本关系，建筑有其不同的社会功能"。李行(1986)指出："莱特认为城堡为了御敌，水坝为了防洪，桥梁为了交通，碑塔为了纪念。"

建筑经历了从最初的"避难空间"到"文化空间"，再到现在的"居民财产"的历史变迁，作为财产的主要形式之一，建筑物在灾害环境下的易损性评价也日益升温。

Merz 等(2004)基于统计方法研究了在洪水环境下的建筑易损性。而 D'Ayala(2005)、Lagomarsino 和 Giovinazzi(2006)、Kappos 等(2006)、Schwarz 和 Maiwald(2008)则以建筑物的结构、建筑年代等作为指标对建筑易损性进行评价。Paskaleva 和 Simeonov(2008)、Dall'Osso 等(2009)、Bertrand 等(2010)、Mavrouli 和 Corominas(2014)对比不同的评价方法，计算出不同类型的建筑易损性曲线。总之，国内外研究者或单独采用易损性曲线、数理模型、统计模型、工程模拟实验、地理信息化模型或者几种方法兼而用之，促使建筑易损性评价较为成熟，研究成果颇丰(Fuchs et al.，2011；Alam et al.，2012；Caprili et al.，2012；Wieland et al.，2012；Holub et al.，2012；Neves et al.，2012；Fotopoulou and Pitilakis，2013；Geiß et al.，2014；Maio et al.，2015；Kang and Kim，2016；Mavrouli et al.，

2016；Barbat et al.，2015；Silva and Pereira，2016；Azizi-Bondarabadi et al.，2016；Amico et al.，2016）。建筑易损性研究国内发展落后于国外。宋立军等（1999）通过易损性矩阵判定方法研究了喀什地区的建筑易损性。这之后的研究者们，如常业军和吴明友（2001）、何玉林等（2002）、曾超等（2012）、乔亚玲等（2005）、郭小东等（2005）、侯爽等（2007）、高惠瑛等（2010）和马爱武（2010）大多从工程角度出发，将建筑易损性评价的重点放在建筑物结构上。

3.4.2　县市级建筑易损性评价指标

借鉴前人的研究成果，本书综合选取建筑物功能、结构、材料、面积和距离等 5 个影响因子，共 5 类一级指标、20 类二级指标作为县市级建筑易损性的评价指标，如表 3-3 所示。

表 3-3　县市级建筑易损性评价指标

一级指标	二级指标
功能	公共服务
	居住
	商业
	学校
结构	钢结构
	框架结构
	砌体结构
材料	钢
	砖
	砖混
距离/m	800～1000
	600～800
	400～600
	200～400
	<200
面积/m^2	>3500
	1500～3500
	800～1500
	300～800
	<300

3.4.3　乡镇级建筑易损性评价指标

针对乡镇级评价单元，开展建筑易损性评价时，因为所处的地质灾害环境尺度较大，可以只考虑某一部分特定的地质灾害体，因此，建筑物与地质灾害的距离这一指标需要重新分级，乡镇级建筑易损性评价指标体系及其代码如表 3-4 所示。

表 3-4　乡镇级建筑易损性评价指标及其代码

一级指标	二级指标
功能	公共服务
	居住
	商业
	学校
结构	钢结构
	框架结构
	砌体结构
材料	钢
	砖
	砖混
距离/m	0~100
	100~200
	200~300
	300~400
	400~500
面积/m²	0~15
	15~30
	30~45
	45~60
	60~64

3.4.4　建筑易损性评价方法

元胞自动机是一种新的计算机建模方法，wolfram 于 2002 年发表的 *A New Kind of Science*（王铮和吴静，2011），推动了元胞自动机的发展与应用，其数学定义为

$$A=(G, S, I, f) \tag{3-36}$$

式中，A 为一个元胞自动机系统；G 为元胞；S 为元胞的有限离散状态集合；I 为元胞域内的元胞；f 为状态转化规则，还可以表示为

$$S_{it+1}=f(S_{it}, I_{jt}^{h}) \tag{3-37}$$

式中，S_{it+1} 是给定元胞 i 在 $t+1$ 时刻的状态，$f(\ )$ 为状态转换规则；S_{it} 为元胞 i 在 t 时刻的状态；I_{jt}^{h} 为邻近元胞 j 在 t 时刻对元胞 i 的信息输入，其中 h 为元胞 i 的邻居规模。

在这之后，许多学者都尝试运用该模型解决实际问题，侯西勇等（2004）将元胞模型与马尔可夫链结合起来研究河西走廊的土地利用变化情况，陈建平等（2004）利用该模型预测荒漠化趋势，都取得了不错的效果。在 Netlogo 中可构建模型并进行模型模拟，主要以语句控制模型，模型主要语句如下：

```
turtles - own [ ] ;; 定义自身属性，本例中为泥石流各参数
to setup
```

```
    语句块      ;; 环境初始化
end
to go
    语句块…….;; 可执行的语句
end
to 具体的行为命令
ask turtles  [ ]…….;;可执行语句的具体实现以及实现约束等条件
end
```

第4章　滑坡泥石流风险评价

滑坡泥石流灾害风险分析是防灾减灾的重要工作之一。滑坡泥石流灾害风险是指在一定区域和给定时段内，不同强度滑坡泥石流发生的可能性及其对人类生命财产、经济活动和资源环境产生损失的期望值。滑坡泥石流灾害风险综合反映了滑坡泥石流灾害的自然属性和社会属性，由致灾子系统与孕灾子系统的危险性和承灾子系统的易损性组合而成。

4.1　风险评价概念

4.1.1　定义

目前，国际上对风险一词仍没有一个统一的严格定义，不过，各种定义的核心内容基本一致。1901 年，美国学者 A.H.Willett 在其博士论文《风险与保险的经济理论》中首次给出风险的定义：风险是关于不愿发生的事件发生的不确定性之客观体现。Wilson 和 Crouch (1987) 将风险的本质描述为不确定性，定义为期望值；Maskery 则认为风险是某一自然灾害发生后所造成的总损失；联合国人道主义事务部门 (United Nations Department of Humanitarian Affairs，UNDHA) 关于自然灾害风险的定义 (United Nations，1992，1991) 为风险是在一定区域和给定时段内，由于某一自然灾害而引起的人们生命财产和经济活动的期望损失值；Smith (1996) 认为风险是某一灾害发生的概率；国际地质科学联盟 (International Union of Geological Sciences，IUGS) 滑坡研究组风险评价委员会把风险定义为对健康、财产和环境不利的事件发生的概率及可能后果的严重程度，可用二者的乘积来表达，即 risk=probability×consequences (IUGS，1997)；Tobin 和 Montz (1997) 认为风险是某一灾害发生的概率和期望损失的乘积；Deyle (1998) 等认为风险是某一灾害发生的概率（或频率）与灾害发生后果的规模的结合；Hurst (1998) 认为风险是对某一灾害概率与结果的描述；黄崇福 (2001) 认为风险是不利事件发生的可能性。刘希林和莫多闻 (2003) 对上述自然灾害的风险定义进行了一些分析后认为：Maskrey 的定义将风险等同于灾害损失，将风险评价等同于灾后的灾情，并不适当；Smith 的定义仅从灾害的发生概率来考虑，没有考虑灾害发生的后果，有偏颇之处；Tobin 和 Montz 的定义中采用了期望损失，基本类似于易损性；Deyle 和 Hurst 的定义中采用了灾害后果，实际上等同于灾害损失 (刘希林和莫多闻，2003；黄崇福，2005)。

综上所述，风险的定义都包含了三个方面：不利事件、发生的概率和可能产生的后果。因为本书考虑的重点是风险可能产生的结果，侧重于期望损失值，因此本书采用 UNDHA (1991，1992) 的定义：风险是指在一定区域和给定时段内，由于某种事件而引起的人们生命财产和经济活动的期望损失值。

值得注意的是，风险 (risk) 与危险 (danger) 和危险性 (hazard) 有着不同的含义 (查在塘，

1996；万庆 等，1999；詹小国，2002；魏一鸣，2002）。危险仅对自然现象中不利事件加以描述，危险性则是研究不利事件及其发生的概率，而风险则不仅研究不利事件发生的概率，还要分析其可能的后果。由危险到危险性再到风险，反映了人们认识客观世界能力的提高。

4.1.2　定量表达

风险的定量表达，被称为风险度。由于自然灾害风险有不同的定义，所以其风险的定量表达也就有不同的方式，但是，常用"和函数"和"积函数"两种数学模型来定量表达风险度（刘希林和莫多闻，2003；黄崇福，2005）。

Maskrey（1989）首次将风险度表达为危险度和易损度的函数，即风险不仅与致灾体的自然属性有关，而且与承灾体的社会经济属性有关；虽然采用"和函数"表达风险不合理，但却明确了风险度的表达思路，其风险表达式为

$$风险度（risk） ＝ 危险度（hazard） ＋ 易损度（vulnerability） \tag{4-1}$$

根据联合国对自然灾害风险的定义（UNDHA，1991，1992）及其数学表达式，泥石流风险度可以表达为

$$风险度（risk）＝危险度（hazard）×易损度（vulnerability） \tag{4-2}$$

这一表达式较为全面地反映了风险的本质特征。危险度反映了灾害的自然属性，是灾害规模和发生频率（概率）的函数；易损度反映了灾害的社会属性，是承灾体人口、财产、经济和环境的函数；风险度是灾害自然属性和社会属性的结合，表达为危险度和易损度的乘积。

实际上，风险的定量表达是将本质上是多维的风险问题简化成便于比较大小的一维问题来解决，从而为风险理论的实践应用提供了一个技术途径。

4.2　风险评价概述

UNDHA 于 1991 年和 1992 年两次正式公布了自然灾害风险的概念（Alexander，1993），这一概念得到国内外许多学者和国际组织机构的认可，认为风险是在一定区域和给定时间段内，由于某一自然灾害而引起的人们生命财产损失和经济活动的期望损失值，其值称为风险度。近年来，关于滑坡灾害风险评价的研究主要有：胡瑞林等（2003）关于滑坡风险评价的理论和方法研究；谢全敏等（2004，2005）关于滑坡灾害风险评价的研究；姜建梅等（2010）关于甘肃省天水市王家半坡滑坡的风险评价研究。其中，关于滑坡危险性评价的研究主要有：高克昌等（2006）利用 GIS 工具，结合一定的数学模型方法，进行滑坡灾害的危险性评价，并取得良好效果；曾忠平等（2006）应用 ArcGIS 软件分析了三峡库区青干河流域滑坡危险性评价；庄建奇等（2010）关于"5·12"汶川地震崩塌滑坡危险性评价研究；王爱军等（2011）基于 GIS 平台对泾川县地质灾害危险性进行分析；许冲和徐锡伟（2012）关于玉树地震滑坡危险性评价的应用与检验等。

近年来，灾害易损性研究已经被越来越多的国际性科学计划和机构作为重要的研究项目，尤其在全球环境变化及可持续性科学领域被广泛关注，并成为重要的分析工具，

Mejia-Navarro 和 Wohl(1994)在分析哥伦比亚的 Medellin 地区地质灾害敏感性和土地及生命易损性的基础上,利用 GIS 技术将二者合成产生了风险评价分区图;Vandine 等 (2004)认为滑坡的易损性来自某一因素的稳定性和脆弱性,或者来自具有潜在破坏力的滑坡或对该滑坡的抵抗力;金江军等(2007)提出基于土地利用类型的滑坡灾害易损性评价方法,建立了针对滑坡灾害的防灾减灾能力指标体系,并给出了具体评价方法;石莉莉和乔建平(2009)以四川米易县为研究实例,应用贡献权重叠加方法进行区域滑坡易损性评价,在ArcGIS 软件的支持下进行了易损度区划和制图。

4.3　风险评价方法

根据联合国对自然灾害风险的定义(UNDHA,1991,1992),滑坡泥石流风险度的数学计算公式可以表达为

$$R = HV \tag{4-3}$$

式中,R 为滑坡泥石流灾害风险度(0~1);H 为滑坡泥石流灾害危险度(0~1);V 为滑坡泥石流灾害易损度(0~1)。

4.4　风险区划及其应用

在滑坡泥石流灾害易发性评价、危险性评价和易损性评价的基础上,我们能够获得研究区内各评价单元的风险度值(0~1)。然而,如何科学地分析和表达滑坡泥石流灾害风险评价结果,使复杂的风险评价问题简单化、使过于微观的结果宏观化,以便将评价结果应用于防灾减灾工作实践,这就需要对评价结果进行分级与区划。

目前,滑坡泥石流风险评价的数据分级和风险分区没有统一的标准,也没有理想的解决方案,本书拟根据具体情况采用等间距分级方法或自然断点法对滑坡泥石流危险度和易损度进行了分级与区划。通过对滑坡泥石流灾害危险性、承灾体易损性和破坏损失的分析研究,利用 GIS 的空间处理功能,我们就可以获取滑坡泥石流影响区的灾害危险度区划图、承灾体易损度区划图和灾害风险度区划图,这是减轻滑坡泥石流灾害的最有效的非工程性措施之一。滑坡泥石流灾害风险评价结果的应用主要体现在以下方面。

(1)可以为城市规划建设和确定土地利用方式提供依据。根据滑坡泥石流灾害风险评价区划图,可以统筹规划土地利用,将城市建设、工矿区及水利、交通设施的建设和发展重点放在安全区,控制在灾害高风险区建造永久性建筑,对于已设立在高风险区内的设施,可根据其风险度情况考虑相应的安全防护措施,没有任何防护措施的高风险区居民应当尽快搬迁。

(2)可用于厘定滑坡泥石流灾害保险额度。根据滑坡泥石流灾害风险评价结果,可以绘制研究区的灾害风险分布图。因此,我们可以获取到研究区内每个位置的灾害风险值,这个风险值可以作为确定滑坡泥石流灾害保险投保费率的重要依据,有利于推动滑坡泥石流等灾害保险业务在灾害风险区的开展,并促使滑坡泥石流灾害保险费率厘定合理化,更具有说服力。

(3)科学评价已有治理工程的防治效益。综合评价灾害风险区内各项滑坡泥石流灾害防治工程措施是否得当、是否安全、是否达到灾害防护标准。如果根据风险综合评价结果确认达不到预想的安全保障，就应当采取相应的防治措施进行补充，从而提高滑坡泥石流灾害防治工程的防御标准，以确保当地居民和建筑物的安全。

(4)制定人员疏散和避难的最佳防灾预案。根据研究区的灾害风险区划图，科学制定和执行必要的疏散计划，按轻重缓急将居民和重要基础设施迁移到灾害安全区内，其内容主要包括：应急疏散场地范围、疏散的时间限定、疏散的组织系统、疏散地点容量及疏散后人民生活生产安排等。

区 域 应 用

第5章　三江并流区泥石流危险性评价

5.1　自然地质环境概况

5.1.1　地理位置

怒江、澜沧江、金沙江在我国西南地区紧密相邻，并列南流，构成独特的纵向岭谷区，形成三江并流区。本书研究区域属于广义的三江并流区，大致位于 98°25′～100°37′E，25°2′～30°20′N，具体包括西藏自治区的 5 个县(芒康县、贡觉县、察雅县、左贡县及察隅县)，四川甘孜藏族自治州的 7 个县(得荣县、稻城县、乡城县、巴塘县、理塘县、雅江县和木里县)，云南怒江傈僳族自治州的 4 个县(市)(福贡县、泸水市、兰坪县、贡山县)，云南迪庆藏族自治州的 3 个县(市)(维西县、德钦县、香格里拉市)，云南大理白族自治州的 12 个县(市)(大理市、祥云县、弥渡县、宾川县、永平县、云龙县、洱源县、鹤庆县、剑川县、漾濞县、巍山县和南涧县)，云南丽江市的 3 个县(区)(古城区、永胜县、宁蒗县)，云南保山市的 3 个县(市、区)(保山市市区、昌宁县、腾冲市)，共计 37 个县(市、区)，总面积约为 12.07 万 km²，研究区位置如图 5-1 所示。

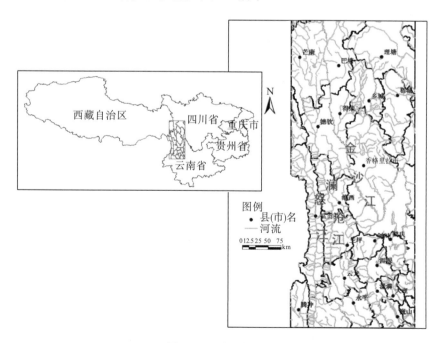

图 5-1　研究区位置图

5.1.2 自然地质环境概况

5.1.2.1 地形地貌

整个三江并流区的地貌类型众多，各种地貌类型齐全，层状地貌尤其发育，外力作用形成的地貌发育也较完全。

1) 层状地貌

层状地貌是新构造运动间歇性上升过程中，由外营力形成的呈层状分布的地貌单元，一般具多级性，是新构造的表现形式之一。三江并流区内的层状地貌面包括高原面（夷平面）、剥蚀面、河流阶地等。对层状地貌的调查，有助于对新构造运动发展历史和区域地貌隆升史的研究。

(1) 高原面（夷平面）和剥蚀面。云南高原面（夷平面）是指在云南广泛发育并保存较为完整的一期夷平面，尤以滇中地区保存最完整，由一些高差相对较小的浑圆状山丘组成。多数学者认为这期夷平面形成于新近纪，尤以上新世为主要形成时期。因为在上新世，云南各个地区湖泊和沼泽发育，而且还发育一套以黏土岩、粉砂岩为主的沉积构造，说明当时的云南地区处于准平原状态，地势相对高差小。受青藏高原隆升时序的影响，云南高原东、西部地区夷平面解体时间有所不同，表现为从西向东逐渐推进，其影响强度从西向东依次减弱；整个高原面完全解体时，西部与东部、北部与南部的夷平面高度呈现明显的差异。滇西北三江并流区的夷平面属于云南夷平面的一部分，因受新构造运动影响导致位移解体，使其零星分布在各处，且分布的海拔也有所差异。从总体看来，高原面（夷平面）主要分布在河谷谷缘线以上，现代河流及支流的溯源侵蚀未能达到分水岭地带，使得分水岭地带较宽，距河流干、支流较远，从而使得更多、更完整的、平缓起伏的阔丘状高原面能够保存下来，这便成为三江并流区分布较广的一级夷平面。

研究区内除夷平面之外，在断陷湖盆地区还存在两级剥蚀面，河谷地区存在一级剥蚀面和两级宽谷面。其中，第一级剥蚀面分布的高度特征与夷平面非常接近，分布范围比夷平面广泛，是云南高原的主体面。在青藏高原内部，第一级剥蚀面保存较好，通常表现为切割微弱、平坦开阔、波状起伏的高原面，因常与众多大小湖盆、宽浅谷地及山前低缓丘陵连在一起，故又称为盆地面。第二级宽谷面的分布范围较小，仅沿着湖盆周围和部分河谷零星且不连续分布。区内第一级剥蚀面是从夷平面上剥蚀形成，其下限时代应是晚中新世，上限时代是众多断陷湖盆沉积的底界年龄，形成时代为晚中新世至 3.40Ma 前后；而第二级剥蚀面及沿河谷分布的两级宽谷面的沉积是上新世晚期—早更新世的断陷湖盆沉积，形成时代为 3.40～1.60 Ma。

(2) 河流阶地。河流下切侵蚀，使得原有的河谷底部（河漫滩或河床）超出一般洪水位，呈阶梯状分布在河谷谷坡上，形成河流阶地。三江并流区地貌表现为高山峡谷与河流阶地多、金沙江河谷阶地复杂，各组阶地分布若断若续，使得上、下游阶地间对比及划分非常困难。例如，在金沙江虎跳峡与大井坝间便可见断续河流阶地五至六级，虎跳峡以上可见断续的三级阶地；怒江峡谷河谷较为狭窄，六库以北基本没有阶地存在，而六库至道街盆地局部地段可见五级阶地；而在澜沧江河谷中阶地却很少。根据各河流阶地发育的实际情况，基本在中更新世之后，结合该区其他地貌的演化情况，可大致推断出三江并流区的形成时代在中更新世。

2) 其他地貌类型

三江并流区除层状地貌发育较好之外，还发育了峡谷地貌、冰川地貌、高山丹霞地貌、高原喀斯特地貌和山地地貌。

三江并流区特殊的地质演化造就了雄奇、险峻、气势宏伟的大峡谷地貌——金沙江、澜沧江、怒江形成了"三江并流"的奇异景观，是滇西北乃至世界都少有的宏观地貌类型。三江并流区内的三条大峡谷——金沙江峡谷、澜沧江峡谷、怒江峡谷，与两岸高山雪峰有巨大反差，相对高差达到 2000~4740m，且两岸地势险峻，峡险谷深。金沙江峡谷地貌最为典型的地段是虎跳峡、石门关峡谷及区内的北段金沙江峡谷；澜沧江峡谷沿江地质构造复杂，地质构造类型多样，处于亚欧板块和印度板块的主碰撞地带，内、外地质营力塑造了澜沧江沿岸种类丰富、形态特殊、隆升峻峭的地貌，最典型的峡谷包括：梅里雪山大峡谷、巴迪燕子岩峡谷、营盘街峡谷；怒江峡谷两岸山峰突起、雪峰群聚、山高谷底，有著名的石月亮峡谷等。

三江并流区冰川地貌发育显著。该地带冰川作用强烈、冰川遗迹分布普遍，且发育典型，是中国现代冰川活动的最南界限。从冰川类型上看，属于低纬度高海拔山岳冰川，气温较低，雪线附近温度保持在 0℃以下，高度在 4500m 左右。降水以固态为主，因雪线以上的融雪很难全部融化，形成了常年积雪区甚至永冻区，从而形成冰川。这里 4000~5000m 的山峰有近 800 座，高于 5000m 的山峰有 100 多座，包括明永冰川、白茫雪山冰川、哈巴雪山冰川等。

三江并流区丹霞地貌属于高山丹霞地貌，是高山冰雪冻融作用、侵蚀作用和溶蚀作用共同作用的结果，是滇西北特有的地貌类型。区内东南部(丽江西北部)的黎明、罗古管及石宝山一带是丹霞地貌集中分布区，三个地区的丹霞地貌各具特色，以黎明地区发育最佳。三江并流区丹霞地貌主要发育在古近系始新统宝相寺组、美乐组和渐新统金丝厂组中，各地区岩性有一定差异，虽发育不够完全，但有自身的特点。除形成赤壁丹崖外，区内丹霞地貌以细部特征见长，局部岩层形成排列整齐的龟裂纹景观，如千龟山、佛陀峰、石钟山等。

三江并流区高原面上分布着由石灰岩溶蚀的喀斯特地貌。地表喀斯特地形和地下喀斯特地形都有发育，溶洞地貌众多，石钟乳、石笋、石柱等发育较好。因本区属高寒山区，气温低、地表终年冻结或季节性冻结，使喀斯特作用受到抑制，只有少数圆洼地和小型溶斗。此外，高山地区由于冻融风化强烈，崩解作用沿断层、节理或层理面进行，形成类似于热带的峰林地貌，不过规模十分矮小。香格里拉白水台、天生桥温泉及钙华堤，怒江六库的瓦拉亚窟洞穴系统都属于高山喀斯特地貌类型。

三江并流区自西向东分布的山脉有高黎贡山、碧罗雪山-怒山、云岭、大雪山-沙鲁里山。在新生代造山运动中，印度板块和扬子板块斜向冲顶产生碰撞造山效应，强烈挤压推覆，伴随地壳增厚强烈抬升而隆起，流水、冰川穿行于期间，属于典型的断块-侵蚀高山山地地貌(欧朝蓉，2004)。

5.1.2.2 地层岩性

　　研究区地层发育完全，建造类型多样，沉积作用复杂，自元古宙震旦纪以来的各个时代的地层皆有出露(图5-2)，主要为海洋沉积作用，沉积历史长，分布广，遍及全区；其次为湖泊沉积作用，历史较短，范围较广，厚度大，稳定的地层多分布在东部，西部地层多属活动类型。以金沙江断裂为界，东西两侧地层、岩性、古生物面貌都有差异。研究区以东具有层型模式剖面意义，震旦纪到志留纪再到三叠纪，新生代的古近纪、第四纪均有出露，在部分地段表现为连续沉积；以西地层较多，受断裂破坏较为破碎，多数地层发生变质，出露最为广泛的是上古生代和三叠纪地层。整体而言，各类性质的岩浆岩、沉积岩及浅至中等程度的变质岩均有分布，研究区地层序列表如表5-1所示。

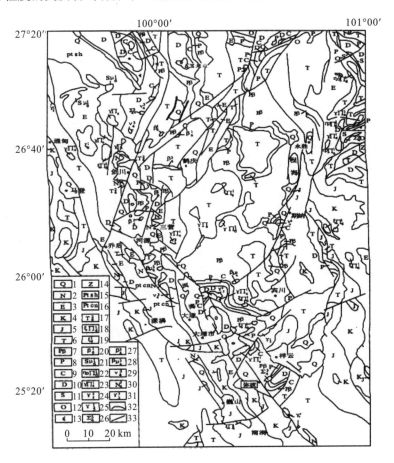

图 5-2　研究区区域地质简图

1. 第四系；2. 新近系；3. 古近系；4. 白垩系；5. 侏罗系；6. 三叠系；7. 二叠系玄武岩；8. 二叠系；9. 石炭系；10. 泥盆系；11. 志留系；12. 奥陶系；13. 寒武系；14. 震旦系；15. 元古宇石鼓群；16. 元古宇苍山群；17. 喜山期次粗面岩；18. 喜山期正长斑岩；19. 喜山期正长岩；20. 喜山期玄武岩；21. 喜山期闪长玢岩；22. 喜山期石英二长斑岩；23. 喜山期花岗斑岩；24. 燕山期花岗岩；25. 印支期花岗岩；26. 华力西期超基性岩；27. 华力西期玄武岩；28. 华力西期绿岩；29. 华力西期辉长岩；30. 华力西期基性岩；31. 晋宁期花岗岩；32. 地质界线；33. 断层线

表 5-1　研究区地层序列表

地层时代		地层代号	详述
新元古界	前震旦系	Z_1	主要由片麻岩、片岩、变粒岩及大理岩组成；集中出露于大理洱海西侧及丽江西北
	震旦系	Z	石英砂岩、页岩、灰岩及白岩等；仅在永胜以东有出露
下古生界	寒武系	Є	岩性以砂岩、页岩为主；零星出露在永胜以东
	奥陶系	O	下统以细砂岩夹页岩为主，偶夹灰岩，中统以灰岩为主，局部地区为页岩；集中分布于洱海东侧、洱海与剑川之间及丽江以北地区
	志留系	S	以页岩为主；宁蒗、永胜以东零星出露
上古生界	泥盆系	D	一般以碳酸盐岩为主，部分地区在其上、下有碎屑岩及少量玄武岩；主要集中分布在洱海两侧，剑川与洱海之间，永胜、宁蒗一带及玉龙山以西地区
	石炭系	C	多以碳酸盐岩为主体；主要出露在弥渡以东、洱海东侧等地
	二叠系	P	主要由碳酸盐岩、大陆溢流玄武岩(峨眉山玄武岩)组成；分布较广
中生界	三叠系	T	红河断裂带以东碎屑岩及灰岩沉积，还有基性-中酸性火山熔岩、砂泥岩等基岩；广布性沉积
	侏罗系	J	红河断裂东侧为大型湖泊盆地沉积，全为红色碎屑岩沉积，两侧为海陆交互碎屑沉积；程海断裂东南及红河断裂两侧
	白垩系	K	以内陆湖相-河湖相沉积为主，岩性为紫红色碎屑岩夹灰绿色碎屑岩及少量碳酸盐岩；分布范围与侏罗系大致相同，多呈大面积连续出露
新生界	古近系	E	各单个盆地的总体排列方向均受区域构造的控制，但盆地彼此隔绝，沉积特征差异较大；分布在一些大断裂带两侧，属陆相中小型山间或断陷盆地类型
	古新统	E_1	一套红色碎屑沉积，下部碎屑粒度稍粗，底部为石灰质角砾岩；主要见于永胜北、剑川、鹤庆、巍山等地
	新近系	N	以一套暗色地层为代表，普遍含有褐煤或煤层的湖沼相沉积；主要分布于各断陷盆地之中，多为河湖相和湖沼相沉积
	第四系	Q	灰色黏土、粉砂质黏土、粉砂、砂砾和砾石；主要发育在各断陷盆地之中，河谷地带、山麓等地也有一些分布
	更新统	Q_p	河湖相沉积物，下部为灰黄色含细砾石的粗砂层，上部为深褐色砂质黏土及灰色黏土层；各盆地中广为分布
	全新统	Q_h	以河湖相为主沉积的淤泥、黏土、砂质黏土及泥炭等；有砂、砂砾石等为主的河流相及洪积相沉积；河湖沉积、洪冲积、坡积及少量重力堆积

5.1.2.3　地质构造

　　研究区属于线状褶皱断裂与岩带复合伴生，地质构造的特点是：线条状、块镶嵌，腰部强烈紧缩，南北两端略为散开，并呈南北向反 S 形扭转。在强烈的南北挤压下，青藏高原的物质向三江并流区滑移，造成本区域地壳增厚，地形升高，随着青藏高原的形成，三江并流区也逐渐成为它的一部分。因为印度板块北移和亚欧大陆的碰撞，三江并流区陆块敛合后，大陆消减和大陆汇聚作用强烈，从而产生大规模的冲断、推覆、走滑作用，由地壳重熔导致的岩浆活动、火山作用及地震活动也尤其强烈。目前大多数学者认为，三江并流区是一个多地块、多活动带的复合构造区，既有相对稳定的地块，又有较活动的构造带。它由几个性质、发育历史及形成环境有差异的地块共同组成，经历几个构造阶段后才逐渐结合起来，形成了独特的条块相间的构造特征(程根伟和王金锡，2006)(图 5-3)。

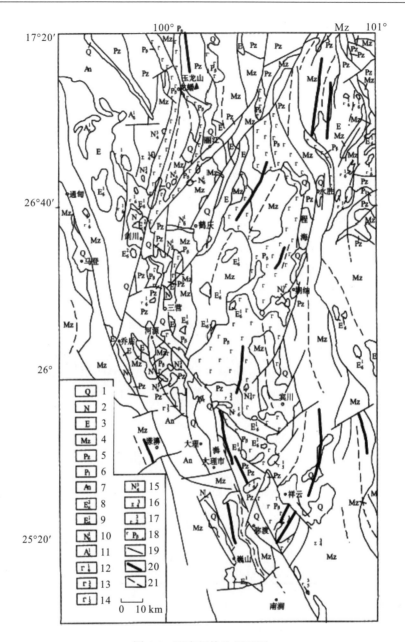

图 5-3　研究区构造纲要图

1. 第四系；2. 新近系；3. 古近系；4. 中生界；5. 古生界；6. 元古界；7. 前寒武系；8、9. 喜山期碱性岩；10. 喜山期基性
岩；11. 喜山期中性岩；12. 喜山期酸性岩；13. 燕山期酸性岩；14. 印支期酸性岩；15. 华力西期基性岩；16. 华力西期超基
性岩；17. 晋宁期酸性岩；18. 二叠系玄武岩；19. 断裂；20. 背斜；21. 向斜

1) 研究区地质构造自西向东分类

(1) 怒江缝合带，其可作为三江并流区的西界，将昌都地块与波密-察隅地块分隔开，
属于班公湖-怒江缝合带的东段，沿怒江河谷断续有许多方辉橄榄岩及其相伴生的一套沉
积复理石出露。

(2)昌都地块,介于怒江缝合带与金沙江构造带之间,具有一个前奥陶纪的浅变质基地,地块上的第一沉积盖层为奥陶系至二叠系,以碳酸盐岩和浅水陆源碎屑沉积为主,夹煤系。

(3)金沙江构造带,是昌都地块和义敦岛弧带、中咱地块的分界线,由一套浅变质地层构成,变形强烈,是一条复杂的构造带。代表洋壳的蛇绿岩组分沿该带许多地方出露,但绝大多数岩体较小、岩石组合单一,多数为蛇纹石化的橄榄岩,有时可见少量辉长岩及火山岩。

(4)中咱地块,介于金沙江构造带和甘孜-理塘构造带间,位于义敦岛弧带南部。该地块基底无出露,由古生界构成,发育齐全,保存完好,具典型的海相沉积特征。

(5)义敦岛弧带,介于金沙江构造带和甘孜-理塘构造带间、中咱地块北部,由三叠系组成。前三叠系仅在义敦附近及其以南有出露,主要为碳酸盐相和少量陆源碎屑沉积,属于与中咱地块相连的一套稳定相沉积。

(6)甘孜-理塘构造带,东邻巴颜喀拉-松潘褶皱区,西接义敦岛弧带和中咱地块,南起木里县附近,向北经理塘、新龙、甘孜、马尼干戈、三岔、玉树直门达,并大体沿通天河向西延续,由火山岩、硅质岩、碎屑岩及灰岩组成。

研究区地质构造的显著特征是深大断裂带极为发育,其对形成区内山川南北纵向平行排列的地貌格局起着重要的控制作用,研究区地处三江褶皱带中段,自晚古生代以来,古大洋向北塔里木地块正向挤压以及向东扬子准地台西缘古岛弧带侧向俯冲,使得本区形成时间长、阶段多、运动强烈、构造复杂的多旋回地槽褶皱,并发育了大量密集的巨大现状弧形深断裂带,且多具有分支、合并及切割等组合特征。断裂带一般呈北北西—北西走向,在弧形转折段出现近南北走向,在东部地区表现有北北东—北东方向,从而构成了本区的早期构造格架(明庆忠,2007)。

2)研究区主要断裂带

影响研究区河谷地貌与环境演化的主要断裂带有 6 条。

(1)红河断裂带,研究区位于其北段部分,该断裂带北起洱源附近,向南经元江县、红河县,过河口进入越南,由超基性岩组成的不完整蛇绿岩套出露,自燕山运动时期以来,断裂除有升降差异运动外,还表现出水平运动的迹象,断裂起初表现为左旋运动,后期又转变为右旋运动。

(2)小金河-丽江断裂带,自小金河向西南经玉龙雪山东侧,过丽江止于洱源—剑川一带,呈北东向伸展,向北东延伸与龙门山断裂相接,有代表古老洋壳残块的超基性岩及相应的地槽沉积在断裂带西侧出露,东侧则由澄江期中酸性侵入岩和火山弧带形成,古晚生代有广泛的玄武岩沿断裂喷发,并伴有辗掩构造发育,典型的如鹤庆一带三叠系推覆于古近系丽江组之上。

(3)菁河-程海断裂带,位于永胜以南,经程海、期纳、宾川,在弥渡北端切过红河断裂,延伸走向大致为南北向,永胜以北地段走向则为北东向。由断裂带控制的岩相、沉积建造和古地理环境,推断该断裂可能形成于震旦纪时期,属于扬子准地台内部边缘的一条比较重要的断裂,是盐源-丽江台褶带和滇中拗陷的分界线。

(4) 金沙江断裂带，研究区重要深断裂之一，松潘-甘孜褶皱系与三江褶皱系的分界线，断裂南段基本沿金沙江呈北北西向延伸，向南经石鼓到剑川则与龙蟠-乔后大断裂归并。该断裂带对变质岩带控制明显，其大多分布在断裂西侧，北部为原岩由石鼓群组成的石鼓变质带，含中寒武世—下奥陶世三叶虫及腕足类化石，其上为泥盆系沉积覆盖。变质岩系中，上部为角闪片岩，由基性-中性火山岩变质而成。南部为苍山变质带，原岩由苍山群组成主体，并含有部分上三叠统混合岩，带内还有中酸性火山岩及超基性岩侵入。

(5) 通甸-巍山断裂带，位于金沙江断裂带与红河断裂带的西侧，从维西向北与羊拉断裂带相连，往南经通甸、马登、乔后、苍山变质带的西侧至巍山，再往南斜交于红河断裂，呈北北西方向延伸。喜马拉雅时期，沿断裂带分布一系列小规模的酸、碱、基性侵入岩和喷发岩，两侧地层发生过左旋走滑运动，具有一定程度的变质作用。有一块体积不大的新近纪岩块位于断裂带中，为灰、灰白砂砾岩夹煤线，岩块受强烈挤压而明显破碎角砾岩化，局部有糜棱岩化现象。

(6) 龙蟠-乔后断裂带，其所处部位相当复杂，白龙蟠向南经剑川与通甸-巍山断裂带相交，呈北北东方向延伸，同时，又介于北北西向转为北北东向的弧形拐弯处，从北延伸至本段后，断裂受挤压而产生收敛。就岩浆活动而言，受断裂活动的影响，二叠纪玄武岩沿裂隙呈线状喷溢，喜山期有酸性花岗岩类侵入，并伴有苦橄岩的喷发。至上新世，碱性粗面岩在剑川盆地以西大量溢出和喷发，在沉积层上断裂活动也有明显反映，在断裂带南段有古生界出露于断裂东盘，而北段则相反，中生界被控制在断裂以西，古近—新近系沉积亦大片分布在断裂西侧(明庆忠，2006)。

5.1.2.4　植被条件

研究区植被覆盖丰富，有 10 个植被类型，23 种分布亚型，90 多个群系，云集了南亚热带、中亚热带、北亚热带、暖温带、温带、寒温带及寒带等多种植物群落类型，是欧亚大陆植物生态环境的缩影，充分显示横断山区生态系统多样性，该区是全世界植被最丰富的地区之一。研究区属于东亚植物区，区系成分丰富，垂直分布明显，特有现象突出，区系成分南北交错、东西汇合、新老兼备，地理成分复杂，地理联系广泛，植物新种约为1500 种，是世界著名的植物标本模式产地。三江并流区占全国国土面积不到 0.4%，却拥有全国 20%以上的高等植物，其中，40%为中国特有种，10%为三江并流区特有种，包含200 余科、1200 余属、6000 种以上。研究区可分为 6 个垂直带，从低海拔到高海拔山顶分别为湿润季风常绿阔叶林带、中山湿性常绿阔叶林带、高山暗针叶林带、亚高山暗针叶林带、高山灌丛草甸带、高山流石滩荒漠带，其中各垂直带的植物种类、组成和数量均不相同(李菊雯，2009)。

亚热带常绿阔叶林主要分布于怒江中段的察隅、贡山、福贡等地。云南松林分布海拔介于 1600～3000m，常与栎类树种组成松栎混交林，为本地带植被组合的一大特点，主要集中分布在维西、兰坪、香格里拉的硕多岗河流域。亚高山针叶林广泛分布于研究区 30°N以北，是本区域最典型的植被类型，以川西云杉林、鳞皮冷杉林、高山栎为主，而三江并流区也是我国亚高山针叶林的集中分布区之一。由于水热条件的差异，亚高山针叶林的种类在研究区的分布存在差异，德钦、得荣、乡城、香格里拉北部、芒康县的盐井等地区主要分布的是油麦吊云杉和长苞冷杉，也有高山栎。受地貌地势及气候的影响，研究区灌丛具有种类多、面积大的特点，包括干热河谷灌丛和高山灌丛两种类型，区内天然灌木林面积达 20380.63 km²。干热河谷灌丛主要分布海拔在 3000m 以下，以干旱河谷灌丛为主，代表类型有白刺花、小马鞍叶羊蹄甲、对节木等。高山灌丛主要分布海拔介于 4000～4700m，种类多为川滇高山栎、矮高山栎、杜鹃、锦鸡儿、山柳、窄叶鲜卑花、金露梅、白毛银露梅、高山绣线菊等。研究区草甸主要为高山草甸，分布海拔介于 3800～4400m，集中分布于 30°N 以北地区，以禾本科和莎草科植物为主，草甸面积为 77467.36 km²，是我国主要的天然牧区之一。草地组成成分区系较为复杂，草本植物以耐寒的湿中性植物为主，主要优势种有高山蒿草、矮生蒿草(程根伟和王金锡，2006)。

5.1.2.5 气象水文

研究区受高空西风环流、印度洋和太平洋季风环流的影响，气候多样，具有冬春季长、夏秋季短、日温差和年温差大的特点。研究区气候既具有水平地带性又具垂直地带性特点。水平地带性从南向北表现为：①山地北亚热带季风气候，分布于察隅、福贡、贡山、维西及丽江等地，最高平均气温为 18～23.3℃，≥10℃积温为 4000～5000℃；②山地暖温带季风气候，分布于得荣、乡城、德钦、中甸、巴塘、芒康、左贡等地，最高平均气温为 12～18℃，≥10℃积温为 3000～4500℃；③山地寒温带季风气候，分布于贡觉、白玉、察雅、昌都等地，最高月平均气温为 10～16℃，年平均气温为 3～6℃，≥10℃积温为 630～2040℃；④山地亚寒带气候，分布于石渠县，最高月平均气温小于 10℃，≥10℃积温仅为 80～1000℃。垂直地带性表现为气候随海拔升高而发生变化，且呈带状分布。例如，海拔 1503m 的金沙江河谷到海拔 5396m 的哈巴雪山顶，依次有河谷北亚热带、山地暖温带、山地温带、山地寒温带、高山亚寒温带和高山寒带六个气候带，其特点为气候幅宽、气候带窄，形成"一山有四季"的典型立体气候。因为地形结构复杂，各种气候类型镶嵌交错，同一个气候垂直带内又有森林气候、草原气候、湖盆气候等单小气候，形成"隔里不同天"的气候特征。

降水主要集中于夏季，干湿季分明，且降水强度大，暴雨多；海拔高差大，立体气候显著，降水的水汽来源主要是来自孟加拉湾的西南暖湿气流，其次是来自北部湾的东南暖湿气流。研究区多年平均降水量一般在 900mm，但地域分布不均，降水量从西向东降低，从南向北减少，形成了三个明显的地区：①金沙江、雅砻江上游(昌都—德格连线以北的地区)，降水较少，仅 400～600mm，年径流深 150～300mm；②三江峡谷(昌都—德格连线以南地区)，降水量为 600～700mm，年径流深 400～500mm；③滇西(高黎贡山和独龙江流域)，降水量为 1300～1500mm，年径流深 800～1000mm。

研究区水系主要由怒江、澜沧江、金沙江以及伊洛瓦底江支流独龙江组成，均发源于青藏高原腹地。区内河流均为外流河水系，其中怒江和独龙江属印度洋水系，金沙江和澜沧江属太平洋水系。区内河流水源充足，落差集中，水能资源丰富，是我国水能资源较为集中的地区之一。研究区河川径流补给形式多样，有雨水补给、地下水补给及冰雪融水补给。由于区内自然条件差异较大，水源补给也不相同，在昌都—德格连线以北的地区，河流补给以地下水为主，约占年径流量的 60%，其他地区雨水补给占年径流量的 50%～60%，地下水补给占年径流量的 40%～50%。区内夏秋两季河川径流最为集中，夏季最多，秋季次之，冬季最少。季节不同河川径流补给类型也不相同，且径流量变化显著，但径流量的年际变化小。冬季河流补给主要为地下水，径流量仅占年径流量的 6%～7%；春季由于气温普遍回升，河流补给主要为融水，此时多数河川径流比冬季河川径流多，径流量可占年径流量的 10%～15%；到季风盛行的夏季，河流则主要靠雨水补给，由于东南季风和西南季风的共同影响，降水集中，占年降水量的 50%～60%，径流量可达年径流量的 45%～55%；秋季补给以雨水为主，占年径流量的 25%～35%。整个三江并流区的河流径流的年际变化不大，年径流变差系数 C_V 值介于 0.10～0.25（程根伟和王金锡，2006；角媛梅 等，2002；骆银辉 等，2008）。

5.1.2.6　人类工程活动

研究区经济发展迅速，人类活动越来越强烈，物质生产多数建立在破坏资源环境的基础上，导致林地和草地遭受破坏，加剧了水土流失，使生态环境持续恶化。人类的不合理活动主要体现在以下方面。

(1) 林业采伐。位于研究区的丽江地区、迪庆州和怒江州是我国重要的林业采伐基地，自 1958 年以来，林业采伐已成为该区地方财政和当地居民收入的主要来源。经过几次砍伐高潮，由于重采轻管、采伐方式落后等原因，造成便于运输地区的森林植被遭受极大破坏，地表覆被变化剧烈。

(2) 人口增长导致过度开荒。自 1962 年以后，研究区人口增长呈直线上升趋势，虽实行计划生育，但人口基数仍然较大。因为交通的不便，使得人口对粮食、肉类等生活用品的需要负担较重。在耕地等级低、生产技术落后的情况下，为满足人口的生活需求，该区居民在河谷地带、中山较平缓的地区大量开垦耕地，导致许多森林和草地被毁，许多耕地受坡度限制，水土流失严重，进一步加剧了滑坡、泥石流等灾害的发生。

(3) 基础设施建设（公路、城市建设、旅游设施、采矿）。研究区由于地势起伏大，山高坡陡，对外交通困难，20 世纪 70 年代以前道路、城镇等基础设施较少。20 世纪 70 年代以后，为把该区主要资源木材和矿石运出区外，国家以及各级地方政府大力出资修筑公路设施，由此引发大量的山体滑坡和崩塌现象，甚至造成整座山变为荒山。

随着人口的增加和经济的发展，交通便利的地区便出现了集镇，使得建设用地大量增加，改变了研究区的土地利用状况。例如，维西县 1986 年新增建设面积 240 亩（1 亩≈666.67m²），1990 年净增 268 亩，1994 年净增 1417 亩，可见城镇建设用地增加的速度之快。另外，随着对外交流的发展，该区的基础设施建设面积也快速增加；由于旅游业的兴起和发展，旅游基础设施建设也对环境产生较大影响。此外，挖沙、取土、采矿等工程活动也极大地破坏了区内生态环境。目前，以铅锌矿开采为主的矿产开发已极大地破坏了矿区附近的自然环境。在复杂的地质构造活动中，三江并流区的成矿作用极为复杂，使该区成为世界上少有的有色金属富矿区，有铅锌矿、铜、钨、金等 12 种矿产，储量丰富。但受到交通和技术的限制，矿产工业以开采原矿出卖为主，加之多种原因造成的群开乱采、土法冶炼，对自然环境造成不可挽回的破坏（角媛梅 等，2002）。

5.2　泥石流发育特征及影响因素

5.2.1　地质灾害概况

5.2.1.1　地质灾害数据来源

(1)野外调查。野外调查从 2009 年 8 月 17 日于迪庆州香格里拉市开始,至 2009 年 9 月 10 日于大理市结束。重点考察了三江并流区的 11 个县(市),考察路线为:香格里拉市、乡城县、稻城县、得荣县、德钦县、维西县、兰坪县、剑川县、云龙县、永平县和大理市。通过实地踏勘,结合当地国土、水利、建设等部门提供的相关资料,对本区域的泥石流灾害发育分布规律有了一个总体的认识和了解。

(2)遥感解译。本节使用的遥感影像是 SPOT 影像数据,分辨率为 2.5m 和 10m,时相为 2006 年和 2008 年,购买的影像基本覆盖整个研究区;另外以 Google Earth 中的遥感影像 SPOT5 影像数据作为补充,分辨为 10m,时相为 2009 年。

遥感技术已成为区域地质灾害调查中不可缺少的技术之一,在泥石流等地质灾害调查、监测、研究工作中发挥着重要作用。本书对遥感图像解译经过遥感图像预处理、图像几何校正、图像融合、图像镶嵌与裁剪等处理,从而提取出泥石流等地质灾害信息。通过遥感图像对泥石流判释的主要内容包括:①确定泥石流沟,圈划出流域边界;②初步判释泥石流沟流通路径长度、堆积扇体大小及形状;③圈划流域内不良地质现象,如补给泥石流的滑坡、崩塌;④解译泥石流沟背景条件,如松散堆积层厚度、植被种类及覆盖、山坡坡度及岩石破碎情况、人类活动情况等;⑤确定泥石流灾害发生方式、类型、规模、危害程度等。

5.2.1.2　地质灾害概况

研究区属侵蚀剥蚀大的高山地貌区,山高坡陡,地形起伏大,地表切割密度大,河流侵蚀作用强烈,河谷谷坡陡立,主要的灾害类型有泥石流、滑坡、崩塌等,许多地质灾害往往以地质灾害链的形式产生极大危害。地质灾害主要发育于三江及其支流两岸的河谷地带,受地形地貌、地层岩性、地质构造、降水等自然因素和人为因素的控制,泥石流主要集中于金沙江、澜沧江、怒江等一级或二级水系的中下游、河谷两侧地带,滑坡一般集中在松散固体物堆积较多的构造断裂带与软硬相间的斜坡地段,以及坡积层较厚地段;崩塌多发生于岩性坚硬带,岩体节理、裂隙发育的陡坡地段,软硬相间地层构造的反向陡坡地段,块石组成的陡斜坡以及构造断裂带部位。研究区河谷为峡谷地形,谷坡陡峻,地形切割大,为地质灾害发育提供了空间场地和势能条件,强烈的构造运动作用使岩体节理裂隙极为发育,而在断裂带及影响带的岩体则尤为破碎,为地质灾害发育提供了充足的物源条件,集中的降水又为地质灾害的发生提供了动力条件,加之河谷地带为人类工程经济强烈活动区,往往加剧了地质灾害的发育和发展。

通过前期考察调研,项目组获取了大量的灾害数据信息,并建立起灾害数据库。在此基础上,本部分重点对三江并流区内泥石流灾害危险性进行研究。通过野外实地调查和遥感解译，我们获取了研究区泥石流灾害点 1298 个和滑坡灾害点 437 个（图 5-4）及少量崩塌灾害点。对研究区 37 个县（市）的灾害点做了具体统计，得到了研究区地质灾害点分布表（表 5-2）。

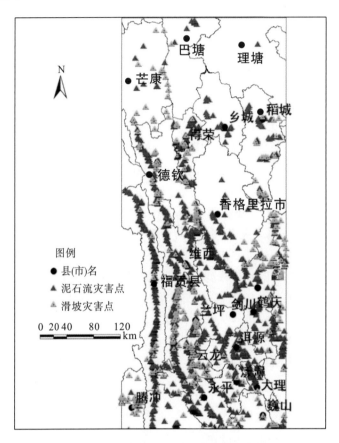

图 5-4 研究区地质灾害点分布图

表 5-2 研究区滑坡泥石流灾害分布表

县(市)	省级区域	泥石流/个	泥石流密度 /(个/1000km²)	滑坡/个
贡觉县	西藏自治区	0	0	0
察雅县	西藏自治区	0	0	0
理塘县	四川省	1	0.12	0
巴塘县	四川省	10	2.54	2
雅江县	四川省	0	0	0
左贡县	西藏自治区	0	0	0
芒康县	西藏自治区	10	1.57	17
乡城县	四川省	22	8.09	0
察隅县	西藏自治区	0	0	0
稻城县	四川省	53	15.12	26

续表

县(市)	省级区域	泥石流/个	泥石流密度/(个/1000km²)	滑坡/个
德钦县	云南省	72	18.08	49
得荣县	四川省	141	90.90	37
木里县	四川省	0	0	1
香格里拉市	云南省	58	9.55	9
贡山县	云南省	45	19.07	2
维西县	云南省	100	41.81	7
宁蒗县	云南省	8	2.48	40
丽江市	云南省	81	20.32	29
福贡县	云南省	68	46.49	2
兰坪县	云南省	68	29.20	57
永胜县	云南省	37	14.12	8
鹤庆县	云南省	35	28.19	3
剑川县	云南省	23	19.36	0
泸水市	云南省	74	45.99	13
洱源县	云南省	68	44.86	4
云龙县	云南省	100	42.85	48
宾川县	云南省	3	2.24	2
大理市	云南省	30	40.45	2
漾濞县	云南省	25	25.48	8
祥云县	云南省	0	0	0
腾冲市	云南省	4	1.34	27
永平县	云南省	74	50.44	0
保山市	云南省	41	16.07	2
巍山县	云南省	10	8.75	4
弥渡县	云南省	5	6.26	2
昌宁县	云南省	6	3.04	16
南涧县	云南省	26	28.40	20

由统计得出,研究区地质灾害以泥石流、滑坡为主,而泥石流相比滑坡灾害更加严重,泥石流灾害占区内地质灾害总数的74%,滑坡占25%左右,崩塌只占约1%。其中,泥石流灾害最为严重的县(市)依次为得荣、维西、云龙、丽江、泸水、永平及德钦,仅7个县(市)泥石流灾害点数量占整个研究区总数的49%,大量的泥石流灾害给研究区带来了重大的经济损失,足以证明对研究区进行泥石流危险性评价具有重要意义。滑坡灾害最为集中的县(市)依次有兰坪县、德钦县、云龙县、宁蒗县、得荣县、丽江市和腾冲市,占到整个滑坡灾害总数的71%,剩余30个县(市)的滑坡灾害约占29%。

5.2.2　研究区泥石流发育特征

5.2.2.1　泥石流发育类型

泥石流是研究区最主要的地质灾害类型,分布范围极广,泥石流灾害点有上千个之多,各地泥石流发育情况虽各有差异,但经过统计发现,研究区泥石流发育类型特征依然明显。区内泥石流按水源类型来看,以暴雨型和强降雨型为主;以地貌部位来看,以山区型为主;以流域形态来看,以沟谷型为主,坡面型次之;以流体性质来看,以稀性泥石流为主;而以固体物源提供方式来看,则以沟床侵蚀型和滑坡泥石流为主。整个区内以大雨、暴雨型沟谷稀性泥石流为主,数量多、规模大、危害程度大;而坡面型泥石流为次,虽其数量较多,但规模一般较小,危害程度较低。然而,由于坡面型泥石流往往为后期沟谷型泥石流提供充足的固体物源,因此二者又不能截然分开。

5.2.2.2　泥石流分布密度

区内沟谷纵横,有河流、沟谷成百上千条,而每条沟谷都可能成为泥石流的发源地,因此该区内泥石流十分普遍,几乎随处可见。按平均每 1000 km^2 内的泥石流灾害点统计,全区泥石流灾害点分布密度平均为 10.75 个/1000 km^2。泥石流分布最为密集的地区依次为得荣县、永平县、福贡县、泸水市、洱源县、云龙县及维西县,平均分布密度都在 40 个/1000 km^2 以上,而泥石流灾害最为发育的得荣县分布密度已达 90.90 个/1000 km^2,整个研究区各个县(市)泥石流分布密度情况见表 5-2。

5.2.2.3　泥石流分布特点

(1)地带分布性。研究区泥石流灾害点在区域分布上表现出最为明显的特点即为地带分布性。区域内地形坡度大、地表切割密度大,构成了泥石流成型的关键性动力条件,而泥石流的发育和分布明显受该区地层岩性、地质构造和地形地貌的控制,使得泥石流区域分布带与区域大断裂走向相吻合。例如,区内发育的怒江断裂、澜沧江断裂、金沙江断裂、丽江-剑川断裂、中甸-剑川断裂等,断裂带规模大,沿线新构造活动异常强烈,使得泥石流集中分布在这些地带,呈现出明显的地带分布性。此外,河流切割强烈的地区往往地壳隆升强烈,地质构造活跃,地形相对高差大,也具备泥石流发育的有利条件。而研究区内的水系空间分布也基本受到构造控制,多数沿断裂带发育形成,使得河流与断裂带的空间分布具有重叠性,从而更加巩固了研究区泥石流灾害点在区域内呈地带性分布的特点。

(2)周期相对集中性。研究区泥石流灾害点在时间上的分布特征表现为周期相对集中性。从纵向上看:研究区 1950~1980 年为地质灾害少发期,1980~2000 年为地质灾害多发期,2000 年以来,为地质灾害高峰期。特别是 2000 年以来,人类工程经济活动强烈,忽视了对地质环境的保护,成为区内地质灾害的集中发育时间段,主要有 1998 年、2000 年、2003 年、2004 年四个高峰年,也是区内有史以来的四个地质灾害集中发育的年份,且有逐年增强的趋势。从横向上看:区内地质灾害主要发生在每年 6~9 月降水集中时间段,这主要受本区气候条件所控制。以泥石流灾害最为严重的得荣县为例,该县受青藏高原冷气流的控制,具典型的高寒山区气候特征,年均降水量为 330.6 mm,降水主要集中在 6～9 月，仅 4 个月的降水量就达 298.5mm，约占全年降水总量的 90.3%，并多以暴雨形式发生，成为地质灾害的主要诱发因素。据统计，得荣县域内地质灾害发生或出现变形破坏迹象的近二十年资料显示，在 182 处地质灾害中有 95% 以上发生在雨季、汛期的 6～9 月份。

(3) 分布数量差异性。受诸多因素综合影响所致，在分布数量特征上，研究区泥石流灾害点还具有明显的分布差异性，具体表现为泥石流灾害点南部多于北部，西部多于东部。位于研究区西南部的维西县、福贡县、兰坪县、泸水市、云龙县、洱源县等，泥石流灾害频发，灾害点明显多于研究区东北部的雅江县、理塘县、乡城县、木里县、宁蒗县和香格里拉市等。

5.2.2.4　典型案例分析

二道河泥石流位于云南迪庆维西傈僳族自治县，该县是我国唯一的傈僳族自治县，以农业为主，兼顾林牧业，县内生物资源、矿藏资源、水电资源丰富，随着国家西部大开发战略的实施，矿产、水电等产业得到大力发展，但由于地处边远，基础设施不足，建设资金匮乏，生产技术落后，严重制约了社会经济发展。

澜沧江由北向南纵贯县境，碧落雪山及云岭山脉隔江对峙，境内地势大起大落，山体束窄、河谷深切。维西县城区位于澜沧江一级支流永春河左岸坡麓地带，永春河支流二道河、头道河、米汤沟从城区通过，城区地形南高北低，受三条沟谷切割，城区地域狭窄，建筑物依山傍河高低层叠分布，局部分布在古洪积、泥石流堆积扇上，为泥石流灾害高易发区。多年来，维西县饱受泥石流灾害困扰，尤其以二道河泥石流灾害最为严重。

1) 自然环境概况

二道河流域位于横断山系纵谷区，地形起伏较大。二道河发源于云岭支脉雪龙山，距维西县城南西方向约 7km 的片俄底一带，流向为北东，从城区南东部汇入永春河，流域面积为 6.22km²，全长 7.7km。流域上游海拔 2600m 以上为高中山地，地势陡峭，山坡坡度一般为 30°～50°，侵蚀强烈，切割深度为 200～500m，沟谷狭窄呈 V 形谷，沟床纵坡较陡。流域中下游地形自上而下逐渐变缓，地面坡度在 5°～20°，沟谷展宽呈箱形槽谷，宽30～60m，深 10～40m，沟床纵坡变缓，沟岸陡峻，一般坡度为 50°～60°。二道河源头海拔为 3284m，汇口处为 2166m，高差为 1118m，平均沟床纵坡降为 145‰。沟床纵坡变化大致可分为四段：沟床海拔 2800m 以上为 301.5‰；2800～2500m 为 144.5‰；2500～2300m 为 89.5‰；近沟口段为 65.2‰。沟口段与永春河近直交，永春河在维西城区段水流平缓，河床纵坡降为 3‰～10‰，输砂能力弱。

二道河流域出露主要地层有：二叠系(MP)变质岩，岩性主要为片麻岩、变粒岩、片岩；中三叠系上兰组(T₂s)变质岩，岩性为板岩、片岩、变粒岩等；上三叠系石钟山组(T₃s)页岩、砂岩等；古近—新近系紫红色砂岩、泥岩、页岩；第四系冲、洪积层及残坡积层。二道河流域出露岩石大多为软质岩，受构造运动影响强烈，岩石破碎、裂隙发育，抗风化能力弱。

二道河流域在大地构造上处于康滇"歹"字形构造体系的中部，三江地槽褶皱系之维西褶皱带内，叶枝-雪龙山深大断裂带分布在雪龙山顶部。流域内发育三条断裂，均呈北西向展布，与二道河大角度相交。流域区近于板块缝合线，新构造运动强烈。

流域内地下水主要受大气降水补给，以基岩裂隙水为主，径流途径短，在沟谷切割较深或地形低洼处以泉或散浸的形式出露，富水性弱，上游高寒山区，地下水起着冻融胀缩作用，加速岩石风化。

二道河流域属高原温带山地季风气候，处在西南季风入口，水气来源充足，多年平均年降水量为945.7mm。雨期长，有早春（2～4月）和夏秋（6～10月）两个集中降雨期，其降水量分别占全年降水量的28.6%和61.0%，造成二道河一年中泥石流活动时期较长。由于地形高低悬殊，降水量垂直高度变化大，二道河流域上游一带常为最大降水带，且上游沟纵坡陡，为泥石流的形成提供了强劲的水动力条件。

二道河流域土壤多属棕色暗针叶林土、暗棕土和山地黄棕壤。森林植被垂直分布变化大，流域中上游植被覆盖率达40%～70%，下游覆盖率较低。

地质环境条件决定了二道河流域内滑坡、崩塌等不良物理地质现象较为发育。源头溯源侵蚀强烈，分布有片俄底大滑坡，流域上游沿沟岸滑坡、崩塌密集分布，中游岸坍现象也较突出。大量松散固体物质堆积于坡面及沟内，为泥石流的形成提供了丰富的固体物源。据云南南方地勘工程有限公司提交的勘察报告及近期实地核实，二道河流域固体松散物储量为508×10⁴m³，可移动方量为93.93×10⁴m³，其中滑坡、崩塌为74.94×10⁴m³，沟床堆积物为18.24×10⁴m³。

2）二道河泥石流特征

（1）泥石流形成过程、活动规律及发展趋势。从环境、地质条件可知，二道河具备形成泥石流的地形、水源和固体物质三个要素，泥石流的形成方式主要由滑坡、崩塌堵沟溃决引起，也会因暴雨洪水冲刷起动沟床松散堆积物形成。

二道河泥石流沟可大致分为形成区、流通区和堆积区，形成区在海拔2600m以上，汇水面积大，山高谷深坡陡，降雨易形成洪水，滑坡、崩塌发育，沟岸松散堆积物量巨大，降雨作用下极易起动进入沟道形成泥石流，沟道狭窄，沟床纵坡大，沟床大多基岩裸露并有多处陡坎跌水，泥石流流速大并呈加速运动，具很强的侵蚀力，流动过程中下蚀、侧蚀剧烈，沟岸易产生小型土滑、崩体进入流体，泥石流规模增大；进入流通区后，沟道展开，沟床纵坡减缓，沟床堆积物厚度大，来势汹涌的泥石流边冲边淤，流速逐渐减缓，主流在沟内漫流摆动，沟床极不稳定，切蚀严重，沟岸受侵蚀失稳坍塌；流体进入排导槽后顺槽而下，出口处淤积抬高永春河床，致使槽口堵塞，顶托回淤漫槽向槽两岸堆积。

由于二道河上游形成区物源丰富，溯源侵蚀作用导致片俄底滑坡有向后缘扩展的趋势，泥石流活动又使沟岸破坏加剧，并诱发新的滑坡、崩塌等不良地质现象产生；而中游流通区沿沟泥石流堆积物、沟岸坍塌体随时可参与泥石流活动；加上已有的防治工程能力有限，排导槽下段已淤满失效。二道河泥石流发展具有规模增大、频率加快的趋势。据资料记载，近年来二道河泥石流活动日趋频繁，20世纪90年代以来由1～2年1次发展到现在1年数次。

（2）泥石流流体特征。二道河泥石流固体物质主要由角砾、碎石夹砂砾、漂砾组成，堆积物粒径多为 0.01～0.2m，颗粒沿流程逐渐变细，中、上游最大粒径为 1.5m，下游最大粒径为 0.42m。流体性质各沟段也有区别，通常在沟道上游流体密度、稠度、黏度稍大，具一定的浮托力，具阵性流型整体运动特征，为黏性泥石流；往下流体密度、稠度、黏度逐渐降低，浮托力减弱，逐渐过渡为稀性泥石流，具股流、散流现象。据调查，1990 年 8 月二道河暴发的泥石流堆积区淤积量约为 $8.2×10^4 m^3$，近几年每次淤积量约为 $(0.5～1)×10^4 m^3$，每年淤积量约为 $(2～3)×10^4 m^3$。据云南南方地勘工程有限公司《云南省维西傈僳族自治县城区滑坡、泥石流灾害勘察报告》，二道河泥石流流体特征指标如表 5-3 所示。

表 5-3 二道河泥石流流体特征指标

断面位置	固体物质密度/(g/cm³)	流体密度/(g/cm³)	频率/%	流量/(m³/s)
海拔 2500m 处断面	2.65	1.80	5	73.63
			2	81.51
海拔 2400m 处断面			5	83.99
	2.65	1.48	2	93.0
二道河出口处			5	93.53
			2	103.71

(3) 泥石流成灾特征。二道河泥石流主要危害集中在下游城区一带，排导槽口段顶托漫槽后，泥石流以冲毁和淤埋的形式对排导槽两岸的单位、民房、公路等建筑物以及农田、耕地进行危害。同时抬高永春河床、淤塞河道，造成永春河上游沿岸的单位、农田、耕地受灾。此外，中游地带由于泥石流对沟岸的破坏，对沿沟分布的建筑物、耕地也造成不同程度的危害。例如，水厂取水口遭冲击淤埋，因岸坍导致该县第一中学围墙垮塌，并威胁到部分建筑物等。据调查，二道河泥石流威胁和危害对象有 39 个单位、361 户住户、2970 人、2896 间房屋、1970 亩耕地，固定资产达 5296 万元。

5.2.3 泥石流分布影响因素

由于受研究区的地形地貌、地质构造、水系以及人类活动的影响，研究区泥石流灾害非常发育，分布广泛。通过重点分析研究泥石流灾害与地形地貌、断裂带、岩性、河流水系、植被、降水等因素的分布情况，进一步探讨掌握研究区泥石流灾害的发育状况。

5.2.3.1 地形地貌与泥石流分布

研究区地处我国自然地势的第一阶梯至第二阶梯的过渡地带，为低纬度高山峡谷区。区内海拔 5000m 以上的山峰有百余座，冰川作用发育，山脉纵隔东西，三江深切，岭谷相间，相对高差达 3000m，是典型的多高山峡谷的纵向岭谷地貌类型。大地貌单元过渡带上往往地质构造活跃，地形高差起伏大，起伏的地形又往往造成降水增加，为泥石流灾害的形成、发展提供了良好的条件。例如，青藏高原向云贵高原和四川盆地过渡的地区均位于大的地貌单元过渡带上，泥石流灾害分布密集，研究区地形地貌与泥石流分布如图 5-5 所示。

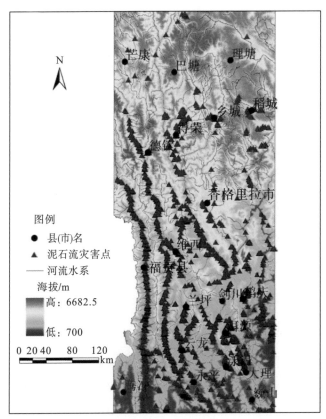

图 5-5　地形地貌、河流与泥石流分布图

5.2.3.2　断裂带与泥石流分布

断裂带皆为地质构造活跃的地带，新构造运动强烈，地震活动频繁，地震带多与大的断裂带重合。三江并流区位于三江褶皱带的中段，该区发育了大量密集的巨大线状弧形深断裂带，它们一般都呈现出北北西—北西走向，在弧形转折段出现近南北走向。其中，据统计，发育在主要断裂带上的泥石流沟总数为 1265 条（表 5-4 和图 5-6），占研究区泥石流沟总数的 97.5%。这些地带往往岩层破碎，山坡稳定性差，河流沿断裂带切割强烈，形成陡峻的地形，为泥石流的发育提供了十分优越的条件，是泥石流分布最为密集的地带。

表 5-4　三江并流区主要断裂带及其泥石流沟数量

名　　称	走向	范围	泥石流沟数/条
德钦-雪龙山断裂带	南北向	德钦至雪龙山一带	215
红河断裂带	北西—南东	北起洱源，向南延经元江县、红河县，过河口进入越南	379
小金河-丽江断裂带	北东向	小金河向西南经玉龙雪山东侧，过丽江至洱源—剑川一带	137
菁河-程海断裂带	南北向	永胜以南，经程海、宾川，于弥渡北端切过红河断裂	85
金沙江断裂带	北北西向	沿金沙江呈北北西延伸	326
通甸-巍山断裂带	北北西向	从维西向北，往南经通甸、马登、乔后的西侧至巍山	76
龙蟠-乔后断裂带	北北东向	自龙蟠向南经剑川到乔后与通甸—巍山断裂带相交	47

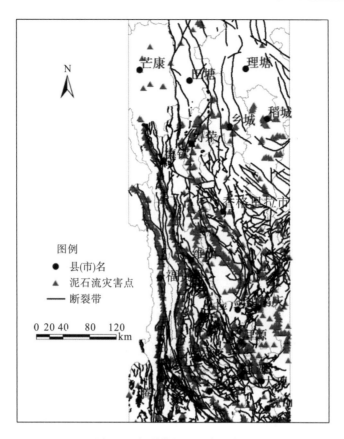

图 5-6　断裂带与泥石流分布图

5.2.3.3　地层岩性与泥石流分布

地层岩性决定了岩石抗风化和抗侵蚀的能力，间接控制了泥石流松散物质来源，如板岩、片岩、片麻岩、千枚岩等变质岩系，泥岩、页岩、泥灰岩等软弱岩系和第四系堆积物分布区，这些岩性容易遭受破坏，提供的松散物质多，分布在这些区域的泥石流沟更容易获取较多的松散固体物质来源而发生泥石流灾害。为进一步统计分析地层岩性与泥石流沟分布的相关情况，在总结前人研究成果的基础上，本书结合研究区实际情况，根据原岩的工程力学性质和抗风化程度，将三江并流区出露的岩层划分为 14 个工程地质岩组类型，工程地质岩组分组列表如表 5-5 所示。

表 5-5　工程地质岩组分组列表

序号	岩组	岩性
1	坚硬的侵入岩岩组	花岗岩、辉橄岩、辉绿岩、辉长岩、闪长岩
2	坚硬的喷出岩岩组	玄武岩、安长岩
3	坚硬的砂岩、砾岩岩组	砂岩、砾岩
4	较坚硬、软弱的砂砾岩夹黏土岩岩组	砂岩、砾岩、泥岩
5	较坚硬、软弱的砂砾岩、黏土岩互层岩组	砂砾岩、泥岩、页岩

序号	岩组	岩性
6	较坚硬、软弱的黏土岩夹砂砾岩岩组	泥岩、页岩、砂砾岩
7	软弱的黏土岩岩组	粉砂质泥岩、灰质粉砂岩、页岩
8	坚硬-软弱的碎屑岩夹碳酸盐岩岩组	砂岩、页岩、泥岩夹灰岩、白云岩
9	坚硬的石灰岩、白云岩岩组	石灰岩、白云岩
10	坚硬、较坚硬的碳酸盐岩夹碎屑岩岩组	灰岩、白云岩夹砂岩、页岩、泥岩
11	坚硬、较坚硬的火山碎屑岩、火山角砾岩岩组	火山碎屑岩、火山角砾岩
12	坚硬、较坚硬的片岩、片麻岩、混合岩、变粒岩岩组	片岩、片麻岩、混合岩、片岩、石英岩、大理岩
13	较坚硬、软弱的千枚岩、板岩夹砂砾岩、黏土岩岩组	千枚岩、板岩夹砂砾岩、石英岩
14	冲积扇、沉积物、湖泊等	

其中，地层岩性与泥石流分布如图 5-7 所示，泥石流灾害点在岩组中分布的个数和密度统计情况如图 5-8 所示。从图 5-8 中可得出，泥石流在岩组 5、岩组 6、岩组 14 及岩组 10 发育程度较高。

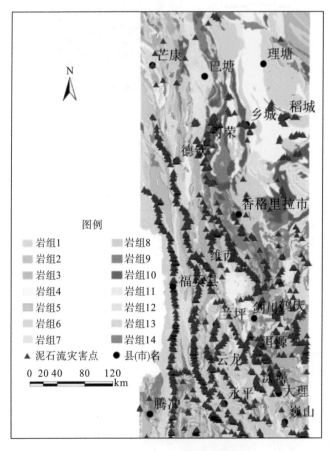

图 5-7　岩性与泥石流分布图

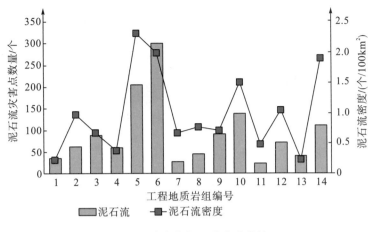

图 5-8　岩组与泥石流分布统计

注：工程地质岩组分类参见表 5-5。

5.2.3.4　河流与泥石流分布

河流切割强烈的地区往往地壳隆升强烈，地质构造活跃，地形相对高差大，地势陡峻，具备泥石流发育的有利条件，泥石流等地质灾害往往在这些地区集中分布(图 5-5)，如横断山区及其沿经向构造发育的怒江、澜沧江、金沙江诸河及其支流流域等。研究区内的水系空间分布基本是受构造控制，沿断裂带发育形成的，对比表 5-5 和图 5-6 可知，河流与断裂带在空间分布上是相重叠的。

5.2.3.5　植被与泥石流分布

一般来说，良好的植被覆盖能够降低泥石流灾害爆发的频率，在植被破坏严重的山区地带，泥石流灾害发生的频率普遍较高。例如，澜沧江中上游和金沙江中上游地区，以前都是高大的乔木，现在已成为灌丛、草丛或被开发成为坡耕地，植被破坏严重加重泥石流灾害发育程度。植被覆盖与泥石流分布如图 5-9 所示，泥石流灾害点在各种植被类型中的个数和密度如图 5-10 所示。

5.2.3.6　降水与泥石流分布

高强度降水，特别是暴雨，是泥石流灾害的主要激发因素，因此，降水丰沛和暴雨多发的山区泥石流都很发育。怒江中下游、澜沧江上游和金沙江上游地区等都是降水丰沛的地区，年降水量一般超过 1200 mm，且降雨强度大，多为暴雨，皆为三江并流区滑坡泥石流灾害集中分布的地区。本书采用甘孜、理塘、德钦、九龙、丽江、腾冲、楚雄 7 个气象站(图 5-11)多年平均年降水量数据，在 ArcGIS 平台支持下进行克里格(Kriging)插值计算，得出研究区降水与泥石流分布图(图 5-12)。

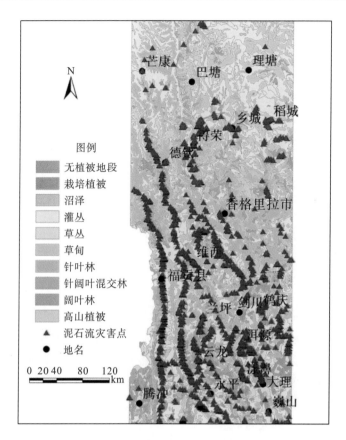

图 5-9   植被与泥石流分布图

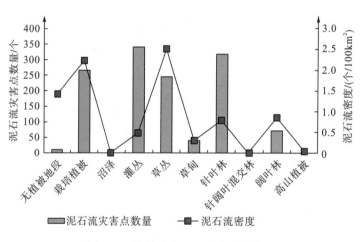

图 5-10   植被分类与泥石流分布统计

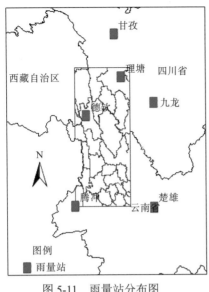

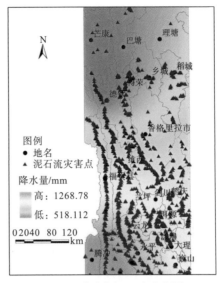

图 5-11　雨量站分布图　　　　　　　　　图 5-12　降水与泥石流分布图

5.2.3.7　道路与泥石流分布

随着人口的增长，工农业生产不断发展，必然要扩大耕地、兴建住宅、采伐森林、开发能源，然而各方面发展都必须以修建道路为基础。人类大量的修筑活动强烈影响了岩土体的稳定性，加速了岩石的风化，从而加速了固体松散物质的形成，促进了泥石流的发育。因此，分析修建的道路网与泥石流灾害点的分布情况，能较好地表达人类工程活动对泥石流灾害发生所产生的影响，道路网与泥石流灾害分布图如图 5-13 所示。

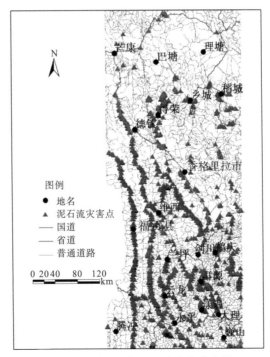

图 5-13　道路网与泥石流灾害分布图

5.3 泥石流危险性分析

5.3.1 危险性评价方法

对层次分析法、模糊数学法、信息量法三种区划评价方法进行对比后，本书利用层次分析法，将定性与定量属性结合，对研究区进行泥石流危险性评价；在此基础上，采取基于 GIS 技术的层次分析法，建立泥石流灾害空间数据库，利用 GIS 平台处理已输入的基础资料，分析得出评价模型所需要的数据；将定性属性按照一定的原则进行定量化，形成能直接参与危险性评价的栅格单元；通过层次分析法扩充 GIS 的分析评价功能，结合研究区的实际情况，实现传统分析方法与 GIS 的整合，并基于 GIS 平台分析处理灾害数据，形成最终成果。同时，还可随时调出、查询、更新存储在 GIS 空间数据库中的灾害数据，通过及时编辑修改，做出分析评价，保存合理结果。

基于 GIS 的泥石流灾害危险性评价的实现过程有以下步骤：①建立基于 GIS 的泥石流灾害空间数据库；②确定量化指标因子，运用 GIS 技术的数据处理功能、空间分析功能获取各指标因子数据层；③利用 GIS 软件平台实现泥石流灾害危险性评价。

5.3.2 评价指标及权重确定

5.3.2.1 评价指标的选取

泥石流危险性评价指标的选取，主要考虑泥石流灾害形成与发展的基本条件和可能发生的控制与诱发因素。从定性来看，泥石流活动程度越高，其危险性越大，可能造成的灾害损失越严重；从定量化评价的要求看，泥石流的危险性则需通过具体的指标予以反映。在实际条件允许时，选取评价指标应尽量遵循相对一致性原则、定量指标与定性指标相结合原则、主导因素原则及自然区界与行政区界完整性原则。根据其作用机制，泥石流危险性评价因子可分为主控因子和触发因子：主控因子即泥石流发育的基础条件，主要包括地形地貌、地层岩性、植被覆盖、断裂层等，这些因子一般具有相对稳定性，为泥石流的发生、发展奠定物质基础和创造运行条件；触发因子主要包括降水和人为活动，为泥石流的发育与发展提供动力条件。

本书在野外实地考察基础之上，综合室内资料分析结果，参阅大量泥石流危险性研究成果和相关文献，筛选出对研究区泥石流发生起着主导作用、便于区域数据与空间资料匹配、关系密切的 9 个评价因子作为泥石流危险性评价指标，即泥石流分布密度、坡度、坡向、植被、岩性、断裂带密度、河流切割密度、多年平均降水量和道路网密度。

由于各评价指标计量单位不同，属于半定性半定量化取值，且取值范围变化幅度较大，因此必须对上述 9 个评价因子进行归一化处理。本书采用 4 级量化指标反映各因子对泥石流灾害的危险度，用不同级别反映对泥石流发育影响程度的差异。分值越高，说明其对泥石流的影响程度越大，发生泥石流危险程度及发生等级越高；分值越低，则对泥石流的影响程度越小，泥石流危险性越低。本书对各因子进行归一化、分级处理方案如表 5-6 所示。

表 5-6　泥石流危险性评价指标量级

评价指标		危险性等级评分			
		1	2	3	4
历史状况	泥石流分布密度 /(个/1000 km²)	<10	10～25	25～40	>40
地形地貌	坡度/(°)	<25	25～30	30～35	>35
	坡向/(°)	307～360	255～307	120～255	0～120
	植被	高山植被、阔叶林	针叶林、针阔混交林	灌丛、草丛、草甸	无植被地段、栽培植被、沼泽
地质条件	岩性	岩组 1、2、3	岩组 4、5、6	岩组 7、8、9、10	岩组 11、12、13、14
	断裂带密度 /(km/km²)	<0.05	0.05～0.1	0.1～0.2	>0.2
	河流切割密度 /(km/km²)	<0.05	0.05～0.1	0.1～0.2	>0.2
诱发因素	多年平均降水量/mm	<600	600～700	700～800	>800
	道路网密度 /(km/km²)	<0.05	0.05～0.1	0.1～0.2	>0.2

注：1～14 工程地质岩组分类参见表 5-5。

5.3.2.2　指标权重计算

1) 层次分析模型的建立

根据上述分析及野外实际调查，建立泥石流危险性评价指标体系，如图 5-14 所示。

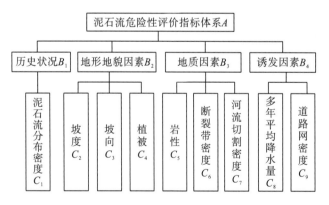

图 5-14　泥石流危险性评价指标体系图

2) 构造判断矩阵

根据泥石流危险性指标体系，运用 1~9 标度法来构造判断矩阵，目标层指标比较表如表 5-7 所示。

表 5-7　目标层指标比较表

指标	历史状况	地形地貌	地质因素	诱发因素
历史状况	1.00	0.40	0.33	0.50
地形地貌	2.50	1.00	0.67	1.50
地质因素	3.00	1.50	1.00	2.00
诱发因素	2.00	0.67	0.50	1.00

依次进行准则层(中间层)指标对比，其中历史状况因素只有泥石流分布密度一个指标，不再进行对比，其他中间层指标对比结果如表 5-8~表 5-10 所示。

表 5-8　中间层地形地貌因素指标比较表

指标	坡度	坡向	植被
坡度	1.00	3.00	2.00
坡向	0.33	1.00	0.67
植被	0.50	1.50	1.00

表 5-9　中间层地质因素指标比较表

指标	岩性	断裂带密度	河流切割密度
岩性	1.00	2.00	3.00
断裂带密度	0.50	1.00	1.50
河流切割密度	0.33	0.67	1.00

表 5-10　中间层诱发因素指标比较表

指标	多年平均降水量	道路网密度
多年平均降水量	1.00	3.00
道路网密度	0.33	1.00

由此，得出准则层的判断矩阵为

$$A = \begin{vmatrix} 1.00 & 0.40 & 0.33 & 0.50 \\ 2.50 & 1.00 & 0.67 & 1.50 \\ 3.00 & 1.50 & 1.00 & 2.00 \\ 2.00 & 0.67 & 0.50 & 1.00 \end{vmatrix}$$

指标层判断矩阵为

$$B_2 = \begin{vmatrix} 1.00 & 3.00 & 2.00 \\ 0.33 & 1.00 & 0.67 \\ 0.50 & 1.50 & 1.00 \end{vmatrix} \quad B_3 = \begin{vmatrix} 1.00 & 2.00 & 3.00 \\ 0.50 & 1.00 & 1.50 \\ 0.33 & 0.67 & 1.00 \end{vmatrix} \quad B_4 = \begin{vmatrix} 1.00 & 3.00 \\ 0.33 & 1.00 \end{vmatrix}$$

3）权重的计算及一致性检验

①矩阵 A 的权向量 $\omega_A = (0.116, 0.285, 0.393, 0.206)$，$CI=-1$，查表 $RI=0.90$，$CR<0.1$，则判断矩阵 A 的一致性可接受；$\omega_{B_2} = (0.545, 0.182, 0.273)$，$CI=-1$，$RI=0.58$，$CR<0.1$，判断矩阵 B_2 的一致性可接受。②$\omega_{B_3} = (0.545, 0.273, 0.182)$，$CI=-1$，$RI=0.58$，$CR<0.1$，判断矩阵 B_3 的一致性可接受。③$\omega_{B_4} = (0.75, 0.25)$，$CI=-1$，$RI=0$，判断矩阵 B_4 的一致性可接受。

4）层次分析总排序及一致性检验

总排序是指在计算得出一组元素对上一组元素权向量的基础之上，自上而下地将单准则下的权重进行合并，最终得到最底层中各元素对目标的排序权重，层次总排序及权重如表 5-11 所示。

表 5-11　层次总排序及权重

准则层及权重 指标层	指标层因素总排序				权重
	历史状况	地形地貌	地质因素	诱发因素	
	0.116	0.285	0.393	0.206	
泥石流分布密度	1.000	0	0	0	0.116
坡度	0	0.545	0	0	0.155
坡向	0	0.182	0	0	0.052
植被	0	0.273	0	0	0.078
岩性	—	0	0.545	0	0.214
断裂带密度	—	0	0.273	0	0.107
河流切割密度	0	0	0.182	0	0.072
多年平均降水量	0	0	0	0.75	0.154
道路网密度	0	0	0	0.25	0.052

对总排序结果进行一致性检验，可得出：

$$CR = \frac{CI}{RI} = \frac{\sum_{j=1}^{n} \omega_j \cdot I_{Cj}}{\sum_{j=1}^{n} \omega_j \cdot I_{Rj}} < 0.10 \tag{5-1}$$

根据上述分析，认为综合排序的一致性可以接受，则由此确定出各危险性评价因子的权重值。

5.3.3　危险性评价模型与区划

5.3.3.1　评价指标选取

利用 GIS 软件强大的空间分析功能，以各影响因素与泥石流分布特征分析为基础，以泥石流危险性评价指标量级划分为依据,以栅格为评价单元,将所有评价因子转换为统一投影与数据结构,达到对每一评价单元进行分析,使空间综合转化为多维矩阵地图代数运算。本书在 ArcGIS 软件平台下,采用 Gauss-Kruger(Beijing,1954)投影系统,提取出 4 类,共 9 个评价指标的分级图。

(1)历史状况因素。历史状况因素主要考虑泥石流分布密度这一个评价指标。历史发生的泥石流灾害点与泥石流发生的危险性有密切关系,历史发生的灾害点越多,表明该区域的地质环境越差,危险性越高,则再次发生泥石流灾害的可能性越大。在对泥石流灾害点分布密度进行统计时,利用 ArcGIS 软件平台的密度制图功能,得出泥石流密度分布图,在此基础上根据量级划分标准分为 4 个等级,得出泥石流分布密度分级图,如图 5-15 所示。

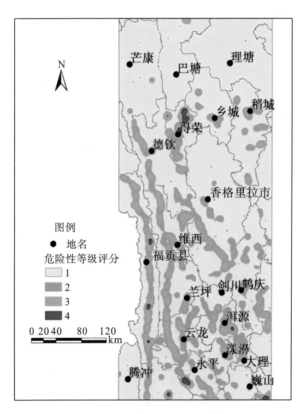

图 5-15　泥石流分布密度分级图

(2)地形地貌因素。地形地貌因素包括坡度、坡向、植被三个评价指标,其中坡度、坡向评价指标通过 ArcGIS 软件平台的空间分析功能,从数字高程模型(digital elevation model,DEM)中提取,根据量级划分标准(表 5-6)对其进行重分类处理,使其划分为四个等级,分别赋值为 1、2、3、4;植被评价指标需根据各区域植被属性进行分类,再将分类结果的数据格式由矢量数据转换为栅格数据,得到植被评价指标分级图,这个三个评价指标分级图分布如图 5-16~图 5-18 所示。

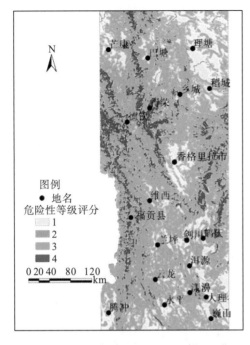

图 5-16　坡度评价指标分级图

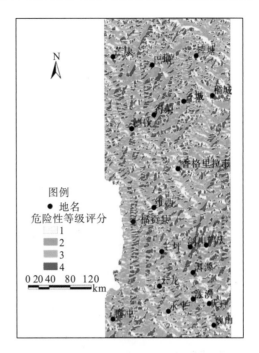

图 5-17　坡向评价指标分级图

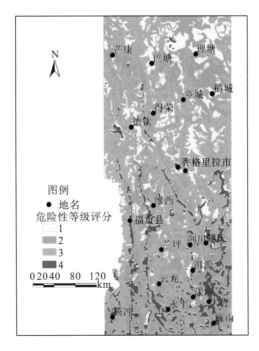

图 5-18　植被评价指标分级图

(3)地质条件因素。地质条件因素包括有岩性、断裂带密度、河流切割密度三个评价指标。其中,岩性分级处理过程与植被因子相似,根据岩性属性信息进行四级分类后,将数据格式由矢量数据转换为栅格数据;断裂带密度和河流切割密度则由 ArcGIS 软件平台的密度制图功能获取，再根据量级划分标准进行数据重分类处理，获取的评价指标分级图分别如图 5-19～图 5-21 所示。

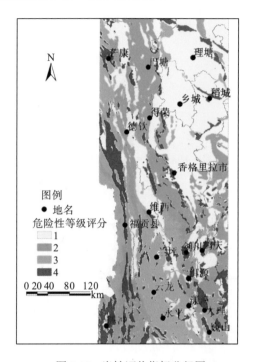

图 5-19 岩性评价指标分级图

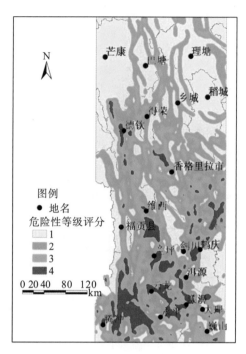

图 5-20 断裂带密度评价指标分级图

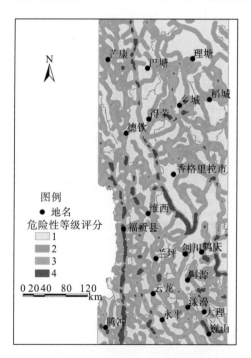

图 5-21 河流切割密度评价指标分级图

(4) 诱发因素。环境条件中对泥石流灾害影响的诱发因素较为复杂。本节根据研究区实际状况和已掌握的数据资料情况，主要考虑多年平均降水量、道路网密度评价指标对其的影响。降水分级根据研究区周边分布雨量站所搜集的多年平均降水量数据，在 ArcGIS 软件平台中进行空间插值后，根据量级划分标准进行重分类处理；道路网密度处理与断裂带密度和河流切割密度相同，在获取道路分布网的基础上利用密度制图和重分类空间分析功能而得到，其分级图如图 5-22、图 5-23 所示。

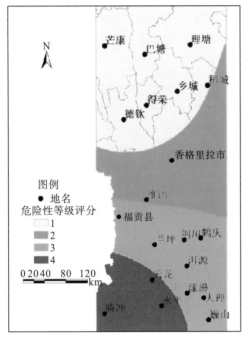
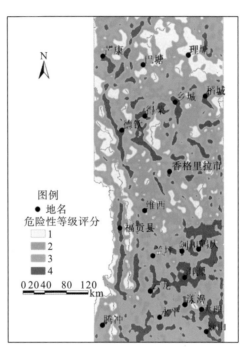

图 5-22　多年平均降水量评价指标分级图　　图 5-23　道路网密度评价指标分级图

5.3.3.2　评价模型的构建

建立危险性评价模型，是解决实际问题十分关键和困难的一步，GIS 支持下的模型建立是通过地图代数模块进行相关操作的，即对一个或多个专题图层进行加、减、乘、除、比率、指数等运算。

本书采用层次分析法，结合 GIS 来计算泥石流灾害的危险性指数，从而对其进行危险性评价。本书将泥石流灾害危险性指数定义为：某区域的某一栅格位置上，各种影响因素对泥石流灾害产生叠加影响的综合，也广泛应用于其他类型的地质灾害评价中，其表达式为

$$W_j = \sum_{i=1}^{n} \theta_i Q_i \tag{5-2}$$

式中，W_j 为 j 栅格单元泥石流灾害危险性指数；θ_i 为 i 类评价因子的权重；Q_i 为 i 类评价因子的评分；n 为评价因子的个数。

将相关数据代入式(5-2)，得出运算模型：

W =0.116×泥石流分布密度评分+0.155×坡度评分+0.052×坡向评分+0.078×植被评分+0.214×岩性评分+0.107×断裂带密度评分+0.072×河流切割密度评分+0.154×多年平均降水量评分+0.052×道路网密度评分　　　　　　　　　　　　　　　　　　　　　　　(5-3)

5.3.3.3　危险性评价区划

泥石流危险性等级根据危险性评价模型所计算出的危险性指数进行划分,危险性指数越大,说明该区域泥石流灾害危险性程度越高。泥石流危险性指数理论最大值为 4,最小值为 1,这是两个极端情况,事实上危险性指数均应为 1～4。本节根据研究区实际情况,结合相关文献资料,确定了三江并流区泥石流危险等级划分标准,如表 5-12 所示。

表 5-12　泥石流危险等级划分标准

	危险等级			
	极高危险区	高危险区	中危险区	低危险区
参数 W	>2.5	2.5～2.0	2.0～1.5	<1.5

本节研究以 ArcGIS 为平台,用 W 计算出危险度值,根据表 5-12 中的划分标准,将研究区危险性分为极高危险区、高危险区、中危险区和低危险区四个等级,得出研究区泥石流危险性评价区划图(图 5-24)。

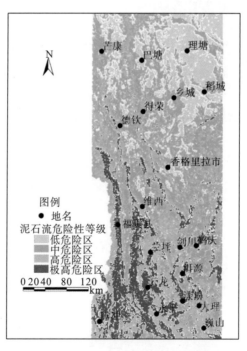

图 5-24　研究区危险性等级区划图

5.3.4　危险性评价结果

结合研究区危险性评价区划图,分别对研究区极高危险区、高危险区、中危险区和低危险区进行分析统计，各危险区分区情况如表 5-13 所示，研究区泥石流危险性面积比例如图 5-25 所示。

表 5-13　泥石流危险性分区统计

分区类型	栅格数/个	面积/(×10⁴ km²)	面积比例/%	泥石流灾害数量/个	泥石流密度/(个/1000 km²)
极高危险区	9078	1.68	13.9	673	40.06
高危险区	19604	3.61	29.9	384	10.64
中危险区	21718	3.99	33.1	193	4.84
低危险区	15161	2.79	23.1	48	1.72

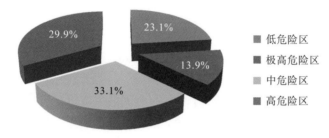

图 5-25　研究区泥石流危险性面积比例图

1）泥石流极高危险区

本节中泥石流极高危险区所占面积为 $1.68×10^4$ km²，区内泥石流灾害点达 673 个，泥石流密度为 40.06 个/1000 km²，极高危险区基本呈条带状分布，主要集中在研究区西南部地区。

（1）贡山—福贡—泸水连线的怒江河谷一带。该地貌单元属三江平行南流的峡谷地带，河流深切，岭谷起伏很大，"横断"地貌最为典型，局部山顶残留小块夷平面，山体狭小。该区域地处印度洋板块和亚欧板块接合部，褶皱强烈，断层发育，有多片岩、大理岩、片麻岩、混合岩和花岗岩。贡山、福贡属山地北亚热带季风气候，每年 6～10 月降水丰富，沿线往南降水增多。泥石流灾害沿怒江呈带状分布，活跃的地质构造使得该区地质灾害尤其发育，属于研究区泥石流极高危险区。

（2）维西—兰坪—云龙—永平连线的澜沧江沿江一带，地质构造复杂、为亚欧板块和印度洋板块主碰撞带所在处，推覆构造、混杂岩、紧密褶皱明显，多期变质突出，岩层片理发育，多直立产状，是三江并流区内火山岩带最为发育的地带。内、外地质营力塑造了澜沧江沿岸类型丰富、形态殊异、峻峭异常的地貌。澜沧江峡谷沿澜沧江断裂发育，河谷窄深，第四系极不发育，河流冲积物构成了河漫滩以及第一、第二级阶地。河漫滩由灰白色粉砂岩、褐灰色泥质粉砂岩组成，粉砂层中的水平层理和斜层理发育；第一级阶地冲积层上部由褐灰色、灰色粉砂层组成，水平层理和交错层理发育，下部为褐色、棕灰色砾石层、粗砂层；第二级阶地冲积层分布于盆地边缘，上部由灰色粉砂层、砂质黏土层组成，厚达数米，下部为砾石层。该地带气候多样，降水丰富，兰坪、云龙、永平降水量较高，属于澜沧江峡谷地貌，为泥石流发育提供了充分的环境条件，沿江灾害频发，成为研究区泥石流极高危险区。

(3)腾冲东北大部分地区、保山西北大部分地区。该区地处横断山脉滇西纵谷南段，地形复杂多样，整个地势自西北向东南延伸倾斜，最高点为腾冲县境内的高黎贡山大脑子峰，最高海拔 3780.9m，最低海拔 535m，区内江河分属澜沧江、怒江和伊洛瓦底江水系，水资源丰富。该区属低纬山地亚热带季风气候，由于地处低纬高原，地形地貌复杂，年温差小，日温差大，年均气温为 14～17℃；降水充沛、干湿分明，分布不均，年降水量为 700～2100mm。该区地质地貌环境具有较强烈的生态脆弱性，水土流失、岩漠化、砾漠化较为发育，松散物质来源丰富，加之单点暴雨集中的气象条件，使得山地沟谷内泥石流灾害频频爆发，危险性极高。

2) 泥石流高危险区

本节研究区泥石流高危险区面积为 $3.61\times10^4km^2$，有泥石流灾害点 384 个，泥石流密度为 10.64 个/1000 km^2，其分布邻近极高危险区，大致分布在极高危险区周边，主要有：①察隅—贡山—福贡—泸水连线位于怒江河谷的两侧地区；②德钦—维西—兰坪连线位于澜沧江断裂带的两侧地区；③腾冲南部、保山东南部、永平北部及中部地区。这些区域大致位于极高危险区的两侧及周边范围，由主控因素(如断裂带、河流切割、地形地貌等因素)的综合影响所致。虽然区域内地质地貌环境近似于极高危险区，但往往受断裂带、河流切割距离等因素的影响，地层岩性、降水条件的差异，使泥石流危险性有所降低，被划分为泥石流高危险区。

此外，研究区东南部，包括丽江、剑川、洱源、大理、巍山、弥渡、昌宁等地的大部分地区也为泥石流高危险区。该区位于扬子准地台西缘，整个地台发展阶段经历了多期构造运动。甸南—剑川有岩浆岩分布，丽江—剑川地区分布岩层有宝相寺组，为一套以紫红色为主，黄白、黄褐色次之的砾岩和砂岩，组成由粗到细的多个沉积旋回。该岩层下部为干旱气候条件下的旱地扇沉积，中部为干旱炎热气候条件下沙漠沙丘沉积，上部则为潮湿气候条件下的湿地扇和湖泊沉积。区内第四系全新统的砾石、砂砾、黏土及古近—新近系的泥岩、砂岩是泥石流最为发育的地层，其次为三叠系三合洞组上段的黑色板岩、页岩、三合洞组下段的灰岩、角砾状灰岩，泥盆系的灰岩、页岩也较发育。该区地形地貌以构造侵蚀溶蚀中低山地貌为主，地形坡度较陡，加之区内降水集中，植被常遭到毁林开荒、过度放牧等破坏，使森林覆盖率持续降低，有利于泥石流灾害的形成，为高危险区。

3) 泥石流中危险区

泥石流中危险区面积为 $3.99\times10^4km^2$，有泥石流灾害点 193 个，泥石流密度为 4.84 个/1000 km^2，主要分布在研究区中部、西北部及东南少部分地区，包括：①芒康西部—德钦东部—维西中部一带；②巴塘大部分地区、乡城、得荣及香格里拉部分地区；③稻城南部—木里—宁蒗大部分地区；④永胜、鹤庆、宾川及祥云部分地区。该区主要地处青藏高原东南缘横断山脉中段，位于青藏滇"歹"字形构造体系中部与川滇南北向构造体系归并复合后的最北段，受经向构造体系影响，区内构造由南北走向冲断层及金沙江复背斜的一部分组成，属于川西高山峡谷区。地势受沙鲁里山脉南延影响，为一北高南低的波状斜面，硕曲河、玛依河、定曲河由北向南，将沙鲁里山分割成南北走向的四大山体，形成"三川四山六面坡"的地貌格架。该区地势的总体特点是谷梁相间，梁高谷深，流水深切，梁地向就近谷倾斜。谷侧山势高耸，谷坡陡峻，起伏跌宕，延绵不绝。出露地层有志留系、泥盆系、二叠系、三叠系、第四系全新统等，岩性为中厚层状细砂岩、砂质板岩、硅质板岩、千枚岩、炭质板岩、泥灰岩、灰岩等；构造多以南北走向的小规模逆冲断层为主，断裂带范围小，构造挤压微弱，岩层完整性总体较好。这部分区域原生地质环境条件总体较好，为泥石流灾害中危险区。

4) 泥石流低危险区

泥石流低危险区面积有 $2.79 \times 10^4 \mathrm{km}^2$，有泥石流灾害点 48 个，泥石流密度为 1.72 个 /1000 km^2，主要集中分布在研究区东北部，包括：①雅江、理塘的绝大部分地区；②稻城北部大部分地区、乡城及香格里拉部分地区；③贡觉—芒康—德钦一带的中部地区及维西县部分地区。该区主要位于川滇交界，大致集中在四川甘孜藏族自治州西南部，位于横断山脉北段，雅砻江和金沙江之间，沙鲁里山纵贯南北，属青藏高原东南缘。区内以丘状高原和山原地貌为主，兼有部分高山峡谷，西部中部因造山运动的抬升，地势起伏较大，向东南和东北倾斜，山脉和水系呈南北走向，东西排列，山川河流相间，山地垂直分布明显。该区分布地层有前第四纪，以中生界、古生界为主，从老到新依次有志留系、泥盆系、石炭系、二叠系、三叠系等，岩性以燕山晚期和印支期中酸性侵入岩为主，区内天然斜坡稳定性较好，植被覆盖率高，人类工程经济活动以浅表层农耕为主，原生地质环境条件较好，为泥石流低危险区。

5.4 防治建议与对策

5.4.1 防治目标

(1) 认真贯彻自然资源部《地质灾害防治管理办法》精神，调查研究区地质灾害隐患点、划定地质灾害易发区，本着"以人为本"的原则，确保受地质灾害隐患点威胁的人身、财产、设施及资源的安全。

(2) 在各级人民政府领导下，充分发动群众，健全"群专结合"的群测群防地质灾害监测网络、建立地质灾害信息系统、制定并实施各县(市、区)地质灾害预警方案和防治规划，强化地质环境管理，遏制研究区地质灾害的不良发展趋势。

(3) 通过搬迁避让、生态环境建设和工程治理等综合防治措施的实施，对重要地质灾害隐患点逐步整治，防止或减少地质灾害导致的人员伤亡和财产损失，促进上述防治目标的实现，发挥地质灾害防治的社会效益、经济效益和环境效益。

5.4.2 防治原则

(1) 预防为主，避让与治理相结合的原则。本章研究区地质灾害点的分布点多、面广、发生频率高，危害范围大，威胁人口多。要减轻地质灾害损失，必须坚持以预防为主的方针，通过群测群防网络建设，增强全民防灾自救意识，用实际行动来防止和减轻地质灾害损失。在目前的技术经济条件下，对治理难度大、投入费用太高的地质灾害隐患点以避让搬迁为主；而对城镇居民聚居区危害程度较大，而治理难度不太大、费用经济合理的重要地质灾害隐患点采取工程措施加以整治。

(2)按客观规律办事，因地制宜，讲求实效的原则。在开展区域地质灾害防治时，必须针对地质灾害易发区内滑坡、泥石流、崩塌、不稳定斜坡等的发生和发育规律，因地制宜地按地质灾害不同灾种、成因、危害和影响，实事求是地进行针对性整治，突出重点、讲求实效，因害设防、对症下药，才能保证所投入的人、财、物力发挥最大防灾效益。

(3)统筹规划、重点突出、量力而行、分阶段实施的原则。研究区的地质灾害和隐患点使人民生命财产安全受到很大威胁，这虽然与区域独特的地质环境背景有关，但也与人们在利用地质环境时防灾力度不够密不可分。因此，从防灾的全局出发，建议研究区内各级人民政府在调查与区划工作的基础上，密切结合各区县地质环境条件和地质灾害发育的实际制定一个全面的、科学的地质灾害防治规划，突出重点，根据财力，按地质灾害的危害程度、保护对象的重要性及经济发展前景，分轻、重、缓、急，分期分批实施治理，逐步减轻地质灾害造成的损失。

5.4.3 防治措施

预防地质灾害的发生、发展和减轻其所造成的人员伤亡和经济损失，对处于高山峡谷区的三江并流区是一项长期而艰巨的任务。本书建议应调动全区各方面的力量，全面规划。根据不同区域、不同类型和危害，区别危害程度，确保重点，分步实施。从自然地质环境的保护入手，结合国家开展生态环境的保护计划，宏观上做好地质灾害的防治规划，最大限度地避免和减少地质环境给人类带来的危害。

1)预防措施

(1)搬迁避让措施。对区域内危险性高，民房受损严重、治理技术难度大、投资费用高，经济效益不佳的滑坡、泥石流、崩塌、不稳定斜坡等地质灾害隐患点，采取搬迁避让的防灾措施。其余滑坡、泥石流等灾害隐患点根据监测到的灾情发展情况，再采取相应措施。

(2)群测群防措施。健全区域地质灾害防治监测预警系统，是保护人民生命财产安全必须的防治措施，本书对应课题在调查中落实群测群防监测点45个，对有威胁的地质灾害隐患点进一步编制了防灾预案。群测群防重在落实，建议地方政府采用专业监测、群测群防和人工巡查相结合的办法，做好暴雨预报和灾害的动态监测工作，并选用好通信联络方式和报警信号，及时将监测到的险情向上级汇报，及时发出警报信号，使危险区内的人员按撤离路线迅速撤离到安全地区。编制防灾预案的重要地质灾害隐患点，汛期前建议地方政府组织群众进行防灾演习。

2)工程措施

(1)泥石流的工程治理措施。根据研究区泥石流沟的形成特点，泥石流治理以固源、排导为主，并辅以排水、护坡、拦挡等措施，使大量松散固体物质稳固在原地，减少补给泥石流的松散物源量。下游堆积区以排导工程为主，对泥石流淤积严重的河床进行清淤疏通，使其排洪冲砂通畅。治理前应先开展泥石流地质灾害勘查，根据泥石流地质灾害成因进行工程技术方案比选。

(2)生态(生物)技术措施。生态(生物)技术措施主要指天然林保护、退耕还林、生态林恢复、小流域水土保持建设、农田坡改梯、水库渠塘等水利灌溉设施建设等能够减少水土流失、保护地质环境的技术措施，建设根据农业、林业、水利等部门行业规划，结合地质灾害防治规划进行配套建设。

3)应急治理措施

对于临发先兆明显的重大地质灾害隐患点，在目前技术经济条件允许下，建议各级政府委托专业部门编制应急勘查治理方案。通过专业勘查，采用实施简便、施工快速的技术措施制定治理方案及设计施工图。落实治理责任主体、筹集应急治理资金，迅速组织实施治理，控制灾情发展，消除地质灾害隐患。

4)行政管理措施

加强国家、自然资源部、省级有关地质环境保护的相关法规的普法宣传，如《中华人民共和国水土保持法》《中华人民共和国森林法》《中华人民共和国国土法》《地质灾害防治管理条例》《地质灾害防治管理办法》《建设用地审查报批管理办法》《四川省地质环境管理条例》等，依法行政强化地质环境的监督管理。工程建设规划应尽可能避开地质灾害易发区和重要地质灾害隐患点危险区，当无法避开时必须采取工程防范措施。

为了确保群测群防、预警预报、综合治理工程等防治规划方案能切实得以贯彻执行，保证治理工程发挥应有效益，建议各级地方政府完善地质灾害防治行政管理措施、建立相适应的管理机构，制定地质灾害防治管理具体实施办法，保证地质灾害防治工作得以顺利进行，使防治工程能够长久发挥效益，起到防灾减灾的作用。

5.5　结论与讨论

5.5.1　结论

本章以野外实地调查，结合室内资料整理分析为基础，以三江并流区泥石流灾害为研究对象，建立泥石流灾害数据库，采用层次分析法确定因子权重，建立危险性评价模型，在 ArcGIS 平台支持下，对研究区泥石流灾害进行了危险性评价，得出泥石流危险性评价区划图，并在此基础上提出防治建议。

(1)通过野外实地调查，结合室内遥感解译图像，获取研究区泥石流灾害点1298 个、滑坡灾害点 437 个及少量崩塌灾害点，泥石流、滑坡和崩塌分别占研究区地质灾害的比例为 74%、25% 和 1%，重点分析了区内泥石流灾害点分布情况，其分布密度为 10.75 个 /1000km^2，其中泥石流灾害最为发育的是四川省得荣县，分布密度达到 90.90 个 /1000km^2。

(2)研究区地域辽阔，区域地貌类型众多，自然地质环境复杂，泥石流灾害非常发育，本章中对泥石流灾害主要发育类型、分布密度等进行了概况总结，得出泥石流分布具有地带分布性、周期相对集中性、分布数量差异性等特征；对二道河泥石流的形成条件、活动规律及相关特征进行了详细分析；探讨了地形地貌、地质构造、河流切割、植被覆盖、降水及人类工程活动与泥石流的分布关系特征，为泥石流危险性评价因子的选取、评价模型的建立打下基础。

(3)本章基于 ArcGIS 平台建立了泥石流灾害空间数据库，包括图形数据库和属性数据库，通过建立二者的连接实现对研究区各种数据资料的存储、编辑、管理、使用和更新，利用 ArcGIS 强大的空间分析功能对基础数据资料进行分析，得到影响研究区泥石流危险性评价的各因子图层。

(4)根据研究区泥石流发育分布特征及实际情况，本章选取泥石流分布密度、坡度、坡向、岩性、断裂带密度、河流切割密度、植被、多年平均降水量和道路网密度 9 个泥石流危险性评价指标，采用成熟的层次分析法确定指标权重，在 ArcGIS 支持下归一化、分级化处理评价因子，以此建立危险性评价模型；将 GIS 与层次分析法相结合处理地质灾害危险性评价问题，充分发挥了 GIS 空间分析能力和层次分析法善于结合主观因素与客观因素的优势，具有较好的实用价值和应用前景。

(5)基于 ArcGIS 栅格数据的代数运算叠加处理，本章实现研究区泥石流危险性评价，得出危险性区划图，并总结出研究区泥石流极高危险区面积为 $1.68 \times 10^4 km^2$，所占比例为13.9%，区内泥石流灾害点有 673 个，泥石流密度为 40.06 个/1000 km^2；高危险区面积为$3.61 \times 10^4 km^2$，所占比例为 29.9%，区内泥石流灾害点有 384 个，分布密度为10.64 个/1000 km^2；中危险区面积为 $3.99 \times 10^4 km^2$，所占比例为 33.1%，区内泥石流灾害点为 193 个，泥石流密度为 4.84 个/1000 km^2；低危险区面积为 $2.79 \times 10^4 km^2$，所占比例为 23.1%，区内泥石流灾害点有 48 个，泥石流密度为 1.72 个/1000 km^2；为该区域泥石流灾害的预防和防治提供重要依据，并在此基础上提出泥石流灾害防治建议。

5.5.2 讨论

本章将 GIS 技术与层次分析法相结合进行泥石流灾害危险性评价研究，得到一些有意义的结论。但限于作者的研究水平、资料及时间有限、灾害问题本身的复杂性等因素，本章还存在一些不足之处，有待进一步完善和解决。

(1)本章研究数据主要来自野外实地调查，并结合遥感、地形图、地质图等所能收集的数据，得到的数据并不十分完整，限制了泥石流危险性评价指标体系的建立，使得选取的指标仍需进一步进行探讨和商榷。

(2)本章基于 GIS 进行泥石流危险性评价，主要涉及宏观静态的空间预测评价，灾害发生的时间概率缺乏考虑，今后还需进一步考虑气象等动态资料，对时空动态区划评价研究进行探索。

(3)本章以大范围研究区域建立危险性评价模型，评价结果只具有相对性，在不同研究区域间没有可比性，以此得出的评价模型、方法能否适用于其他区域有待验证，今后还需改进并完善评价方法，使其具有良好的普遍适用性。

第6章　芦山震区滑坡灾害风险评价

进入 21 世纪，全球地震活动进入一个相对活跃期，相继发生了多次较大规模的破坏性地震（尹继尧 等，2012），而破坏性地震大都伴随次生地质灾害的发生（赵振东 等，2010）。本章针对震区开展滑坡灾害风险评价研究，以便为震区的恢复重建、聚落搬迁和人口分布的再调整提供参考与指导。

2013 年 4 月 20 日 8:02，四川省雅安市芦山县发生 7.0 级地震，震源深度为 13km，震中距成都约 100km。成都、重庆及陕西的宝鸡、汉中、安康等地均有较强震感。地震释放能量大，震源浅，使当地人民受到巨大伤害，建筑物和重要设施遭到严重的破坏。此次芦山地震使得波及范围内的边坡稳定性、区域水循环及地表覆被状况等发生了明显的改变；同时芦山震区是一个典型的生态环境脆弱区和滑坡灾害多发区，进而造成地震涉及区域发生滑坡灾害的概率加大。

6.1　研究区概况与数据来源

6.1.1　研究区概况

芦山震区涉及四川省芦山县、宝兴县、天全县等21个县（市、区），位于29°28′～30°56′N，102°16′～103°11′E，土地总面积为 42786.05 km²（图 6-1）。地理位置处于四川盆地的西部边缘，是四川盆地与青藏高原的过渡地带。

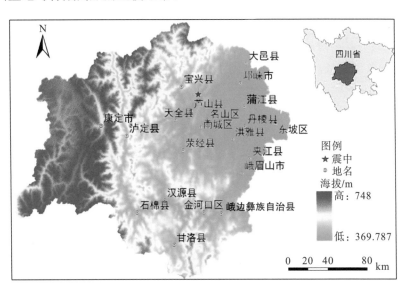

图 6-1　研究区位置图

1)地形地貌

研究区位于四川盆地西部边缘,龙门山的南段,处于我国地形的第一阶梯向第二阶梯(四川盆地与青藏高原接壤)的过渡地带。总体上呈北高南低、西高东低之势(图 6-1)。研究区跨越四川西部高山、高原和东部盆地、山地地貌区,主要以山地地形为主,山地面积约占 93.91%。区内平均海拔普遍在 1300 m,最高海拔为 7487 m,位于康定市境东南缘的贡嘎山,峡谷高差达 3500 m 以上。贡嘎山地貌复杂,生物气候带垂直分布清晰,动植物生长良好。重灾区的西北部是邛崃山脉的二郎山和夹金山。二郎山呈东北向背斜,山岭约为南北向展布,夹金山呈南北向,海拔 4000 m。南部泥巴山为西北走向的山脉,海拔 3000 m以上,东部为低山丘陵地貌区。

2)地层岩性

宝兴—芦山—雅安地区处于龙门山推覆构造与川西前陆盆地的交接地带。地层出露较全,岩石类型较多。出露的地层主要有震旦系、奥陶系、志留系、泥盆系、二叠系、三叠系、侏罗系、白垩系、古近系和第四系。

在宝兴—芦山地区有大面积的岩浆岩体分布,也就是宝兴杂岩。该杂岩体内的岩石类型较多,主要为辉长岩、闪长岩、二长花岗岩、花岗闪长岩、钾长花岗岩及少量石英闪长岩。

3)地质构造

宝兴—芦山—雅安地区跨龙门山推覆构造带南段和四川盆地西缘两个构造单元。根据数条走向北东的巨大断裂,可将龙门山南段构造带划分为四个亚带:①陇东褶皱推覆构造带;②宝兴冲断推覆构造带;③中林-双石薄皮推覆构造带;④前陆褶皱构造带。

4)气象水文

本研究区属亚热带湿润性季风气候区,东无严寒,夏无酷暑,年平均气温为 14.1~15.3℃。1 月份气温最低,月平均气温为 4℃左右;7 月份最热,月平均气温在 23~28℃,无霜期最长达 319 天,阴天多、湿度大,降水强度大,易遭洪涝。本研究区风小雨夜多,雾稀日照少,因受地形影响,气流不畅,被称为"死水区"。

本研究区属全省四大暴雨区之一,年降水量在 1700 mm 以上,雨量非常充沛,降水分布趋势为大致由西北向东南递增。宝兴、芦山一带,多年平均降水量为 800~1200 mm;荥经、天全多在 1400~1800 mm。天全二郎山站年平均降水量为 2041.7mm,荥经县金山站高达 2637mm,居全省之冠。

本研究区处于青衣江流域上游,植被良好,径流主要来源于降水,次为融雪。水系主要受地形控制,流向多为北西至南东,较大的河流有宝兴河、芦山河、玉溪河及天全河。这些河流均属青衣江流域,河水湍急,滩多水浅。

5) 社会经济概况

芦山震区区内川藏、川滇公路穿行而过,是汉文化与少数民族文化结合过渡地带、现代中心城市与原始自然生态区的结合过渡地带，是古南方丝绸之路必经之地。本研究区 2009 年有人口约 575.1 万人，少数民族众多，生产生活习俗各具特色；历史悠久，历史遗存十分丰富；旅游资源丰富多彩，自然景色尤为壮丽，人文景观独特。2009 年地区生产总值约为 921.216 亿元，由于各县(市、区)所处的地理位置不同，自然资源、人口数量的差异较大，导致经济规模的差异是必然的。生产生活条件差，人口快速增长，经济收入低，乱砍滥伐、毁林开荒、超载放牧现象严重，使本区脆弱的生态环境发生急剧退化，极易发生泥石流灾害，对当地人民生命财产造成巨大的威胁。

6.1.2　数据来源

1)野外考察

本次野外实地考察主要对龙门山南段地震断裂带(芦山地震的发震断裂为映秀-宝兴-泸定断裂)和灵关河一带进行实地踏勘，重点考察芦山震区涉及的 21 个县(市、区)，包括芦山县、宝兴县、天全县、雨城区、名山区、大邑县、泸定县、邛崃市、荥经县、洪雅县、丹棱县、蒲江县、东坡区、夹江县、汉源县、金口河区、峨眉山市、石棉县、康定市、甘洛县、峨边彝族自治县，结合当地国土、水利、建设等部门提供的相关资料，对本区域的滑坡灾害发育分布规律及其成因有了一个总体的认识和了解。

2)遥感数据

本章使用的遥感影像是中国科学院对地观测与数字地球科学中心——对地观测数据共享计划的数据，有 TM/ ETM+影像，集中在两个时期：2011 年和 2012 年(LANDSAT-5 和 LANDSAT-7 的影像)，两个时期的影像能够全部覆盖研究区。更新的一批 ETM+(更新到 2013 年)也相应地选择使用(LANDSAT-8 的影像)，这个时期的影像基本覆盖研究区。另外，本章将国家科技基础条件平台——地球系统科学数据共享平台的遥感影像数据作为补充应用。通过遥感影像解译分析，本章已查明芦山震区发育有 782 处典型滑坡灾害，获取了这些典型滑坡灾害的位置、规模以及历史灾情的数据资料，为后文的深入分析奠定基础。

3)社会经济数据

本章社会经济数据来源于：①国家地震局提供的芦山地震相关信息及数据；②国家科技基础条件平台——地球系统科学数据共享平台(四川芦山地震救灾专题数据库)提供的社会经济统计数据和地震等基础数据资料；③四川省统计局和国家统计局四川调查总队共同主编、由中国统计出版社出版的《四川省统计年鉴》。

6.2　芦山震区滑坡灾害成灾规律

6.2.1　滑坡灾害发育分布规律

通过野外实地考察，结合遥感影像解译分析，已查明芦山震区发育有 782 处典型滑坡灾害，其主要沿龙门山南段地震断裂带集中分布(芦山地震的发震断裂为映秀-宝兴-泸定断裂)和沿河谷两岸斜坡集中分布，特别是灵关河一带。

6.2.1.1　震区滑坡分布与断裂带的关系

芦山震区滑坡灾害发育沿断裂带呈带状分布，且随断裂带活动性的强弱不同，分布的密集程度不同(图6-2)。芦山地震重灾区宝兴—芦山—雅安地区跨龙门山推覆构造带南段和四川盆地西缘两个构造单元，影响了泥石流灾害的发育，使得滑坡灾害集中分布在该区域。

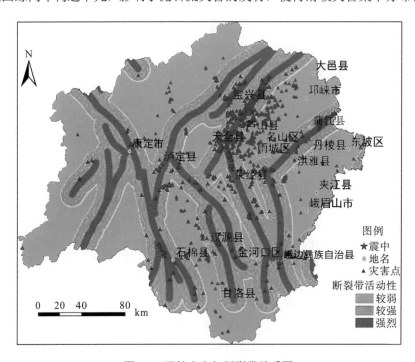

图6-2　滑坡灾害与断裂带关系图

有数据表明，芦山震区的滑坡灾害数量主要在断裂带活动性较强烈的区域分布，活动性较弱的区域次之，在活动性微弱的区域上则分布相对较少。灾害密度在断裂带活动性强烈的区域最大，断裂带活动性较强烈的区域次之，活动性较弱的区域则最小(表6-1)。

表6-1　滑坡灾害与断裂带分布关系表

区域	灾害数量/个	面积/km²	灾害密度/(个/km²)
断裂带活动性较弱区域	246	19316.51	0.01273522
断裂带活动性较强区域	320	16648.23	0.019221263
断裂带活动性强烈区域	216	6821.31	0.031665472

注：根据距中央断裂带的距离划分断裂带的活动强弱区域：距离中央断裂带0~5km的是断裂带活动性强烈区域，距离5~10km是断裂带活动性较强区域，>10km是断裂带活动性较弱区域。

根据芦山震区滑坡灾害的数量和密度可知，滑坡灾害沿断裂带集中发育，并随距断裂带的距离增加，滑坡灾害的密集程度越来越小。

6.2.1.2　震区滑坡分布与地震烈度的关系

芦山地震烈度分布受龙门山南段断裂构造带的控制,地震烈度区沿北东方向呈椭圆形分布,高烈度中心区主要位于芦山县及其临近的宝兴、天全等县(市、区)境内。

据野外地质调查和遥感影像数据的分析,在地震烈度为Ⅵ～Ⅷ度的地区内,随着烈度的升高,滑坡灾害的分布数量相应地增加。在烈度为Ⅷ度区域时滑坡灾害数量最多,在其他烈度范围内的滑坡灾害发育分布较少。在地震烈度为Ⅵ～Ⅸ度的地区内,随着烈度的增加,滑坡灾害的分布密度相应地增加,在烈度为Ⅸ度区域滑坡灾害分布密度最大,在其他烈度范围内的滑坡灾害发育分布密度最小(图 6-3)。

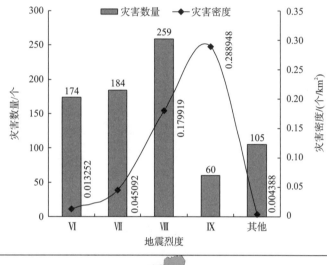

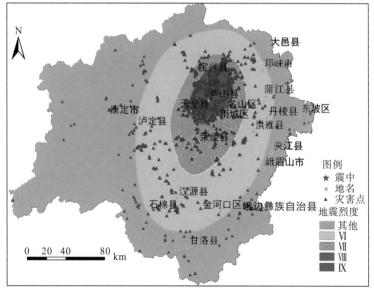

图 6-3　滑坡灾害分布与地震烈度关系图

根据芦山震区滑坡灾害的数量和密度可知,此次地震造成的滑坡灾害主要密集分布在地震烈度为Ⅷ～Ⅸ度的地区。

6.2.1.3 震区滑坡分布与地形的关系

雅安芦山震区内山峰连绵起伏，河谷纵横，地势复杂，山地面积占震区总面积的93.91%，其他地形只占到了6.09%，这就为滑坡灾害发育分布提供了先决条件。同时在山地地形中，中山地形(1000~3500m)所占面积最大，为52.53%，高山地形(3501~5000m)次之，最少的是极高山(>5000m)，其中中低山所占面积达到了66.84%(表 6-2)。根据芦山震区滑坡灾害的数量和密度可知，滑坡灾害在中山区数量分布最多，在低山区灾害密度最大，说明芦山震区滑坡灾害主要集中发育在中低山地形区(图6-4)。

表 6-2 芦山震区滑坡分布与山地关系

山地	面积百分比/%	灾害数量/个	灾害密度/(个/km²)
极高山(>5000m)	1.20	0	0
高山(3501~5000m)	25.87	1	0.000091
中山(1000~3500m)	52.53	402	0.017886
低山(<1000m)	14.31	379	0.061901

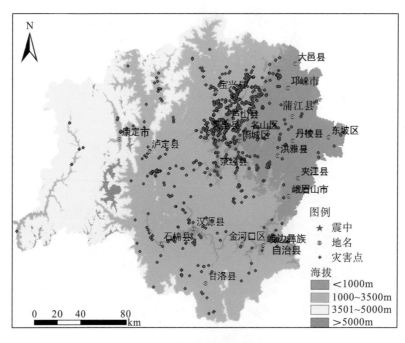

图 6-4 滑坡灾害与海拔关系图

6.2.1.4 震区滑坡分布与坡度的关系

芦山震区滑坡灾害发育分布明显受坡度的影响。经过野外调查和遥感分析，利用 GIS统计得到芦山震区范围内地形的坡度情况，区域内地形坡度主要集中在 40°以内，其中 0°~40°的坡度地形占到总面积的92.28%，在 40°以内，随坡度的增大，地形面积的占比则相应得增大(表 6-3)。

表 6-3　芦山震区地形坡度情况

	坡度						
	<10°	10°~20°	21°~30°	31°~40°	41°~50°	51°~60°	>60°
占比/%	20.56	21.92	24.61	25.19	7.15	0.52	0.05

依据芦山震区滑坡灾害的灾害数量和灾害密度状况分析,灾区滑坡灾害的数量在 20°~30°分布最多,10°~20°次之(图 6-5)。在 30°以内滑坡灾害的分布数量随坡度的增大而增大;在大于 30°时,滑坡灾害的分布数量随着坡度的增大而减少。灾害密度总体上随坡度的增大而增大,在大于 60°的区域突增至最大,但在小于 50°时,灾害密度的变化不是很明显,所以芦山震区的滑坡灾害发育主要取决于灾害数量的分布变化。

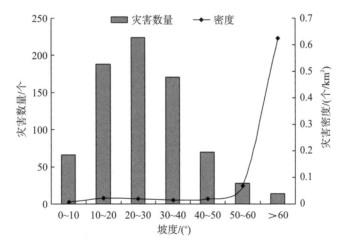

图 6-5　滑坡灾害与山体坡度关系图

综上,芦山震区滑坡灾害主要集中发育分布在坡度为 0°~40°的区域,与震区地形坡度情况相吻合。

6.2.1.5　震区滑坡分布与坡向的关系

芦山震区滑坡灾害发育分布与坡向关系密切。通过野外调查和遥感数据分析,对研究区坡向的提取,利用 GIS 软件中的空间分析模块,由 DEM 生成研究区图层,经过对属性的分析,可以充分地表明坡向对滑坡灾害发育分布的影响。芦山震区滑坡灾害数量分布是东>西>南东>北西>北东>南西>南>北,滑坡灾害密度分布是西>东>北西>南东>南>南西>北东>北,说明震区滑坡灾害主要集中发育分布在东西两个方向上(图 6-6)。

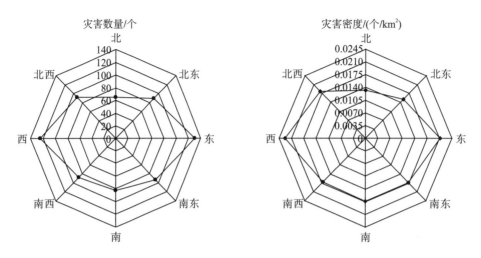

图 6-6　滑坡灾害与坡向关系图

6.2.1.6　震区滑坡分布与地层岩性的关系

芦山震区滑坡灾害的发育分布受该地区地层年代、岩体岩性影响。灾区地层出露较全，岩石类型较多。出露的地层主要有震旦系、奥陶系、志留系、泥盆系、二叠系、三叠系、侏罗系、白垩系、古近系和第四系；岩石类型主要是辉长岩、闪长岩、二长花岗岩、花岗闪长岩、钾长花岗岩及少量石英闪长岩。芦山震区滑坡灾害的数量主要集中在古近—新近系和侏罗系的地层之上，多为砂岩、泥岩；其他年代的地层和不同岩性的岩体灾害数量相对较少。从灾害的分布密度来看，主要分布在古近—新近系、志留系和侏罗系的地层上，且多为砂岩、页岩、泥岩(图 6-7)。整体上，地层年代越老，相对于年代较新的区域，滑坡灾害发育分布相对较少。综上，芦山震区滑坡灾害的发育主要分布在古近—新近系砂砾夹泥岩区。

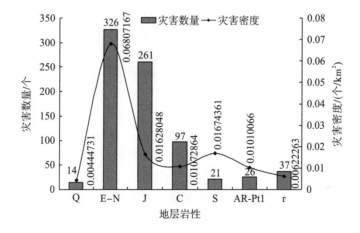

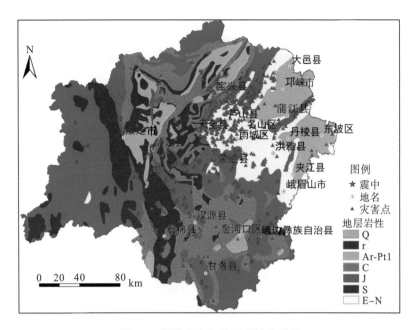

图 6-7　滑坡灾害与地层岩性关系图

Q. 第四系：黏土、泥砾层；E-N. 古近—新近系：砂砾夹泥岩；J. 侏罗系：砂岩、泥岩；C. 石炭系：灰岩；

S. 志留系：页岩；AR-Pt1. 太古宇—古云古界花岗岩；γ. 侵入岩：花岗岩、闪长岩

6.2.1.7　震区滑坡分布与河流冲刷的关系

河流在流动过程中必然会侵蚀两岸斜坡，造成坡脚的切割，形成临空面，造成斜坡失稳。芦山震区河流丰富，水源主要来源于降水，次为融雪。水系主要受构造控制，流水塑造了地形，流向多为北西至南东，河水湍急，滩多水浅。据野外调查和遥感数据分析可知，芦山震区滑坡灾害是距离河流较近的区域灾害分布数量远大于距离河流较远的区域，离河流越远，灾害分布的数量越少。但在河流强烈冲刷的区域灾害密度最大，在河流冲刷较强烈区域上次之，活动性较弱的区域则相对较小(表 6-4)。

表 6-4　滑坡灾害发育分布与河流冲刷作用关系表

地形	灾害数量/个	面积/km²	灾害密度/(个/km²)
河流冲刷较弱地区	292	27820.98	0.010496
河流冲刷较强烈地区	163	7120.83	0.022891
河流冲刷强烈地区	327	7844.24	0.041687

注：按据河流的距离划分河流冲刷作用的活动强弱区域：距离河流 0~500m 的是河流冲刷强烈区域，距离河流是 501~1000m 的是河流冲刷较强烈区域，>1000m 的是河流冲刷较弱区域。

根据芦山震区滑坡灾害的数量和密度可知，此次地震造成的滑坡灾害主要密集分布在河流冲刷强烈地区(图 6-8)。

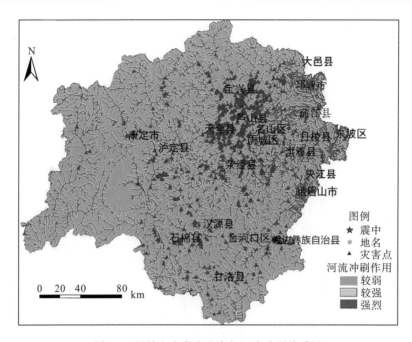

图 6-8　滑坡灾害发育分布与河流冲刷关系图

6.2.1.8　震区滑坡分布与降水的关系

芦山地震区降水非常充沛，降水分布趋势大致由北西向南东递增。根据对芦山震区野外调查和遥感影像的分析处理可以了解到此次芦山震区滑坡灾害的分布是随着年降水量的变化而变化的，主要集中发育在年降水量＞1200 mm 的地区，其次是年降水量在 1000～1200 mm 的地区，最少的是年降水量＜800 mm 的地区(图 6-9)。通过对年降水量与泥石流灾害分布的关系分析，满足一定的趋势关系，随着年降水量的增加，滑坡灾害数量和灾害密度相应地增加。

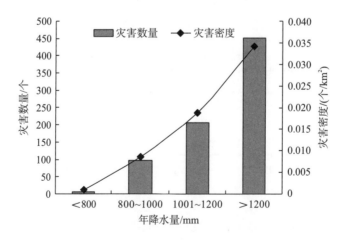

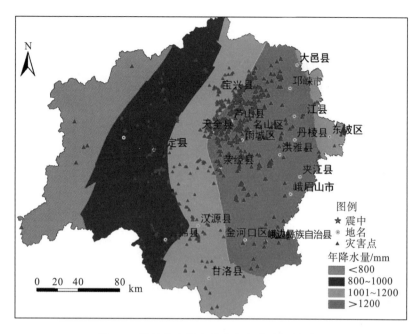

图6-9　滑坡灾害发育分布与年降水量关系图

6.2.2　震区滑坡灾害成因分析

芦山震区所处地形复杂，地质构造特殊，同时该地区又是生态环境脆弱区和泥石流灾害多发区。在芦山地震后，灾区范围内的地形地貌条件、区域地质环境条件、水循环条件等发生改变，加之人类活动加剧，使得地震影响区域不稳定，有利于芦山震区滑坡灾害的形成发育。

6.2.2.1　地形地貌

芦山震区地形对滑坡灾害的发育形成有显而易见的作用，地形对滑坡灾害的影响表现出与非地震条件下不同的新特征。高野秀夫(1973)对斜坡地震效应的观测结果表明，斜坡上的烈度相对于谷底约增加1°(祁生文 等，2004)。另外，王存玉和王思敬(1987)、祁生文等(2004)的震动模型实验表明，边坡顶部对震动的反应幅值较边坡底部有明显的放大现象，边坡的边缘部位对振动的反应幅值较同一高度的内部部位也有明显的放大作用。

本研究区处于我国地形的第一阶梯向第二阶梯(四川盆地与青藏高原接壤)的过渡地带，总体上呈北高南低、西高东低之势。区内山峰连绵起伏，河谷纵横，地势复杂。地形跨越四川西部高山、高原和东部盆地、山地等两个一级地貌区。区内平均海拔普遍在1300m，最高海拔7556m，位于康定市境东南缘的贡嘎山，峡谷高差达3500m以上，河谷切割深，山地面积达到93.91%，坡度为20°~40°的区域约占49.80%，坡向为东西两个方向。

这些条件对芦山震区滑坡灾害的发生有着明显的加强和放大作用，同时也为芦山震区滑坡灾害的形成、发展提供了良好的孕灾环境。

6.2.2.2　区域地质环境

芦山震区区域地质环境是导致滑坡灾害活动频繁的一个重要因素。芦山震区处于龙门山推覆构造与川西前陆盆地的交接地带，地质构造极其复杂，新构造运动强烈，地震活动频繁，是世界上地质构造运动最为活跃的区域之一。

芦山地震属于强烈地震，又是浅源地震，地震引起强烈的地表震动，使得出露地表的岩体或土体因振动变得松动，整体性降低，岩体或土体颗粒之间相互作用力减弱，彼此之间的孔隙性加大，这使得岩土体脱离母体成为可能。同时余震较为频繁，截至 28 日 8 时，芦山"4·20"7.0 级强烈地震共记录到余震 5531 次，其中 3.0 级以上余震 113 次，包括 5.0～5.9 级 4 次、4.0～4.9 级 21 次、3.0～3.9 级 88 次，使得震区范围内的处于紧张状态的岩土体变得越来越不稳定。

总之，地震和余震重构了地表形态，为芦山震区滑坡灾害的发育、发展提供了丰富的松散固体物质来源。

6.2.2.3　气象水文

芦山震区气象水文条件对滑坡灾害的发育、发展有着深刻的影响。芦山震区属亚热带湿润性季风气候区，阴天多、湿度大，降水强度大、易遭洪涝。宝兴、芦山一带，年平均降水量为 800～1200 mm；荥经、天全多在 1400～1800mm。天全二郎山站年平均降水量为 2041.7 mm，荥经县金山站年平均降水量高达 2637 mm，居全省之冠。同时芦山震区水系发达，植被良好，径流主要来源于降水，次为融雪。水系受地形控制，流向多为北西至南东。河水湍急，滩多水浅，岭谷相间，切割强烈，河谷到分水岭距离短，但高差大，造成两岸支流的水量暴涨暴落。

芦山地震后，灾区地表结构、含水层结构以及地表覆被都发生了较大的变化。这些变化使降水和水流规律发生了改变，进而导致区域地表水-地下水系统平衡场和水循环规律发生较大改变(苗会强 等，2008)。这最终影响区域山体的稳定性，使得芦山震区发生滑坡灾害的可能性加大，也就使降水和强烈的河流冲刷作用为滑坡灾害的形成、发展提供了非常有力的水动力条件。

6.2.2.4　人类活动

芦山震区，经济欠发达，随着人口的日益增加，当地居民对生活质量需求的提高，一些地区出现一些过度的社会经济活动(毁林、毁草、开垦荒地及建厂等)。以"4·20"芦山地震涉及的 21 个县(市、区)的经济指标为例，研究区 2000 年末地区生产总值为 350.676 亿元，到 2009 年增至 921.216 亿元，10 年间新增产值共计 570.54 亿元，平均每年增加 57.054 亿元(表 6-5)，其中 2000～2009 年 10 年间第一产业新增产值 103.3739 亿元，第二产业新增产值 319.8144 亿元，第三产业新增产值 178.6605 亿元。过度的社会经济活动，促使芦山震区的生态环境日益脆弱，区域水土流失严重，当地震发生时易于滑坡灾害发育，造成人员伤亡和经济损失。芦山震区范围内的居民活动对于当地的生态环境有着不可忽视的作用，当地震发生后，人类活动加快了滑坡灾害的发生发展和扩大了滑坡灾害的规模。

表 6-5　研究区各产业及地区生产总值图

年份	人口/万人	第一产业/亿元	第二产业/亿元	第三产业/亿元	地区生产总值/亿元
2000	554.5	69.3778	140.7444	110.808	350.676
2001	556.8	72.4405	161.2779	127.0635	360.782
2002	559	76.305	167.7154	142.0287	386.0491
2003	560.1	81.966	195.3622	155.1024	432.431
2004	560.7	95.8711	233.2435	177.3288	435.669
2005	562.9	108.0055	226.5886	163.9264	498.527
2006	564.7	120.7333	278.5326	187.2747	624.984
2007	568	145.2118	345.5556	216.217	706.984
2008	572.2	173.6101	429.1652	248.9835	851.759
2009	575.1	172.7517	460.5588	289.4685	921.216

6.2.3　小结

（1）芦山震区滑坡灾害非常发育。通过野外实地调查、遥感影像解译和室内分析发现，震区共有 782 处灾害点，以滑坡、崩塌、泥石流等为主，其中滑坡崩塌 690 处，泥石流 92 处，对当地居民生命财产构成严重威胁。

（2）芦山震区滑坡灾害的发育分布具有明显的规律性，主要集中分布在与断裂带、地震烈度、区域地形、坡度、坡向、地层岩性、河流冲刷、年降水量等条件相关联的区域。

（3）芦山震区滑坡灾害的发育成因主要有地形地貌因素、区域地质环境因素、气象水文因素及人类活动因素。震区内山峰连绵起伏，河谷纵横的地貌形态为滑坡灾害提供了良好的地形条件；强烈地震和余震形成的松散碎屑物质是滑坡灾害发育的物质来源；丰沛的降水和强烈的径流为滑坡灾害的形成提供了丰富的水源和水动力条件；人类活动因素也加速了滑坡灾害的发育。

6.3　芦山震区与汶川震区滑坡分布特征对比分析

2008 年 5 月 12 日 14:28:04，四川省阿坝藏族羌族自治州汶川县发生里氏 8.0 级地震，震中位于映秀镇，地理坐标为 $31.0\degree N$、$103.4\degree E$，震源深度约为 14 km。由于震级大，震源浅，汶川地震释放出了巨大的威力，造成灾区近 7 万人死亡，受灾严重地区达 10 万 km^2，直接经济损失高达 8451.4 亿元（Yin et al.，2009；Wu et al.，2009）。在汶川地震对地表建筑物造成巨大破坏的同时，也诱发了数以千计的山地灾害，大量发生的崩塌、滑坡、泥石流造成房屋被埋，大量的基础设施被毁。据调查统计，在汶川地震造成的损失中，约有 1/3 以上的损失是由地震诱发的山地灾害所引起的（Wu et al.，2009）。

时隔五年，2013 年 4 月 20 日 8:02，四川省雅安市芦山县发生 7.0 级地震，震源深度为 13km，震中距成都约为 100 km。成都、重庆及陕西的宝鸡、汉中、安康等地均有较强震感。据雅安市政府应急办通报，震中芦山县龙门乡 99%以上房屋垮塌，卫生院、住院部停止工作，停水停电。受灾人口达 152 万人，受灾面积为 12500 km²。据中国地震局网站消息，截至 2013 年 4 月 24 日 14:30，地震共计造成 196 人死亡，21 人失踪，11470 人受伤。同时，芦山地震诱发了大量的山地灾害，崩塌、滑坡及泥石流频发，造成房屋被埋，大量的基础设施被毁。

"5·12" 和 "4·20" 两次大地震，给人们带来了巨大灾难。在震后，地震的威胁并没有远离，地震所带来的严重滑坡灾害依然影响灾区。可以说，汶川地震和芦山地震造成的巨大灾害是地震直接破坏与地震诱发山地灾害共同作用的结果。因此，对于两次地震震后滑坡灾害的研究显得尤为重要，一些学者对汶川震区滑坡灾害做了深入的研究(Miao et al.，2008；Cui et al.，2008；Huang and Li，2009；Qiao et al.，2009；Chigira et al.，2010；Gorum et al.，2011；Fan et al.，2012；Wei et al.，2012)，同时一些学者对芦山震区滑坡灾害做了相关研究(Liu et al.，2013；Pei and Huang，2013；Cui et al.，2013；Xu and Xiao，2013；Wang et al.，2013；Li et al.，2013；Feng et al.，2013)。但关于两次地震滑坡灾害的对比性研究相对较少，大部分研究主要集中在芦山地震和汶川地震的发震断裂、力学机制和其他一些方面的对比性分析研究上(Du et al.，2013；Ying et al.，2013；Shen，2013；Lei et al.，2013；Shi et al.，2014)。针对这一问题，本节从两处震区滑坡灾害分布特征进行分析，对比两次地震滑坡灾害发育规律，综合分析其山地灾害分布规律的异同点。

6.3.1 研究区概况

研究区域为地震烈度≥Ⅶ级的区域(图 6-10)。芦山震区地震烈度≥Ⅶ级的区域涉及四川省芦山县、宝兴县、天全县等 9 个县(市、区)，位于 29°30′～30°30′N，102°30′～103°20′E，总面积为 5727.72 km²。整个研究区域西南端至四川省荥经县，东北端达邛崃市，东部达丹棱县和洪雅县，西到天全县，北端为芦山县中部，南端达为荥经县南部。该区域处于青藏高原向四川盆地过渡地带，也是四川盆地与川西高原、山地的交接地带，整体呈西高东低趋势。该区域处于龙门山推覆构造与川西前陆盆地的交接地带。地层出露较全，岩石类型较多。该区属亚热带湿润性季风气候区，东无严寒，夏无酷暑，年平均气温为 14.1～15.3℃，属四川省四大暴雨区之一，雨量非常充沛，降水分布趋势大致由西北向东南递增。同时研究区处于青衣江流域上游，植被良好，径流主要来源于降水，其次为融雪。水系主要受地形控制，流向多为北西至南东，较大的河流有宝兴河、芦山河、玉溪河及天全河。这些河流均属青衣江流域，河水湍急，滩多水浅。

汶川震区地震烈度≥Ⅶ级的区域位于 30°～34°N，102°～107°E，总面积为 125536 km²，涉及四川省、甘肃省、陕西省 3 个省，79 个县(市、区)。整个区域西南端至四川省天全县，东北端达甘肃省两当县和陕西省凤县，东部达陕西省南郑县，西到四川省小金县，北为甘肃省天水市麦积区，南端为四川省雅安市雨城区。该区域处于我国地貌第一阶梯和第二阶梯的过渡地带，西北部主要为高原边缘，中部为中高山地貌，东部为山前平原和低山丘陵。该区域主要发震断裂为龙门山断裂构造带。研究区东部山地基带气候为亚热带湿润季风气候，西部山地为干旱河谷气候。由于整个区域地势梯度变化明显，立体气候显著，各地气候差别特别大，气温、降水、光照分布极不均衡。水系主要为龙门山现代水系，其以横向河为主，流向与龙门山走向垂直，以龙门山和岷山的山顶面为分水岭，以深切河谷特征为主，均汇于长江。

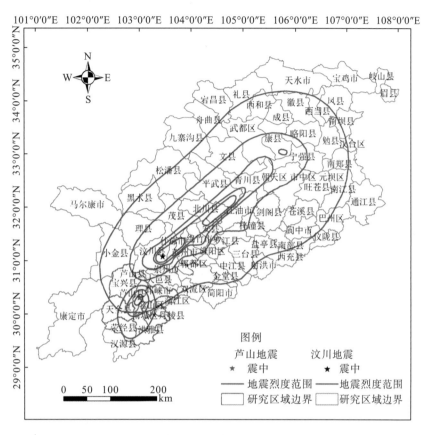

图 6-10 研究区位置图

6.3.2 滑坡发育分布规律

地震是山地灾害的主要诱发因素之一，地震的发生使得地震影响波及范围内的灾害分布数量、灾害种类、趋势发展等均发生了明显的变化(Keefer，1984；Rodríguez et al.，1999；Papadopoulos and Plessa，2000；Parise and Jibson，2000；Shou and Wang，2003；Xu，2010；Delgado et al.，2011；Jiang et al.，2011)。芦山地震与汶川地震发生于龙门山断裂带，两次地震均属逆冲型断裂，但两者发生的位置与时序不同，所释放的能量和造成的破裂也不相同(Ying et al. 2013；Du et al.，2013)，因而两次地震所造成影响区域内的滑坡灾害的分布情况也是不一样的(表 6-6)。通过两次地震后滑坡灾害在各环境条件下的分布情况可以总结两次地震震后滑坡灾害分布的异同点，同时找寻存在差异的原因，为今后该区域震后滑坡灾害的认识提供良好的基础。评价因子和次生山地灾害点统计如表 6-7 所示。

表 6-6　地震烈度与滑坡灾害分布

地震烈度	芦山震区		汶川震区	
	灾害数量/个	灾害密度/(个/km²)	灾害数量/个	灾害密度/(个/km²)
XI	0	0	65	0.027766
X	0	0	74	0.022409
IX	60	0.288948	84	0.011153
VIII	259	0.179919	270	0.009942
VII	184	0.045092	447	0.005323

表 6-7　评价因子和次生山地灾害点统计

评价因子		芦山震区		汶川震区	
		灾害数量/个	灾害密度/(个/km²)	灾害数量/个	灾害密度/(个/km²)
断裂带	低	125	0.072354	175	0.001502
	中	200	0.070122	138	0.055414
	高	161	0.140259	627	0.100768
海拔/m	<1000	289	0.135891	317	0.006625
	1000~2000	197	0.064818	342	0.00858
	2000~3000	0	0	231	0.014182
	>3000	0	0	50	0.002355
坡度/(°)	<10	135	0.09796	317	0.00845
	10~20	180	0.10293	258	0.00791
	20~30	138	0.09094	192	0.00671
	30~40	28	0.03352	114	0.00604
	40~50	4	0.01809	49	0.00743
	50~60	1	0.03893	7	0.00879
	>60	0	0	3	0.0161
坡向	N	46	0.07251	174	0.011581
	NE	48	0.06303	147	0.010334
	E	97	0.10399	182	0.010138
	SE	65	0.08509	100	0.005998
	S	42	0.07684	73	0.00435
	SW	48	0.07981	63	0.004311
	W	77	0.09913	84	0.005279
	NW	63	0.08868	117	0.008331
地层岩性	AR-Pt1	16	0.092534	21	0.003952
	S	0	0	14	0.008376
	C	27	0.039956	4	0.004041
	J	163	0.087297	146	0.010635
	E-N	268	0.109133	104	0.007576

续表

评价因子		芦山震区		汶川震区	
		灾害数量/个	灾害密度/(个/km²)	灾害数量/个	灾害密度/(个/km²)
	Q	5	0.023512	23	0.006906
	γ	7	0.03113	28	0.002331
	—	—	—	293	0.010956
	—	—	—	53	0.003452
	—	—	—	58	0.002871
	—	—	—	0	0
	—	—	—	196	0.020425
河流冲刷	低	170	0.050186	498	0.00432
	中	96	0.086724	165	0.027535
	高	220	0.178375	277	0.070085
年降水量/mm	0~200	0	0	254	0.008301
	201~400	0	0	380	0.008951
	401~600	0	0	214	0.007525
	601~800	0	0	64	0.004484
	801~1000	0	0	28	0.003721
	1001~1200	131	0.069206	0	0
	1201~1400	293	0.118122	0	0
	1401~1600	62	0.04578	0	0

6.3.2.1　滑坡分布与断裂带的关系

芦山地震烈度≥Ⅶ度区域滑坡灾害沿断裂带分布集中。数据表明，该研究区滑坡灾害主要在距断裂带 5～10 km 的区域分布（灾害数量占总数的 41.15%），0～5 km 的区域次之（灾害数量占总数的 25.72%）；灾害密度在距断裂带 0～5 km 的区域最大，5～10 km 的区域次之。经分析可知，滑坡灾害沿断裂带集中发育，并随着距断裂带的距离增加，滑坡灾害的密集程度越来越小。

汶川地震烈度≥Ⅶ度区域滑坡灾害主要集中分布在龙门山后山断裂（汶川-茂县断裂）、中央断裂（映秀-北川-青川断裂）、前山断裂（都江堰-江油断裂）这三条断裂带的影响范围内，且沿中央断裂带呈条带状分布，其延伸方向与中央断裂带走向一致。汶川地震烈度≥Ⅶ度区域灾害数量集中在距中央断裂带 0～5 km（断裂带活动强烈区）（灾害数量占总数的 66.7%，同时灾害密度最大）范围内，随着距中央断裂带距离增大，灾害数量和灾害密度相应地减小。

芦山地震和汶川地震烈度≥Ⅶ度区域滑坡灾害发育均沿断裂带呈带状分布，且随着垂直于断裂带的方向灾害点分布逐渐衰减，但随断裂带活动的强弱不同，分布的密集程度不同，汶川震区沿断裂带分布的情况更加清晰明显。造成两地区差异情况的是芦山地震和汶川地震发震构造单元不同以及两次地震能量释放的长短轴效应，使得两次地震烈度≥Ⅶ度区域滑坡灾害的分布情况出现差异（图 6-11）。

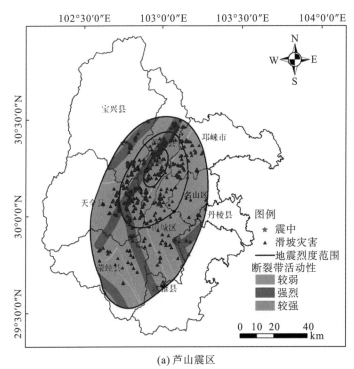

(a) 芦山震区

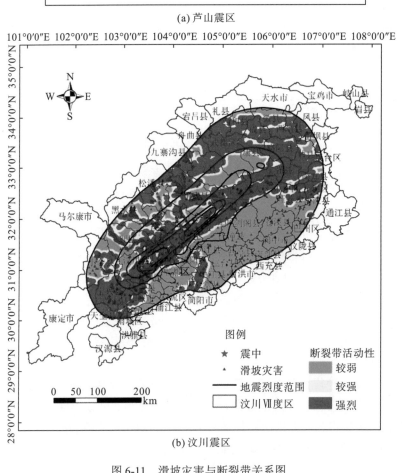

(b) 汶川震区

图 6-11 滑坡灾害与断裂带关系图

6.3.2.2　滑坡分布与海拔的关系

芦山地震烈度≥Ⅶ度区域内山地海拔集中在 2000m 以下，其中＜1000m 区域占到研究区总面积的 14.31%，1000～2000m 的地形占到 53.06%，其他海拔在地震烈度≥Ⅶ度区域上分布较少［图 6-12(a)］。根据研究区滑坡灾害的数量和密度可知，滑坡灾害主要集中在海拔＜1000m 的地形区域内，其灾害数量分布最多且灾害密度最大（表 6-7）。

汶川地震烈度≥Ⅶ度区域内地貌类型多样，地形高差大，对灾害点在各海拔段的分布统计可知，＜1000 m 的区域占总面积的 38.21%，1000～2000 m 的区域占总面积多 31.83%，2000～3000 m 的区域占总面积的 13.01%，＞3000 m 的区域占总面积的 16.95%。汶川地震研究区次生灾害数量主要集中在海拔 1000～2000 m 的区域，灾害密度在 2000～3000 m 的区域最大（表 6-7），说明汶川地震Ⅶ度及以上区域滑坡灾害主要集中发育在 1000～3000 m 地形区［图 6-12(b)］。

芦山地震和汶川地震烈度≥Ⅶ度区域滑坡灾害与地震影响范围内的区域地形有着十分密切的关系。汶川震区的灾害数量分布的海拔比芦山震区灾害分布的海拔要大，产生差异的原因是汶川地震区南东向受地形影响有不规则衰减，南西端较北东端紧窄，相对高差大于芦山区域，同时汶川震区内的龙门山目前仍以 0.3～0.4 mm/a 的速率持续隆升，更加说明汶川震区地形对滑坡灾害的发育形成有显而易见的作用。

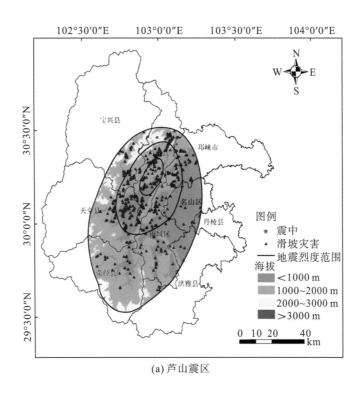

(a) 芦山震区

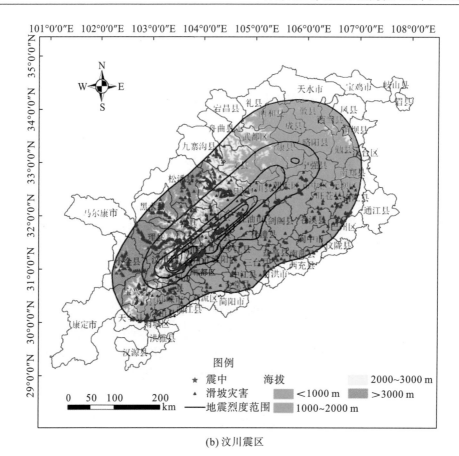

(b) 汶川震区

图 6-12　滑坡灾害与海拔关系图

6.3.2.3　滑坡分布与坡度的关系

根据芦山地震烈度大于等于Ⅶ度的区域滑坡灾害的数量和密度状况可知，芦山地震研究区滑坡灾害在10°～20°区域分布最多也最密集。在0°～20°区域内灾害分布随坡度增大而增加，大于 20°区域滑坡灾害的分布随着坡度的增大而减少（灾害密度在 50°～60°处突增）[图 6-13]。经数据分析统计，坡度为0°～30°的区域滑坡灾害数量占总数的93.21%，灾害密度相对也较大，故研究区滑坡灾害主要集中分布在坡度为0°～30°的区域（表 6-7）。

汶川地震烈度大于等于Ⅶ度的区域滑坡灾害主要集中分布在 0°～40°坡度区 [图 6-13]。对汶川地震研究区灾害数据统计可知，随着坡度的增大，滑坡灾害的分布数量是逐渐减少的，灾害数量主要集中在 0°～50°区域，其占总面积的98.94%；研究区域内坡度面积随坡度的增大而减小，0°～40°坡度区域面积占总面积的93.95%（表 6-7）。据汶川地震研究区滑坡灾害的灾害数量和灾害面积状况分析，灾害密度在 0°～40°坡度区域，随着坡度的增大而增大，在大于 40°坡度区域，随坡度的增大而减小。

芦山和汶川震区地震烈度大于等于Ⅶ度的区域滑坡灾害发育分布明显受坡度的影响，但两者的灾害分布与坡度的关系不一致。出现差异情况是由于汶川地震研究区地形坡度比青藏高原南缘的喜马拉雅山脉的地形坡度变化还要大，因而其地形坡度对该区域滑坡灾害的发育分布影响要比芦山地震研究区坡度对滑坡灾害的影响要明显。

图 6-13 滑坡灾害发育分布与山体坡度的关系

6.3.2.4 滑坡分布与坡向的关系

芦山地震烈度大于等于Ⅶ度的区域滑坡山地的灾害数量分布是东>西>南东>北西>南西>北东>北>南(表 6-7),滑坡灾害密度分布是东>西>北西>南东>南西>南>北>北东(表 6-7),说明地震烈度大于等于Ⅶ度的区域滑坡灾害主要集中发育分布在坡向为东、西的区域〔图 6-14(a)和图 6-14(b)〕。

汶川地震烈度大于等于Ⅶ度的区域滑坡山地的灾害数量分布是东>北>北东>北西>南东>西>南>南西(表 6-7),滑坡灾害密度分布是北>北东>东>南东>北西>南>南西>西(表 6-7),说明震区滑坡灾害主要集中发育分布在北、北东和东三个方向上〔图 6-14(c)和图 6-14(d)〕。

芦山地震和汶川地震烈度大于等于Ⅶ度的区域滑坡灾害受震区山地坡向的影响,滑坡灾害发育分布与坡向关系密切。两次地震产生的滑坡灾害分布在不同的坡向,造成这一结果的主要原因是滑坡灾害在坡向影响下的分布受到断裂带破裂的方向、地震能量释放的长短轴效应及地形的影响。

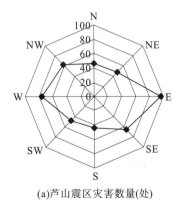

(a)芦山震区灾害数量(处)

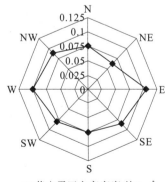

(b)芦山震区灾害密度(处/km²)

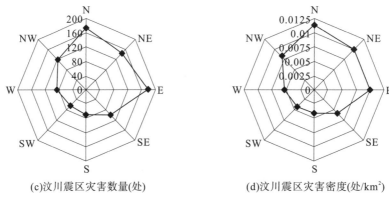

(c)汶川震区灾害数量(处)　　　　　(d)汶川震区灾害密度(处/km²)

图 6-14　滑坡灾害与坡向的关系

6.3.2.5　滑坡分布与地层岩性的关系

芦山地震烈度大于等于Ⅶ度的区域滑坡灾害的数量和灾害密度主要集中在古近—新近系(灾害数量占总数的 55.14%)和侏罗系(灾害数量占总数的 33.54%)的地层之上,多为砂岩、泥岩;在其他年代的地层和不同岩性的岩体中灾害分布相对较少(表 6-7)。整体上,地层年代越老,相对于年代较新的区域滑坡灾害发育分布相对较少[图 6-15(a)]。

汶川地震烈度大于等于Ⅶ度的区域滑坡灾害的数量和灾害密度主要集中在第四系冲洪积的黏土、砂、砾石层,并层或未分的地层之上(灾害数量占总数的 20.85%,灾害密度最大);三叠系碎屑岩夹碳酸盐岩、紫红色砂岩夹灰岩、火山岩(灾害占总数的 31.17%,灾害密度次之);志留系黑色页岩夹泥灰岩、并层板岩、千枚岩、凝灰岩(灾害数量占总数的 15.53%,灾害密度在所有地层密度中处于第三位);在其他年代的地层和不同岩性的岩体中灾害分布相对较少[表 6-7 和图 6-15(b)]。

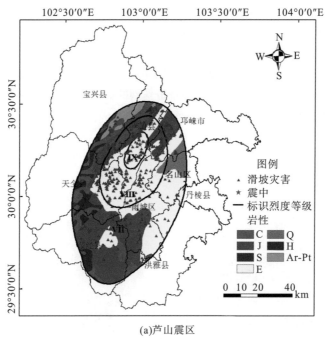

(a)芦山震区

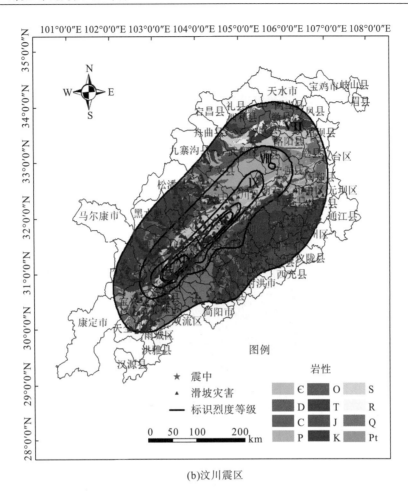

(b)汶川震区

图 6-15　滑坡灾害与地层岩性的关系

地震烈度大于等于Ⅶ度的区域滑坡灾害的发育分布受该地区地层年代和岩体岩性的影响。该研究区出露的地层主要有震旦系至第四系，岩体岩性较多，芦山与汶川地震的滑坡灾害分布均集中在地震波及范围内地层岩性相对软弱的岩层区，多为砂岩、泥岩等，由于汶川地震波及范围较广，导致该区域内分布的软弱岩层性质较芦山震区更为多样。两次地震滑坡灾害分布区域的地层年代虽然有所不同，但由于汶川震区Ⅶ度以上区域面积较大，使得区域出露的地层年代比芦山Ⅶ度以上区域更多，进而导致汶川震区的情况更为复杂。

6.3.2.6　滑坡分布与河流冲刷作用的关系

芦山地震烈度大于等于Ⅶ度的区域滑坡灾害主要密集分布在河流冲刷强烈的地区［图 6-16（a）］。根据研究区滑坡灾害的数量和密度可知，在河流冲刷强烈的区域灾害数量和灾害密度均最大（灾害数量占总数的 45.27%），灾害数量在河流冲刷较弱区分布次之（灾害数量占总数的 34.98%），同时灾害密度随着与河流距离的增大逐渐减小（表 6-7）。

汶川地震烈度大于等于Ⅶ度的区域滑坡灾害分布主要集中在河流冲刷作用强烈的区域，即河谷两岸，与河流的空间分布一致［图 6-16（b）］。根据灾害点数量和密度的统计可以得出，汶川地震烈度大于Ⅶ度的区域灾害点分布集中在强烈区域(0～500 m)(由于河流冲刷作用较弱区的面积较大，使得灾害数量多，但导致其灾害密度小；河流冲刷作用强烈区灾害数量占总数的29.47%，但经过分析其灾害密度最大)。整体上，灾害数量随着与河流距离的增大先减小后增大，灾害密度随着与河流距离的增大而减小(表6-7)。

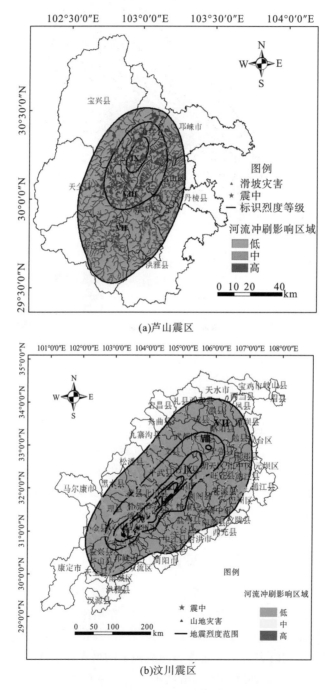

(a)芦山震区

(b)汶川震区

图6-16 滑坡灾害与河流冲刷的关系

地震烈度大于等于Ⅶ度的区域滑坡灾害沿河流冲刷强烈地区分布且与河流的距离关系密切。汶川地区泥石流灾害分布与河流冲刷作用关系的强度较芦山震区要大，原因是汶川震区滑坡灾害分布的海拔较芦山震区要高，造成汶川震区河流的相对高差较大，水流变得湍急，河流对岸坡的冲刷作用加强，进而使得沿岸斜坡变得不稳定，易发生滑坡灾害，同时汶川震区河流支流众多，切割强烈，也更有利于滑坡灾害发生。

6.3.2.7　滑坡分布与年降水量的关系

根据对研究区野外调查和遥感影像的分析处理可知，芦山地震烈度大于等于Ⅶ度的区域滑坡灾害的分布是随着年降水量的变化而变化的，主要集中发育在年降水量为 1200～1400 mm 的地区(灾害数量占总数的 60.29%，灾害密度最大)，其次是年降水量为1000～1200 mm 的地区(灾害数量占总数的 26.95%) [图 6-17(a)]。经分析，随着年降水量的增加，芦山地震研究区滑坡灾害的数量和灾害密度逐渐增大，在年降水量为1200～1400 mm 的区域达到最大，后逐渐减小(表 6-7)。

汶川地震烈度大于等于Ⅶ度的区域降水分布极不均衡。根据对汶川地震研究区野外调查和遥感影像的分析处理可知，灾害数量主要集中分布在年降水量为200～400 mm 的地区(灾害数量占总数的 40.43%)，随着年降水量的增加，灾害数量逐渐增加，在年降水量为200～400 mm 的区域达到最大，然后依次减小；灾害密度在年降水量为200～400 mm 的区域最大，随年降水量的增加，滑坡灾害密度先增大后减小(表 6-7)。对灾害数量和灾害密度进行分析，汶川地震烈度大于等于Ⅶ度的区域滑坡灾害集中分布在 200～400 mm 区域 [图 6-17(b)]。

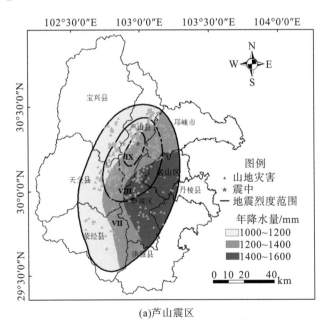

(a)芦山震区

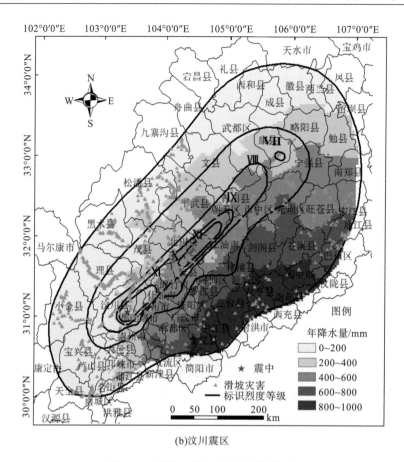

(b)汶川震区

图 6-17　滑坡灾害与年降水量的关系

　　芦山和汶川地震烈度大于等于Ⅶ度的区域震区降水分布不均，严重影响滑坡灾害的分布。两地区滑坡灾害的分布集中在不同的年降水区，造成这样的结果是由于两区域气候不同。芦山震区范围小，局部的小气候影响较大；而汶川震区降水呈现年内变化大和区域变化大的特点，降水分布极不均衡。多因素作用下使得两次地震滑坡灾害分布出现较为明显的差异。

6.3.2.8　滑坡分布与植被的关系

　　芦山地震烈度大于等于Ⅶ度的区域滑坡灾害的分布主要集中在针叶林/阔叶林/针阔混交林区和稀疏林/未成林区。如图 6-18 所示，对研究区滑坡灾害数量和密度进行分析可知，针叶林/阔叶林/针阔混交林区的灾害分布数量和灾害密度均最大（灾害数量占总数的54.87%，灾害密度达 0.172486 个/km²）；稀疏林/未成林区分布次之（灾害数量占总数的24.65%，灾害密度达 0.070796 个/km²）；疏林地/裸地区分布为第三；而在裸地/无植被区无灾点分布。

　　汶川地震烈度大于等于Ⅶ度区域滑坡灾害在裸地/无植被区、针叶林/阔叶林/针阔混交林区和稀疏林/未成林区。裸地/无植被区的灾害分布数量和灾害密度最大（灾害数量占总数的 34.47%，灾害密度达 0.113092 个/km²）；针叶林/阔叶林/针阔混交林区的灾害分布数量位于第二（灾害数量占总数的 32.52%），灾害密度位于第三（灾害密度达 0.009831 个/km²）；

稀疏林/未成林区灾害分布数量位于第三(灾害数量占总数的 19.14%)，灾害密度位于第二(灾害密度达 0.020058 个/km²)；而在疏林地/裸地区、裸地/无植被区，灾害分布数量和密度均较小。

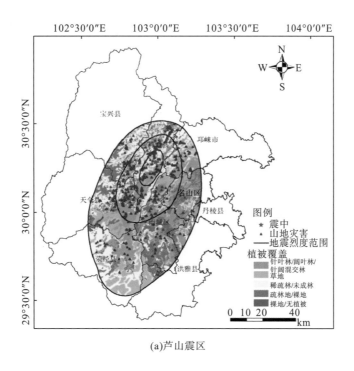

(a)芦山震区

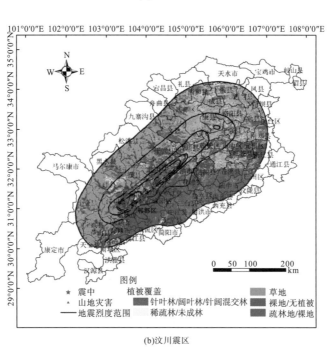

(b)汶川震区

图 6-18　滑坡灾害与植被覆盖的关系

6.3.3 小结

6.3 节以芦山地震和汶川地震烈度大于等于Ⅶ的区域为研究对象,结合地震滑坡灾害的分布,对比分析了 7 种因子条件下两次地震影响下滑坡灾害分布特征的异同点。

(1)较系统地总结了研究区的灾害发育分布特征与地貌条件、地质构造及其他条件的关系,从而可以为类似地区的防灾减灾和人口再调整提供借鉴意义。

(2)芦山地震与汶川地震烈度大于等于Ⅶ度的区域滑坡灾害的分布明显受到断裂带、海拔、坡度、坡向、地层岩性、河流冲刷作用、降水的影响,但是两次地震泥石流灾害的分布受各影响因子的控制程度不同。

(3)对于芦山与汶川地震烈度大于等于Ⅶ度的区域滑坡灾害分布特征的对比分析,本书仅考虑断裂带、海拔、坡度、坡向、地层岩性、河流冲刷作用及年降水量的影响,实际上植被和人类活动等对震区泥石流灾害发育分布也会有影响。同时对于研究区分布特征的对比分析仅是对各因子进行逐一探讨,并没有将各因子综合起来进行对比,这些均有待进一步研究。

6.4 基于信息量模型的滑坡易发性评价

本书采用栅格数据处理方法,将芦山震区面积为 42786.05 km² 的区域在 DEM 数据的基础上进行规则网格划分,每个单元面积为 100 m×100 m。根据上述原则,将评价区域划分为 4278407 个单元。

6.4.1 评价指标选取

评价指标选取的基本原则是,从工程地质和环境条件的角度,尽量全面地考虑影响泥石流灾害发生的各种因素,主要分为基本因素和影响因素两类。本书确定的基本因素有坡向、坡度、地层岩性、断裂带 4 个参数;影响因素有河流冲刷作用、地震烈度和年降水量 3 个参数。

根据对研究区滑坡灾害的调查资料,详细分析芦山震区的坡向、坡度、地层岩性、断裂带、河流冲刷作用、地震烈度和年降水量 7 个影响因素,按差异原则对其进行若干不同状态划分,最终确定了 39 种状态为预测变量(表 6-8)。

表 6-8　芦山震区泥石流灾害易发性评价参数变量表

因子	类别	因素(X_i)	含有因素 X_i 的单元中发生泥石流灾害单元的面积之和/km²	含有因素 X_i 的单元总面积/km²
坡向	N	X_1	130	4951.49
	NE	X_2	178	5894.08
	E	X_3	260	6185.76
	SE	X_4	186	5363.6
	S	X_5	164	4761.2
	SW	X_6	174	5128.23
	W	X_7	248	5454.48
	NW	X_8	182	5047.27

续表

因子	类别	因素(X_i)	含有因素X_i的单元中发生泥石流灾害单元的面积之和/km²	含有因素X_i的单元总面积/km²
坡度角/(°)	0~10	X_9	408	8515.48
	10~20	X_{10}	548	8517.32
	20~25	X_{11}	242	5115.52
	25~30	X_{12}	140	5696.22
	30~35	X_{13}	100	6067.81
	35~40	X_{14}	56	4988.52
	40~50	X_{15}	22	3447.11
	50~60	X_{16}	4	415.7
	>60	X_{17}	2	22.43
地层岩性	C(灰岩)	X_{18}	192	9041.22
	Ar-Pt(花岗岩)	X_{19}	50	2574.09
	H(片岩)	X_{20}	72	5946.04
	E(砂砾岩)	X_{21}	630	4789.07
	J(砂岩)	X_{22}	506	16031.47
	Q(土)	X_{23}	30	3147.97
	S(页岩)	X_{24}	42	1254.21
断裂带	较弱	X_{25}	478	19314.53
	较强	X_{26}	626	16648.23
	强烈	X_{27}	418	6821.31
河流冲刷作用	较弱	X_{28}	570	27819
	较强	X_{29}	312	7120.83
	强烈	X_{30}	640	7844.24
地震烈度	IX	X_{31}	114	207.65
	VIII	X_{32}	498	1439.56
	VII	X_{33}	360	4080.51
	VI	X_{34}	346	13130.51
	其他	X_{35}	204	23925.87
年降水量/mm	<800	X_{36}	14	7337.16
	800~1000	X_{37}	194	11311.97
	1000~1200	X_{38}	412	10960.17
	>1200	X_{39}	902	13174.77

通过芦山震区的 DEM、1∶10 万地质图、地震分布、断裂带、水文和土地利用图等图件，我们可以较为直观地确定各个划分单元区的坡向、坡度、地层岩性和河流冲刷作用等影响因素的状态。结合 ArcGIS 软件的数据编辑与空间分析功能，得到以上 7 个因子的栅格图层后，使用重分类和栅格计算功能计算各个区域包含滑坡灾害数量与面积的信息量

图，最后使用信息量模型工具(图 6-19)，对坡向、坡度、地层岩性、断裂带、人类工程活动、河流冲刷作用、地震烈度和年降水量等因子进行叠加，得出芦山震区滑坡灾害分布一个易发性评价的信息量图(图 6-20)。

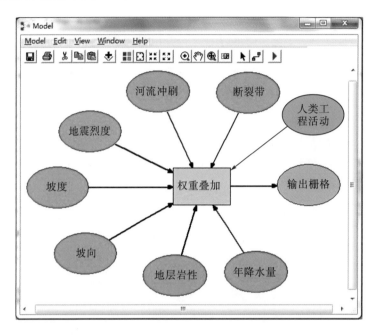

图 6-19　芦山震区滑坡灾害易发性评价的信息量模型

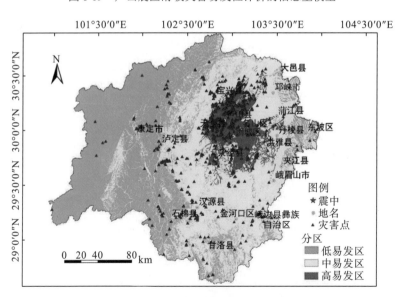

图 6-20　芦山震区滑坡灾害分布与易发性评价的信息量图

最后，结合已有的调查和收集的资料，确定出各划分单元的具体状态，计算出每种状态变量的信息量值(表 6-9)。依据表 6-9 中各变量信息的取值计算，然后利用 ArcGIS 软件的建模功能，建立研究区滑坡灾害易发性评价模型(图 6-19)。

表 6-9　各预测变量的信息量计算结果

变量	X_1	X_2	X_3	X_4	X_5	X_6	X_7	X_8	X_9	X_{10}
信息量	-0.1319	-0.0711	0.0725	-0.0111	-0.0140	-0.0205	0.1066	0.0059	0.1293	0.2574
变量	X_{11}	X_{12}	X_{13}	X_{14}	X_{15}	X_{16}	X_{17}	X_{18}	X_{19}	X_{20}
信息量	0.1238	-0.1606	-0.3341	-0.5009	-0.7461	-0.5678	0.3991	-0.2241	-0.2628	-0.4680
变量	X_{21}	X_{22}	X_{23}	X_{24}	X_{25}	X_{26}	X_{27}	X_{28}	X_{29}	X_{30}
信息量	0.5680	-0.0520	-0.5720	-0.0263	-0.1576	0.0241	0.2362	-0.2396	0.0905	0.3605
变量	X_{31}	X_{32}	X_{33}	X_{34}	X_{35}	X_{36}	X_{37}	X_{38}	X_{39}	—
信息量	1.1884	0.9879	0.3945	-0.1303	-0.6204	-1.2705	-0.3169	0.0239	0.2843	—

6.4.2　评价结果分析

通过上述方法取得研究区内各划分单元的信息量综合值，其取值范围为-1.2705～1.1884，数值越大，反映以上各因素对滑坡灾害发生的贡献率越大，发生滑坡灾害的易发性越大。本节将研究区易发性划分为 3 级：高易发区、中易发区和低易发区（表 6-10）。根据所划分的区段，将其表示在图 6-20 上，再利用统计学中常用的自然断点法，兼顾考虑计算结果和滑坡灾害发生的具体情况，得到芦山震区滑坡灾害分布与易发性评价图。

表 6-10　芦山震区滑坡灾害易发性区划结果表

区域	面积/km^2	面积所占比例/%	滑坡灾害/处	灾害点所占比例/%
高易发区	3467.43	8.11	412	52.69
中易发区	20382.75	47.66	325	41.56
低易发区	18914.75	44.23	45	5.75
共计	42764.93	100	782	100

通过对芦山震区滑坡灾害的实地考察，结合高精度遥感影像的解译分析，本书可得到以下结论。

(1)芦山震区滑坡灾害的分布有以下特点：①沿龙门山南段地震断裂带集中分布，即芦山地震的发震断裂——映秀-宝兴-泸定断裂，地震滑坡灾害比较发育；②沿河谷两岸斜坡集中分布，由于河谷两岸坡度较陡，切割深，斜坡岩石破碎，次生崩塌(滚石)、滑塌灾害比较发育；③崩塌、滑坡山地灾害多发生在中低山和中高山区的河谷两侧山坡上和道路的山坡一侧；④芦山地震引发的滑坡灾害主要发育于白垩系、三叠系砂泥岩，二叠系石灰岩地层及古近系—新近系砾岩半成岩地层的陡坡和陡崖上。

(2)芦山震区滑坡灾害高易发区总面积为 3467.43 km^2，仅占全区总面积的 8.11%，但有 52.69%的滑坡灾害分布在其中。该区不与低易发区相连，只与中易发区相接。高易发区的分布主要与水系形态和人口活动密切相关，是经济活动最为频繁的地区。

(3)芦山震区滑坡灾害中易发区总面积为 20382.75 km^2，占全区总面积的 47.66%。区内有滑坡灾害 325 处，占全区调查总数的 41.56%。

(4)芦山震区滑坡灾害低易发区较为分散，总面积为 18914.75 km^2，占全区总面积的

44.23%；区内灾害较少，有 45 处是水系和人烟较稀少的地区。

本节将研究结果与调查收集资料进行对比表明，计算和区划结果基本符合芦山震区的实际情况，因此证明基于 GIS 和信息量模型的滑坡灾害易发性评价方法是切实可行的，与一般的统计模型相比，信息量模型具有更高的客观性和科学性。

6.5　基于层次分析法的滑坡危险性评价

芦山震区区域地形条件十分复杂，在强降雨叠加条件下，滑坡、泥石流等地质灾害发育。近年来一些学者对雅安市雨城区等区域做了降雨诱发滑坡的研究，用统计的方法得到降雨诱发滑坡的临界值(李媛，2005；李昂 等，2007)；另有一些学者以雅安市雨城区为例，建立了区域滑坡监测与预警系统，取得初步成功(刘传正 等，2005；侯圣山 等，2007)。"4·20"芦山地震烈度大，不仅造成严重的地震灾害，同时诱发了大量的滑坡灾害，已有学者对震后防灾减灾工作提出了建议，由于震后大量的崩塌、滑坡为泥石流形成提供了丰富的物源，在强降雨条件下，极易发生泥石流灾害，加之芦山县、天全县等重灾区已有灾害记录的滑坡沟就有 29 条，因此滑坡危险性剧增(陈宁生 等，2013；陈晓清 等，2013)。

本书以芦山震区作为研究对象，建立了以 ArcGIS 为研究平台的滑坡危险性评价模型。为使评价结果更具有逻辑性、系统性，本书在借鉴已有研究成果的基础上采用层次分析法(刘涛 等，2008；王学良和李健，2013)进行研究。该方法将复杂的滑坡危险性评价问题所包含的各种因素及其内部联系分解为不同层次的要素，通过层内及层间依次、逐一进行比较，算得各要素权重。该方法为区域滑坡危险性评价提供了定量依据，较好地解决了滑坡危险性评价问题。

6.5.1　评价指标选取

首先，芦山震区隶属温湿山区，雨量充沛，研究表明，强震后滑坡的降雨触发阈值将显著降低，导致灾区滑坡风险加剧，而滑坡崩塌活动将利于滑坡灾害的发生，因此将年降水量作为该区域滑坡活动的触发因子。其次，本次地震特点为点状破裂，发震断裂为盆地内的隐伏断裂或新生断裂，今后发震可能性较大，地震还会导致部分土体孔隙压力升高，土体强度大量下降甚至局部液化，最终失稳成为滑坡物源，因此将地震烈度作为本次评价的触发因子。

根据滑坡致灾机理，导致其发生的基本因素如下：①研究区以山地地形为主，震中的芦山县北侧及宝兴县等地地形复杂，坡度多在 25°～35°，该类地形为滑坡的物质堆积及启动提供了有利的条件；②区内岩石种类较多，震中地区以泥岩、页岩、千枚岩为主，此类岩石强度低，遇水易软化，易风化堆积于沟谷，成为滑坡的物质来源；③地震区位于龙门山断裂带，且断裂带上构造变形极其复杂，岩石破碎，多崩滑，这也为滑坡提供了物质来源；④植被的根系增加了土体的摩擦力及抗剪强度，树木茂密区土壤固结较好，荒漠地区土壤易被雨水冲刷带走，成为滑坡的物质组成部分。

综上，选取坡度、地层岩性、断裂带、植被覆盖、地震烈度和年降水量 6 个因子作为滑坡危险性评价指标。

6.5.2　评价指标处理

本节对所有评价因子均进行数据标准化处理,参照王欢和丁明涛(2011)所采用的等差分级法,使用 ReClass 工具对所有 DEM 数据进行重分类,总共 5 类,不同类别分别赋予不同值(1、2、3、4、5)。以"1"表示因子影响程度小、滑坡危险性小,"5"表示因子影响程度大,滑坡危险性大(表 6-11)。

表 6-11　滑坡危险性评价指标量级

评价指标	指标分级	级数得分
坡度/(°)	0~10	1
	>40	2
	10~20	3
	20~30	4
	30~40	5
地层岩性	结合紧密的砾岩	1
	岩崩物(中粒)和山麓碎石堆	2
	半成岩和松散层(残坡积、冲洪积和冰渍层)	3
	板岩、片岩、砂页岩互层	4
	泥岩、页岩、千枚岩、粉砂岩	5
断裂带/km	>4.0	1
	3.0~4.0	2
	2.0~3.0	3
	1.0~2.0	4
	<1.0	5
植被覆盖	以针叶林、阔叶林或针阔混交林等为主	1
	以竹林、草地为主	2
	以稀疏、未成林为主	3
	以稀疏林或裸地为主	4
	以裸地或无植被为主	5
地震烈度	Ⅴ度	1
	Ⅵ度	2
	Ⅶ度	3
	Ⅷ度	4
	Ⅸ度	5
年降水量/mm	<900	1
	900~1200	2
	1201~1800	3
	1501~1800	4
	>1800	5

(1)坡度。根据研究区 1：50000 的 DEM 数据提取坡度数据。地形坡度越大，汇水越快，坡体稳定性越差，滑坡坍塌越发育，滑坡爆发的机会越多，但当坡度大于某个值时，滑坡发生的可能性减小。因此，将坡度为 0°～10°赋最小值"1"，坡度为 30°～40°赋最大值"5"。

(2)地层岩性。根据研究区 1：50000 的 DEM 数据提取地层岩性数据，岩性为砾状结构及结合紧密的砾岩，其稳定性好，不易破碎，赋值"1"；泥岩、页岩、千枚岩、粉砂岩等区域，其岩石强度低，抗风化能力弱，为滑坡灾害极高危险区，赋值"5"。

(3)断裂带。根据地质构造纲要图，对断裂构造进行矢量化，由于断裂带在图上多为线性表示。因此，利用 ArcGIS 中的 buffer 工具生成多重缓冲区，缓冲区半径为 1.0 km 以内为断裂破碎影响严重区域，赋值"5"，随着缓冲区半径扩大，影响逐渐减小。

(4)植被覆盖。根据研究区植被覆盖重分类图，以针叶林、阔叶林或针阔混交林等为主的林地，植被繁茂，根系发达，土壤的抗冲刷能力强，赋值"1"；裸地或无植被固土能力差，赋值"5"。

(5)地震烈度。根据中国地震局对本次地震圈定的地震烈度图，参照李为乐等(2013)在芦山地震滑坡预测评价中的地震烈度等级划分，将研究区分为五级，Ⅸ度为影响最严重地区，也就是本次地震的震中地区，赋值"5"，其余等级区域，地震影响严重程度逐渐降低。

(6)年降水量。雨水入渗使得岩土体的理化特性向不利方向转化，即使不立刻发生灾害，也会使岩土体饱和度增高，抗剪强度降低，随后导致斜坡失稳，为滑坡提供物质来源，因此，年降水量大的区域滑坡灾害发育。据芦山震区年降水量 DEM 数据，将年降水量大于 1800 mm 的地区赋值"5"，其余区域赋值依次减小。

6.5.3　评价指标权重计算

在滑坡危险性评价中，以芦山地震灾区泥石流危险性评价作为目标层；以导致滑坡灾害发生的基本因素及触发因素作为准则层；以坡度、地层岩性、年降水量等作为指标层，滑坡危险性评价递阶层次结构如图 6-21 所示。

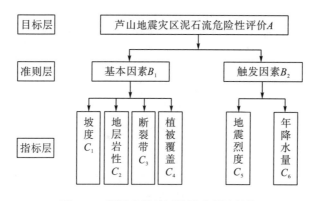

图 6-21　滑坡危险性评价递阶层次结构

通过咨询有关专家及相关学者，再结合近年来对研究区域泥石流发育特征的认识，确定指标之间的相对重要性并赋以标度值，分别得到芦山震区目标层与准则层判断矩阵 A—

B、准则层与指标层判断矩阵 B_1—C、B_2—C。

$$A—B \begin{bmatrix} 1 & 1 \\ 1 & 1 \end{bmatrix} \qquad B_2—C \begin{bmatrix} 1 & 1/2 \\ 2 & 1 \end{bmatrix} \qquad B_1—C \begin{bmatrix} 1 & 1 & 2 & 3 \\ 1 & 1 & 2 & 2 \\ 1/2 & 1/2 & 1 & 2 \\ 1/3 & 1/2 & 1/2 & 1 \end{bmatrix}$$

计算芦山震区 A—B、B_1—C、B_2—C 判断矩阵结果及一致性检验如下：

判断矩阵 A—B，$W=(0.500，0.500)^T$，$\lambda_{max}=2.0$；

判断矩阵 B_2—C，$W=(0.333，0.667)^T$，$\lambda_{max}=2.0$；

判断矩阵 B_1—C，$W=(0.308，0.331，0.234，0.126)^T$，$\lambda_{max}=4.205$；

CI=0.068，RI=0.900，CR=0.076<0.1，一致性检验通过。

计算芦山震区层次总排序结果及一致性检验如下：

CI=0.034，RI=0.450，CR=0.076<0.1，层次总排序一致性检验通过。

最后，计算出芦山震区危险性评价各指标权重，如表 6-12 所示。

表 6-12　滑坡危险性评价指标权重

评价指标	坡度	地层岩性	断裂带	植被覆盖	地震烈度	年降水量
权重	0.176	0.169	0.108	0.077	0.186	0.284

6.5.4　危险性评价结果

在 ArcGIS 平台上，采用 Krasovsky 1940 投影系统，将矢量数据转换为栅格数据，对评价因子进行属性赋值、等级划分、密度制图、重分类及栅格计算等操作。评价区域共划分栅格单元 4263758 个，利用 Spatial Analyst 的栅格数据分析功能，得到 6 个指标相应的危险性分区图（图 6-22～图 6-27）。

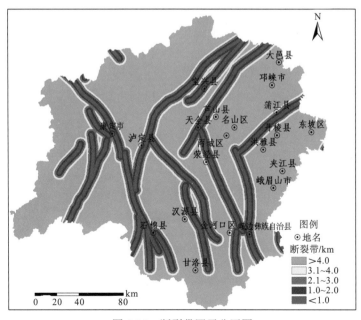

图 6-22　断裂带因子分区图

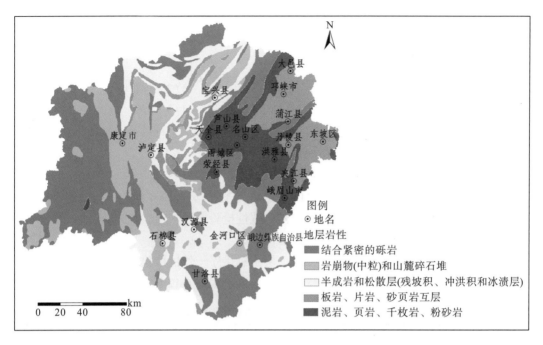

图 6-23　地层岩性因子分区图

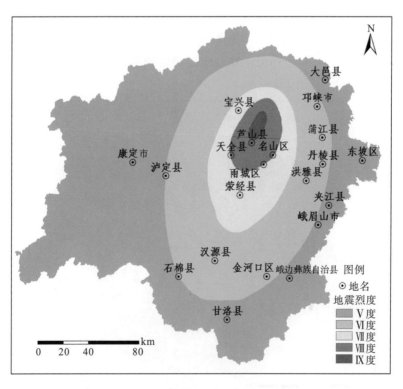

图 6-24　地震烈度因子分区图

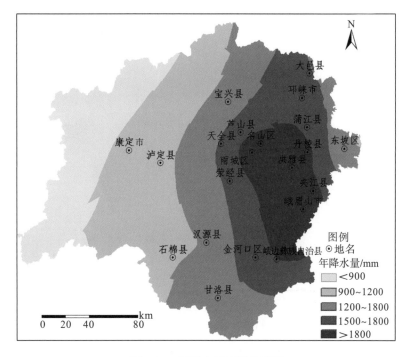

图 6-25 年降水量因子分区图

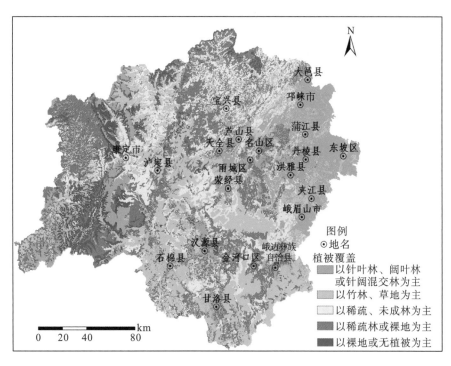

图 6-26 植被覆盖因子分区图

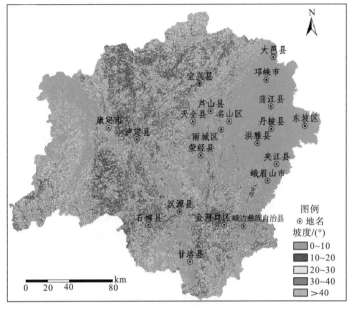

图 6-27　坡度因子分区图

采用计算模型 H=0.176×坡度+0.169×地层岩性+0.108×断裂带+0.077×植被覆盖+0.186×地震烈度+0.284×年降水量，利用 Raster Calculator 函数进行栅格代数运算，运算后的结果参考刘希林(2006)的中国山区沟谷滑坡危险度的定量判定法，确定研究区域滑坡危险等级划分标准(表 6-13)，最后得到芦山震区滑坡危险性等级分区图，如图 6-28 所示。

表 6-13　滑坡危险等级划分标准

危险等级	极高危险区	高危险区	中危险区	低危险区	极低危险区
危险程度(H)	>4.0	4.0~3.0	3.0~2.0	2.0~1.0	<1.0

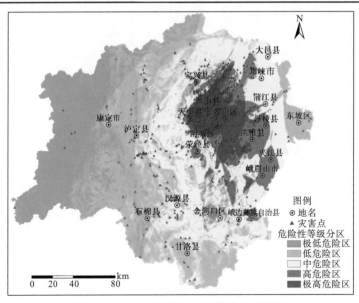

图 6-28　芦山震区滑坡危险性等级分区图

6.5.5　结果验证与分析

图 6-28 显示了芦山震区滑坡点分布情况，滑坡集中分布在芦山县、天全县、宝兴县、名山区，其余地区滑坡灾害分布较为零散。滑坡灾害集中分布区为龙门山南段地震断裂带，且区内水系发达，青衣江及其支流流经此区，河谷两岸坡度较陡，切割较深，岩石破碎，滑坡较为发育；中高山及中低山地区，沟谷较多，又有充沛的雨水，滑坡灾害发育。将研究区滑坡灾害分布特征与本次滑坡危险性分区结果进行对比，结果表明本次滑坡危险性分区与研究区实际滑坡灾害发育分布规律相吻合。

由图 6-28 可知，芦山震区滑坡灾害极高危险及高危险区较为集中。其中，极高危险区集中分布在芦山县、天全县、名山区及雨城区，占评价区总面积的 6%，该区域位于龙门山地震断裂带南段，即芦山地震的发震断裂——映秀—宝兴—泸定断裂，地震使地表岩土体松动，为滑坡提供大量物质来源；高危险区分布在洪雅县、丹棱县、宝兴县及荥经县，占评价区总面积的 11.9%，区内雨量充沛，荥经县金山站测得年降水量高达 2637 mm，居全省之冠，充沛的雨水为滑坡的发生创造了条件；中危险区分布在汉源县、邛崃市、蒲江县、大邑县及峨边县，占评价区的 30.1%；低危险及极低危险区分布在康定市、泸定县、石棉县等其余地区，占评价区总面积的 52%，区内人烟稀少，离地震震中较远，雨量少，植被覆盖较好，滑坡点少。与调查资料对比表明，模型计算结果和分区结果基本符合芦山震区的实际情况。

6.5.6　小结

(1) 6.5 节基于 ArcGIS 平台整合芦山震区各类数据、资料，建立危险性评价数据库，为评价区域的数据提供了科学依据，分析了引起滑坡灾害发生的基本因素与触发条件，将各指标数据标准化、等差分级，利用 ArcGIS 进行栅格属性赋值，最后使用 Spatial Analyst 工具进行栅格代数运算，得到芦山震区滑坡危险性等级分区图。

(2) 运用层次分析法对芦山震区滑坡灾害危险程度相关指标进行定量分析，通过各指标之间相互比较，构造判断矩阵，从而确定指标权重；再结合 ArcGIS 的空间数据处理功能，实现滑坡危险性评价。GIS 与 AHP 的结合运用可提高滑坡灾害的评价效率，使评价结果客观、合理。

(3) 利用层次分析法判别滑坡危险性是一种比较系统、合理的方法，但由于导致滑坡灾害发生的客观因素较多，选取的评价指标总不能完全反映其致灾规律，这使层次分析法的使用受到限制，且运用该方法进行震区滑坡危险性评价才刚刚开始，理论和方法还需不断完善，特别是指标权重的确定还有待进一步探讨。

6.6　基于贡献权重叠加模型的滑坡易损性评价

本书采用矢量格网数据处理方法，将芦山震区面积为 42786 km² 的区域进行规则矢量格网划分，每个单元面积为 1 km×1 km。根据上述原则，将评价区域划分为 40777 个单元网格。

6.6.1　评价指标

基于构建芦山震区滑坡灾害易损性评价指标体系的科学性、系统性、可比性、易操作性和区域性等原则,考虑了资料获取途径受限等因素,本节建立了芦山震区滑坡灾害易损性评价指标体系。本书确定了 6 个指标因子作为评价指标:人口密度、经济密度、林地覆盖率、建筑覆盖率、道路密度和滑坡灾害影响区。

6.6.2　案例应用

评价指标数据最终进入定量化评价环节的数据均以密度的形式表达。密度化表达的原因是,密度是单位面积上的某要素的数量,密度可以看作一个连续的变量,它与研究区的大小和区域位置相关,是空间数据的类型,因此易损因子的密度表达有利于其区域化,也为基于 ArcGIS 软件支持进行采样提供了可能性。

基于 GIS 和格网技术的滑坡灾害易损性评价处理流程如下:将 6 个指标因子图层划分为 1 km×1 km 的格网,计算每个格网中因子的值;使用字段计算器,将因子的值进行无量纲处理,得到量化的指标因子分布图 [图 6-29(a)～图 6-29(f)];将 6 个因子图层合并到一个新的图层上,把量化指标都加到新的图层上,使此图层包含 6 个因子的量化指标;使用上一步所建立的图层,将所有属性导出到数据表。dbf 文件中,利用 Excel 计算出评价因子的自权重和互权重(表 6-14),由表 6-14 可以看出,就易损性指标而言,评价因子权重的排列情况为建筑覆盖率>人口密度>经济密度>林地覆盖率>道路密度>滑坡灾害影响区;使用含所有量化指标的图,把自权重与互权重加到属性表里,各评价指标因子的自权重和互权重与其贡献率 [图 6-30(a)～图 6-30(f)] 相乘叠加,综合计算得到芦山震区滑坡灾害易损性区划评价结果,本书采用自然断点法分级结果作为最终的易损度区划图(图 6-30),结果表明(表 6-15)用自然断点法进行易损度区划高、中、低易损度区的面积百分比分别为 17.93%、61.54%和 20.53%。

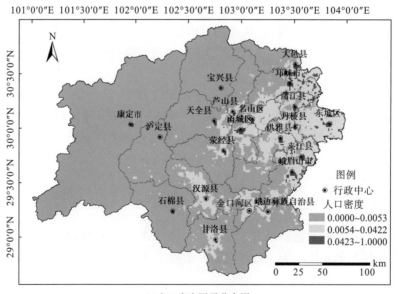

(a)人口密度因子分布图

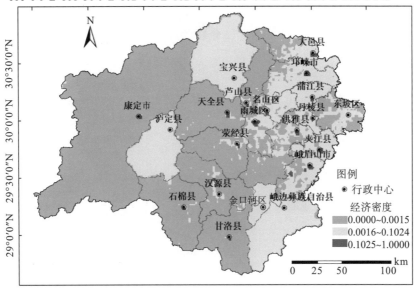

(b)经济密度因子分布图

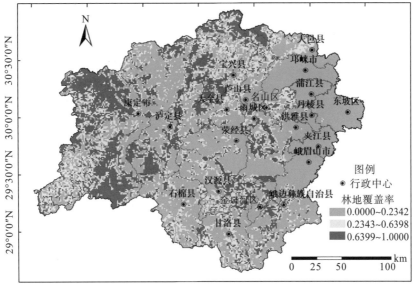

(c)林地覆盖率因子分布图

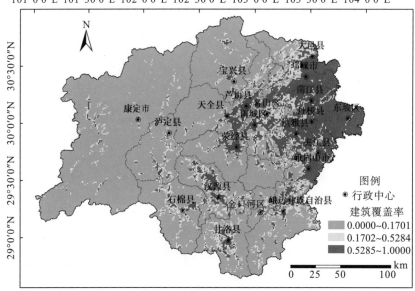

(d)建筑覆盖率因子分布图

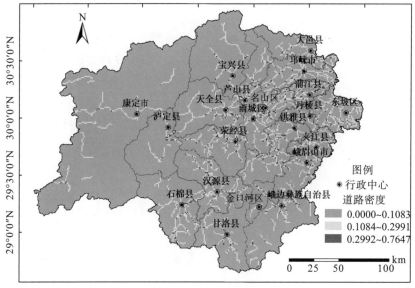

(e)道路密度因子分布图

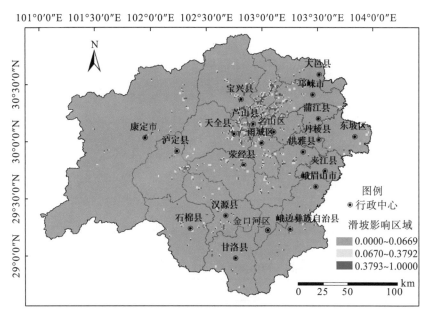

(f)滑坡灾害影响区因子分布图

图 6-29　易损性因子分布图(极值归一化之后)

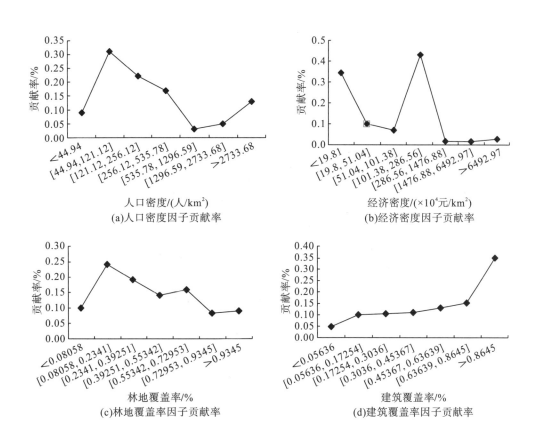

(a)人口密度因子贡献率

(b)经济密度因子贡献率

(c)林地覆盖率因子贡献率

(d)建筑覆盖率因子贡献率

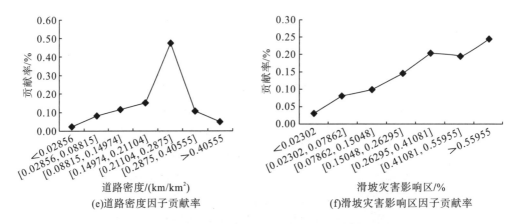

图 6-30　易损性因子对滑坡灾害易损性的贡献率曲线图

表 6-14　芦山震区易损性评价指标的权重分配

指标	自权重			互权重
	高	中	低	
人口密度	0.620	0.372	0.008	0.199
经济密度	0.644	0.340	0.016	0.188
林地覆盖率	0.647	0.339	0.014	0.176
建筑覆盖率	0.635	0.351	0.014	0.258
道路密度	0.660	0.325	0.015	0.124
滑坡灾害影响区	0.650	0.347	0.003	0.055

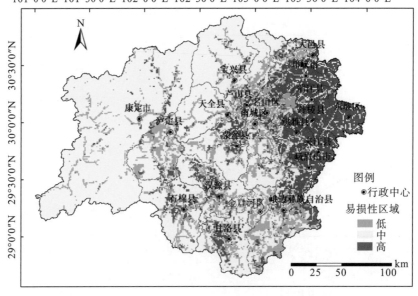

图 6-31　芦山震区滑坡灾害易损性区划评价结果图

表 6-15 芦山震区滑坡灾害易损性区划结果表

区域	面积/km²	面积所占比例/%	滑坡灾害/个	灾害点所占比例/%
高易损度区	7666.98	17.93	15	2.24
中易损度区	26316.97	61.54	39	5.82
低易损度区	8778.98	20.53	616	91.94
总计	42762.93	100	670	100

6.6.3 小结

6.6.3.1 结论

通过对芦山震区滑坡灾害的实地考察，结合遥感影像的解译分析，可得到以下结论。

（1）从芦山震区的易损性区划评价结果看（图 6-31），芦山震区滑坡灾害易损性差异显著，呈现出显著的地域性特征。将不同级别易损性分区的评价指标的分布状况进行对比（图 6-29），可以看出人口密度、经济密度、道路密度，以及建筑覆盖率与易损度的级别呈正相关关系，也就是说高易损度区人口密度高、道路通达度好，建筑密集，经济发达；林地覆盖率以中易损度区最高，说明中易损度区是芦山震区主要的林地和农田耕作区，林地覆盖率与易损度的级别呈负相关关系，说明高易损度区生态环境脆弱；反之，低易损度区生态环境较好，中易损度区是主要林地和农田耕作区，但是该区人口稀疏，经济不发达，建筑不密集；滑坡灾害影响区主要分布在中易损度区，滑坡灾害影响区的分布与人类工程活动的剧烈程度呈正相关关系，说明中易损度区近期处于高速发展期，其工程活动对生态环境的影响程度高。

（2）通过对滑坡灾害的分布情况与易损度结果进行对比，可见高易损度区、中易损度区、低易损度区分别占研究区面积的 17.93%、61.54%和 20.53%，但是滑坡灾害点所占的比例为 2.24%、5.82%和 91.94%，低易损度区的滑坡灾害点占比较高，分析其原因，是因为中、高易损度区的社会经济发展已处于饱和状态，而低易损度区处于开发阶段，人类的工程活动非常剧烈，所以对社会环境的破坏比较严重，导致较多滑坡和泥石流的发生。

6.6.3.2 讨论

由于作者知识结构的局限性和评价资料获取较困难等因素，本书研究的滑坡灾害易损性评价缺乏精确性，因此今后在以下方面有待深入研究与探讨。

（1）在数据方面，受到许多无法预知的因素的影响，研究区的一些数据很难获得，因此评价指标的完备性受到限制，缺乏房屋结构类型、房屋使用方式等信息，另外一些数据提取的工作量过大，难以在短时间内完成，如研究区的土地利用数据，这些因素都限制了数据资料的完备性，也使得理论和实践之间具有较大的差距。

（2）在评价尺度方面，本书以 GIS 格网技术为支撑，对研究区滑坡灾害易损性进行了 1 km×1 km 的评价，提高了易损性评价的精度，但是由于社会经济数据的获取仍然以县为基本单位，这在一定程度上又降低了数据的精度。

本书的易损性评价结果与实地调研结果对比表明，本书的滑坡灾害易损性评价的计算和区划结果基本符合芦山震区的实际情况，因此证明基于 GIS 和贡献权重法的芦山震区滑坡灾害易损性评价方法是切实可行的。

6.7　基于熵值法的芦山震区滑坡社会易损性评价

6.7.1　评价指标选取

根据研究的内容及资料取得的难易程度，本节以县级行政区为评价单元来进行芦山震区滑坡灾害社会易损性的评价研究。

本节综合选取了 8 个评价指标，即人口密度(X_1)、建筑覆盖率(X_2)、道路密度(X_3)、万人医院数(X_4)、万人福利院数(X_5)、万人村民委员会数(X_6)、移动电话年末用户占比(X_7)和万人学校数(X_8)。

6.7.2　案例应用

(1)原始数据经标准化和归一化处理后，应用ArcGIS软件，生成各评价指标图(图6-32～图6-39)。

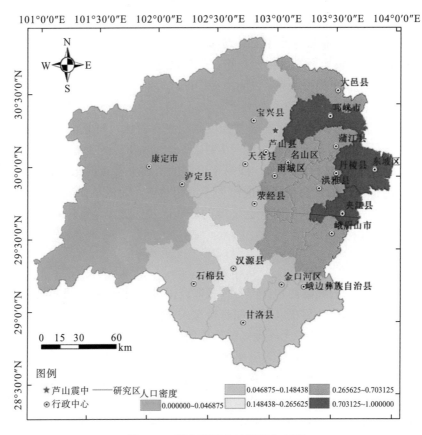

图 6-32　芦山震区人口密度分布图

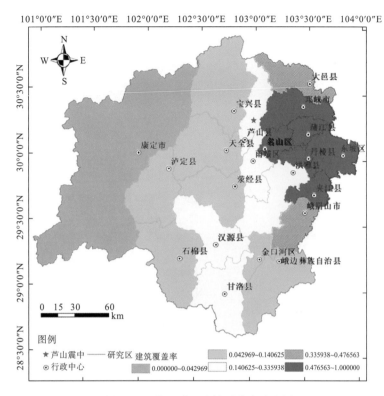

图 6-33 芦山震区建筑覆盖率分布图

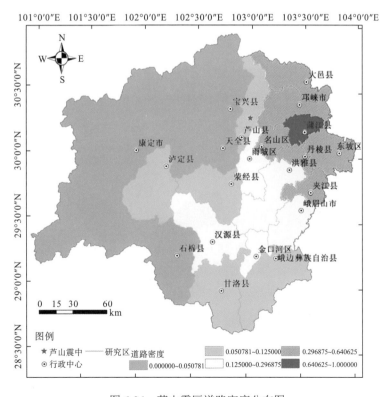

图 6-34 芦山震区道路密度分布图

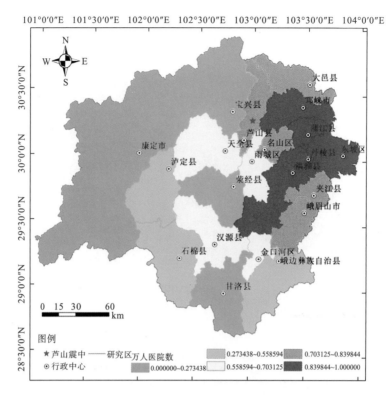

图 6-35　芦山震区万人医院数分布图

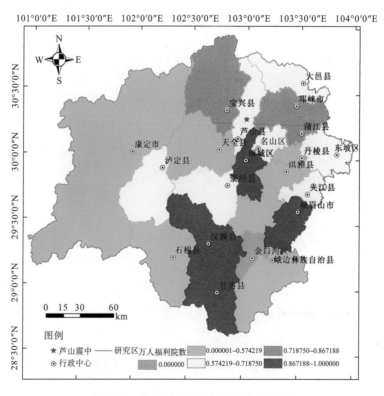

图 6-36　芦山震区万人福利院数分布图

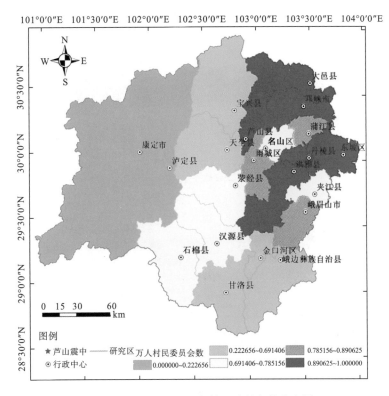

图 6-37 芦山震区万人村民委员会数分布图

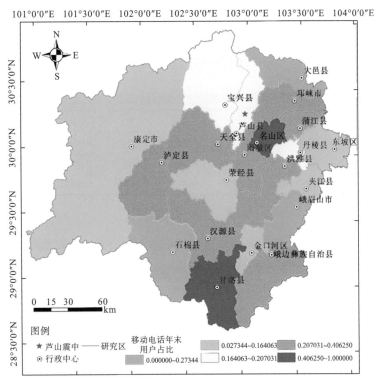

图 6-38 芦山震区移动电话年末用户占比分布图

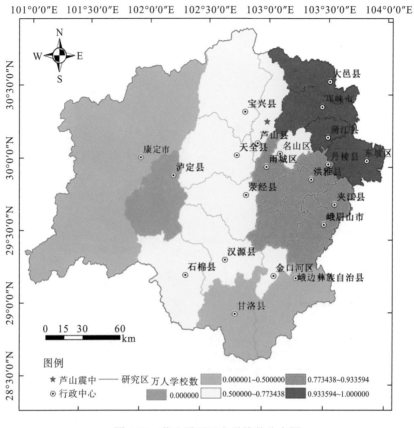

图 6-39　芦山震区万人学校数分布图

(2)对数据进行处理，分别得到各指标的信息熵值、差异系数及权重，如表 6-16 所示。

表 6-16　芦山震区滑坡社会易损性各指标的信息熵值、差异系数、权重

指标	X_1	X_2	X_3	X_4	X_5	X_6	X_7	X_8
信息熵值(e)	0.869056	0.872789	0.862746	0.957515	0.973134	0.974034	0.893428	0.96914
差异系数(g)	0.130944	0.127211	0.137254	0.042485	0.026866	0.025966	0.106572	0.03086
权重(a)	0.208458	0.202514	0.218503	0.067634	0.042769	0.041336	0.169658	0.049128

注：$k=-0.32845874$。

(3)应用 ArcGIS 软件，利用熵值综合评判法的得分公式进行权重叠加和自然断点法分类，得到研究区社会易损性区划图(图 6-40)。

6.7.3　评价结果分析

根据芦山震区各县(市、区)滑坡社会易损性评价指标图、社会易损性区划图，综合分析芦山震区的社会易损性。

芦山震区滑坡的社会易损性分级明显，将研究区分为五级，整体上随地理位置由西向东，社会易损性逐级升高(图 6-40)。其中，芦山震区滑坡低社会易损性区占总体的 **9.52%**，

包括石棉县、康定市两个县(市)；较低社会易损性区占 28.57%，包括峨边县、天全县、金口河区、荥经县、泸定县、宝兴县 6 个县(区)；中社会易损性区占 19.05%，有洪雅县、汉源县、甘洛县、芦山县 4 个县；较高社会易损性区占总体的 14.29%，包括大邑县、雨城区、峨眉山市 3 个县(市、区)；高社会易损性区占总体的 28.57%，主要包括蒲江县、名山区、邛崃市、东坡区、丹棱县、夹江县 6 个县(市、区)(表 6-17)。

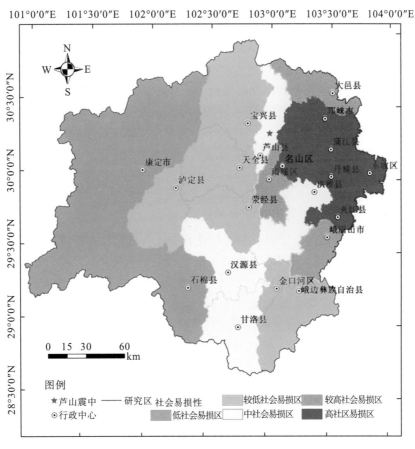

图 6-40　芦山震区滑坡社会易损性区划图

表 6-17　芦山震区滑坡社会易损性区划结果分析表

指标	低社会 易损性	较低社会 易损性	中社会 易损性	较高社会 易损性	高社会 易损性
县(市、区)个数/个	2	6	4	3	6
县(市、区)个数所占比例/%	9.52	28.57	19.05	14.29	28.57
滑坡数/处	59	253	275	73	122
滑坡所占比例/%	7.54	32.35	35.17	9.34	15.60

对芦山震区各社会易损性分区的滑坡进行统计，可得低社会易损性分区滑坡占比为 7.54%，较低社会易损性分区占比为 32.35%，中社会易损性分区占比为 35.17%，较高社会

易损性分区占比为9.34%，高社会易损性分区占比为15.60%。在地理位置上，处于西部高山高原区向东部盆地区的过渡地带的较低、中社会易损性地区的滑坡分布较多，处于西部高山高原区的低易损性地区和东部盆地区的较高、高易损性地区滑坡分布较少。

根据对数据的处理过程和滑坡社会易损性各指标的统计分析(图 6-32～图 6-38)，研究区的社会易损性具有较强的区域性特征。由于芦山震区社会易损性的评价指标凸显出其社会易损性贡献的相关关系不同，人口密度、建筑覆盖率、道路密度3个指标表现出与社会易损性分区呈正相关关系，而万人医院数、万人福利院数、万人村民委员会数、移动电话年末用户占比、万人学校数5个指标则与社会易损性分区呈现出负相关关系。具体对于各社会易损性区的分析如下所述。

(1)低社会易损性分区处于高山和高原地区，城市的发展受限，人口密度、建筑覆盖率、道路密度相对较低，同时人口密度也较低，导致万人医院数、万人福利院数、万人村民委员会数、移动电话年末用户占比、万人学校数5个指标相对较高，综合分析后认为该地区为低社会易损性分区。当该地区发生滑坡时，由于人口密度、建筑覆盖率、道路密度相对较低，相应造成的损失较少，但是同时又因为这些指标反映出的实际情况，导致这些地区对灾害的应急处理不及时，随时间的增加会加大灾害的损失，延长灾害的影响，使得区域社会易损性随时间变化。

(2)较低社会易损性分区处于低社会易损性和中社会易损性的过渡区，社会易损性评价指标处于较低区或中部区。灾害发生时，会出现类似于低社会易损性分区的情况，但是其恢复能力比低社会易损性分区稍好，同时也会较为及时地得到相应的支援。

(3)中社会易损性分区在地理位置上处于较低社会易损性分区和较高社会易损性分区的过渡地带，同时也是低社会易损性向高社会易损性的转折带。根据统计结果，该区域各项评价指标大体上处于中部水平。当灾害发生时，该区域整体上处在中部水平，需要一定的支援响应。

(4)较高社会易损性分区评价指标基本上处于中部或较高水平区。该区位于中社会易损性向高社会易损性转换的渐进阶段。各项评价指标已达到一定水平，灾害一旦发生，该区域人类社会对灾害的反应会始于一个较高的水平，自我恢复力相比高社会易损性分区相对较弱，需要相应地区给予适当的应急支援。

(5)高社会易损性分区地理位置处于盆地区，适宜城市的发展，人口密度、建筑覆盖率、道路密度相对于高山地区较为密集，同时人口密度大导致万人医院数、社会福利院数、万人村民委员会数、移动电话年末用户占比、万人学校数5个指标相对较低，因而东部盆地区为高社会易损性分区；当灾害发生时，由于人口密度、建筑覆盖率、道路密度相对较大，容易造成相对较大的损失，但是由于这些地区医疗、社会福利和人员的素质较高，随着时间增加，因为这些社会力量的介入，灾害的作用时间会被压缩在较短的时序内，使得灾害的损失降低。

6.7.4　小结

(1)芦山震区滑坡的社会易损性评价结果分级明显，与人口密度、建筑覆盖率、道路密度、万人医院数、万人福利院数、万人村民委员会数、移动电话年末用户占比、万人学校数 8 个指标关系明显。社会易损性评价区划整体上以研究区地理位置由西向东逐级递增，当灾害来临时，由于不同的社会易损性分区各评价指标表现出不同的特征，导致各区域易遭受灾害影响的程度和应对情况也不相同，将最终的研究结果与实地调研结果进行对比，显示芦山震区滑坡的社会易损性评价结果基本符合研究区的实际情况，表明熵值综合评判法在芦山震区滑坡的社会易损性研究中是切实有效的，应在今后的灾害相关研究中进行广泛的应用。

(2)对于芦山震区滑坡的社会易损性研究，是在前人的研究成果上，结合作者的知识结构，构建相应的评价指标体系和选取合适的评价模型实现的。研究中，对数据提取难易程度不同，使得数据的完备性存有缺失，数据的精度有所降低，最终使得评价的结果有所偏差，在今后的研究工作中将努力改善此类情况，希望能够为灾害防御能力的构建提供更为精确的数据指导。

(3)关于芦山震区的滑坡社会易损性评价只是从社会易损性综合评价的角度入手，所得结论对于区域灾害抵御能力的构建只是一个很宽泛的依据。要达到对区域灾害预防能力的精确构建，需要了解社会易损性的组成，进行更为精细的评价研究，最后形成一个由宏观到微观的评价管理体系，以保障区域的安全，这一切的工作还需要日后长久而深入细致的研究。

6.8 基于 GIS 的滑坡灾害风险评估

本书采用栅格数据处理方法，将芦山震区面积为 42762.93 km^2 的区域在 DEM 数据的基础上进行规则网格划分，每个单元面积为 100 m×100 m。根据上述原则，将评价区域划分为 4278407 个单元网格。

6.8.1 评价指标

(1)危险性评价指标。滑坡灾害危险性评价指标选取的基本原则是，从工程地质和环境条件的角度，尽量全面地考虑影响滑坡灾害发生的各种因素，主要分为基本因素和影响因素两类。本节确定的基本因素有坡向、坡度、地层岩性、断裂带 4 个参数；影响因素有年降水量、地震烈度和河流冲刷作用 3 个参数。

根据研究区滑坡灾害的调查资料，经过详细分析芦山震区的坡向、坡度、地层岩性、断裂带、河流冲刷作用、地震烈度和年降水量 7 个影响因素，按差异原则将其划分为若干不同状态。

(2)易损性评价指标。基于构建芦山震区滑坡灾害易损性评价指标体系的科学性、系统性、可比性、易操作性和区域性等原则，考虑资料获取途径受限等因素，本节建立了芦山震区滑坡灾害易损性评价指标体系，确定了人口密度、经济密度、林地覆盖率、建筑覆盖率、道路密度和滑坡灾害影响区 6 个指标因子作为评价指标。

6.8.2 案例应用

在本节的研究中，滑坡危险性评价采用信息量模型，滑坡易损性评价采用贡献权重叠加模型，然后应用风险公式(1-4)，获得芦山震区滑坡灾害风险度区划图(图 6-41)。

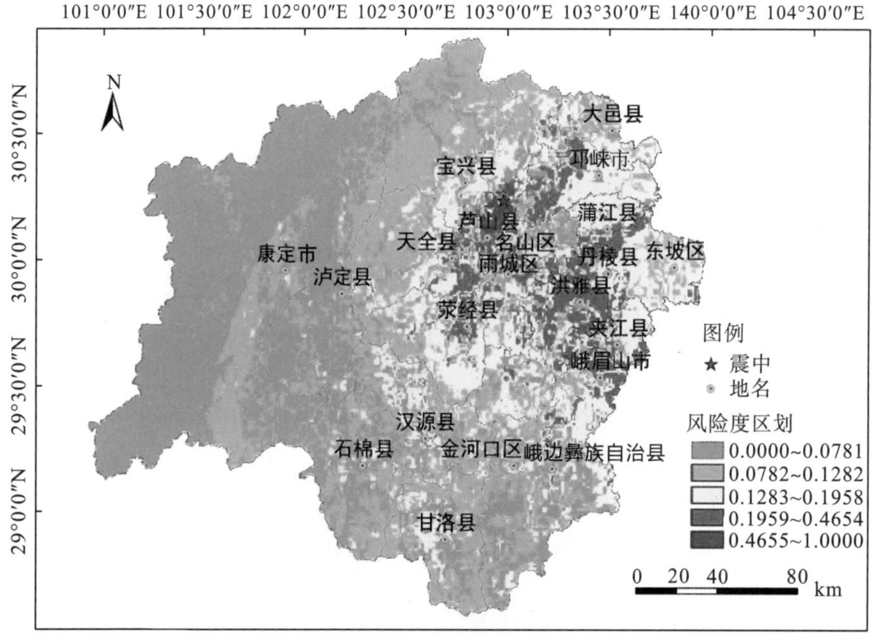

图 6-41 芦山震区滑坡灾害风险度区划图

在 ArcGIS 软件的支持下，应用信息量模型，以坡向、坡度、地层岩性、断裂带、河流冲刷作用、地震烈度和年降水量 7 个因子作为评价指标，可以获得芦山震区滑坡灾害危险度区划图；应用贡献权重叠加模型，以人口密度、经济密度、林地覆盖率、建筑覆盖率、道路密度和滑坡灾害影响区 6 个因子作为评价指标，可以获得芦山震区滑坡灾害易损度区划图；在滑坡灾害危险性和易损性评价的基础上，进行叠加分析，可以获得芦山震区滑坡灾害风险度分布图，然后采用自然断点法将其分为高风险区(0.4655～1.0000)、较高风险区(0.1959～0.4654)、中风险区(0.1283～0.1958)、较低风险区(0.0782～0.1282)和低风险区(0.0000～0.0781)5 个风险区(图 6-41)，表 6-18 为芦山震区滑坡灾害风险度区划结果表。

表 6-18 芦山震区滑坡灾害风险度区划结果表

区域	面积/km²	面积所占比例/%	滑坡灾害点/个	灾害密度/(个/100 km²)
高风险区	102.43	0.24	21	20.50
较高风险区	3529.65	8.25	84	2.38
中风险区	8378.52	19.59	100	1.19
较低风险区	15863.86	37.10	137	0.86
低风险区	14888.47	34.82	348	2.34
总计	42762.93	100	690	1.61

6.8.3 小结

综合以上分析，本书可得到以下结论。

（1）基于评价指标因子的科学性、系统性、可比性、易操作性和区域性等原则，同时考虑指标因子资料获取途径受限等因素，本节分别构建了芦山震区滑坡灾害危险性和易损性评价的指标体系。本节确定坡向、坡度、地层岩性、断裂带、河流冲刷作用、地震烈度和年降水量 7 个因子作为危险性评价指标，建立了基于 GIS 格网技术和信息量法的滑坡灾害危险性评价模型；同时，确定人口密度、经济密度、林地覆盖率、建筑覆盖率、道路密度和滑坡灾害影响区 6 个因子作为易损性评价指标，建立了基于 GIS 格网技术和贡献权重叠加法的滑坡灾害易损性评价模型；在此基础上，开展芦山震区滑坡灾害风险评价研究。

（2）芦山震区滑坡灾害风险度区划图（图 6-41）的高风险区和较高风险区面积分别为 102.43 km^2、3529.65 km^2，占全区总面积的 0.24%、8.25%，其灾害分布密度分别为 20.50 个/100 km^2、2.38 个/100 km^2（均大于芦山震区的平均值，尤其是高风险区），高和较高风险区的分布主要与人类工程活动密切相关，是人类经济活动最为频繁的地区；其他 3 个等级的风险区分布面积较大，灾害分布密度较小，原因在于中、低风险区处于社会经济待开发阶段，人类工程活动影响较小，而高和较高风险区的社会经济处于高速发展阶段，人类工程活动非常剧烈，因此对社会环境的破坏比较严重，诱发了较多滑坡灾害的发生，导致该区域的风险度偏高。

6.9　本章小结

将本章研究结果与现场调查情况和其他学者的研究结果（崔鹏 等，2013；陈晓清 等，2013；刘金龙 等，2013；兰恒星 等，2013；李成帅 等，2013；常鸣 等，2013，李为乐 等，2013）进行对比分析可知，本章研究选择的危险性评价指标和易损性评价指标是相对合理和全面的，能够综合反映芦山地震影响区滑坡灾害的风险分布情况，滑坡灾害风险评价结果基本符合"4•20"芦山震区的实际情况，具有较高的客观性和科学性，因此将基于 GIS 的芦山震区滑坡灾害风险评价模型运用于震区是切实可行的，且应用结果较理想。

但是，该评价方法需要在以下两个方面进一步深入研究与探讨。①在数据方面，受到许多无法预知因素的影响，研究区的一些指标数据很难获取，因此在评价指标的完备性方面受到限制，如易损性评价中缺乏房屋结构类型、房屋使用方式等基础数据。另外，一些数据提取的工作量过大，难以在短时间内完成，如研究区的土地利用数据更新，这些因素都限制了评价指标数据资料的完备性，也使得理论和实践之间具有较大的差距。②在评价尺度方面，本章以 ArcGIS 格网技术为支撑，将芦山震区进行规则矢量格网划分，每个单元面积为 100 m×100 m，在一定程度上提高了滑坡泥石流灾害风险评价的精度，但是，由于社会经济数据的获取仍然以县为基本单元，这在一定程度上又降低了数据的精度。

第三篇

专题示范

第 7 章　岷江上游概况

岷江上游是指岷江都江堰以上河段及其支流所覆盖的区域，包括阿坝藏族羌族自治州的汶川县、茂县、理县、松潘县、黑水县全部及大部及都江堰市的小部分地区。它位于四川盆地西北部，阿坝藏族羌族自治州东部、青藏高原东部地区，地处横断山区东缘，是四川盆周丘陵山地向青藏高原的过渡地带，位于 30°45′N～33°10′N，102°35′E～103°57′E（图 7-1）。岷江上游干流全长 330 km，流域南北长 267 km，东西宽 152 km，流域面积约为 $2.3×10^4$ km²（Ding，2013；Ding et al.，2014，2016）。

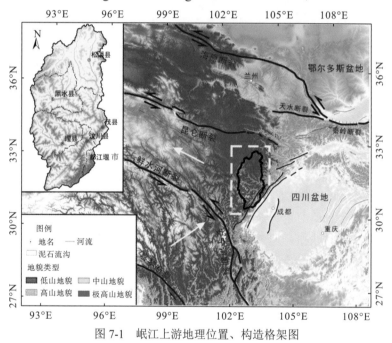

图 7-1　岷江上游地理位置、构造格架图

岷江上游是我国最大的羌族聚集地，被视作蜀文化及成都平原繁荣发展的重要生态安全屏障，是四川省自然、社会、经济与民族团结形成、演化和发展中的关键所在，亦被公认为全球性气候变化的敏感地区。从生态环境系统的角度来看，岷江上游具有脆弱性、不可逆性特征，从板块运动的角度来看，岷江上游受到各大板块的共同作用，其区域构造的基本格架十分独特。

7.1　数据来源

本章研究基础数据主要来源于以下三个方面：①基于研究区 Landsat 卫星 ETM+影像，提取研究区道路和建筑物的分布状况；②国家科技基础条件平台——地球系统科学数据共享平台(http://www.geodata.cn/)提供的社会经济统计数据、地形地貌、土地利用和地震等基础数据资料；③野外考察和遥感影像(SPOT 5，分辨率为 2.5 m 和 10 m，2009 年)解译分析获取的山地灾害等基础资料。最后进入易损性定量评价环节的所有指标因子数据，均以密度的形式来表达，之所以采用数据密度化来表达，是因为密度是单位面积上的某要素的数量，密度可以看作是一个连续的变量，它与研究区的大小和区域位置相关。具体数据内容如下所示。

(1)地形地貌数据：Google Earth 发布的 8.5 m 空间分辨率航天飞机成像雷达地形测绘(shuttle radar topography mission，SRTM)数字海拔数据(免费)。

(2)泥石流灾害数据：搜集和整理了 2014～2016 年两次对岷江上游泥石流灾害实地考察的相关资料和四川省自然资源厅 2013 年省内研究区泥石流灾害事件资料，将泥石流灾害进行归整，利用 ArcGIS 软件平台，重新矢量化每一条泥石流沟的流域面积及沟道淹没面，底图为 8.5 m 的 DEM 数据，统计出 244 条泥石流沟。

(3)降水数据：通过查阅岷江上游近年来 5 县统计年鉴数据，选取多年平均降水量为降水指标，矢量化相应的等降水线图。

(4)NDVI(归一化植被指数，normalized differential vegetation index)数据：从 2013 年 Landsat8(OLI)影像 6～8 月 30 m 分辨率影像中提取相关数据，在 ENVI 软件中进行归一化处理。

(5)人口数据：人口数据为全国第六次人口普查数据中的县级人口统计数据。

(6)土地利用数据：选取 2005 年、2009 年、2013 年多波段遥感影像作为基础数据，其中 2013 年为 Landsat8(OLI)影像，进行图像融合，得到的 2013 年(OLI)多波段影像图分辨率为 15 m，再进行图像镶嵌与裁剪，得到岷江上游 2013 年影像图，参照全国土地分类标准，在 ENVI 4.8 软件支持下，使用多波段合成标准假彩色图，肉眼识别土地类型的分布特征，对每一类土地圈定一定数量、均匀分布的感兴趣区域，再结合标准化处理的训练样本，使用最大似然法执行监督分类，将岷江上游划分为耕地、林(草)地、裸地、城乡建筑用地、冰川、水域 6 个类型。

(7)地质数据：地质数据采用 1∶20 万岷江上游 5 个县的全国地质图幅，包含地质断层数据和地层岩性数据。

(8)其他数据：岷江上游行政边界数据来源于全国县级行政界线数据。

上述所用图件的投影坐标系均采用中国 2000 国家大地坐标系(CGCS2000)。

7.2　自然环境概况

7.2.1　地形地貌

岷江上游地形极其复杂，属高山峡谷地貌，地处青藏高原与四川盆地过渡带，河谷深切，高差大，涉及平原、低山、中山、高山、极高山等地貌类型(表 7-1)。自米亚罗至镇江关为分界线，北侧为山原地貌，南侧为高山峡谷地貌，映秀—龙池一带为中山峡谷地貌。区内地势西北高东南低，地表切割由北向南加剧。一般地面海拔为 2000～4000 m，岷江水流深切岷山、龙门山、邛崃山，河谷狭窄，平均纵坡降达 10‰，水流湍急。山峰海拔为 4500～5000 m，主峰雪宝顶海拔为 5588m、四姑娘山海拔为 6250m、霸王山海拔为

5551m，最低河谷海拔约为 700m，切割深度为 800～3000 m，海拔最大高差为 5383 m。显而易见，岷江上游镇江关以下河段，属下切河谷。

表 7-1　岷江上游地貌类型分布表

地貌类型	平原	低山	中山	高山	极高山
海拔/m	200	<1000	1000～3500	3500～5000	>5000
相对高差/m	<50	50～200	>200	>500	>1000
面积/km²	335	35	13167	11108	96
面积百分比/%	1.4	0.1	53.2	44.9	0.4

　　岷江上游流域地势整体上西北高而东南低，自米亚罗至镇江关一带南北差异相对较大，故为其流域内主要的地貌分界线，北侧为山原地貌，南侧为高山峡谷地貌。流域地面平均海拔在 2000～4000 m，河谷切割密度大，呈 V 字形的狭窄谷地较为发育，岭谷间落差较大，平均纵坡降达 10‰，恶劣的地形地貌使得降雨汇集迅速，水流湍急，冲刷剧烈，增加了泥石流发生的可能。流域内多座山峰海拔在 4000 m 以上。从表 7-1 可以看出，岷江上游流域以中高山地貌为主，面积占比为 98.1%，其他 3 种地貌面积占比为 1.9%（图 7-2）。

　　外动力地质作用在海拔 3800 m 以上为冻融、寒冻风化作用，海拔 3800 m 以下为流水剥蚀、侵蚀。岷江上游河谷源头谷底较宽，而大部分河谷为峡谷，呈 V 字形，流水侵蚀作用强烈，中、下段山坡坡脚到谷坡部位成为山地灾害最易发生的地带。

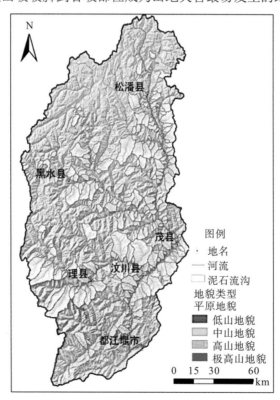

图 7-2　岷江上游地貌类型

7.2.2　地质环境

7.2.2.1　地质构造

岷江上游位于我国青藏高原东部边缘地带的川西倒三角形断块东部,它穿过了川西北高原与四川盆地过渡带的高山峡谷区域,在整个区域范围内,沟谷纵横,地表长期遭受十分强烈的侵蚀作用,最大切割深度可达 2000 多米。并且,该区恰好位于我国南北向强震带中段区,在特定的大地构造背景及强烈的地壳活动条件下,活跃断层发育,地震频发,表生崩塌、滑坡、泥石流等地质灾害实属常见。

(1)断裂构造。"5·12"汶川地震后,位于研究区东南侧的汶川—茂县断裂相继成为科学探索的热点,该断裂为一超壳深、北东向的压扭性大断裂,南起宝兴,经芦山县、耿达乡、绵虒镇,在绵虒镇分为两支,一支消失于神溪沟,另一支延至绵阳境内。研究区内典型的大型断裂有汶川—茂县断裂和映秀断裂,这两条大型断裂均为压扭性斜冲断层。

(2)褶皱构造。岷江上游在区域上十分醒目的是北东—南西向延展的龙门山褶皱带,它主要由一系列褶皱和叠瓦式断裂组成(图 7-3)。区内东南侧为彭灌复背斜,该复背斜规模大,北翼发育两个次级复向(背)斜,以及一条压扭性大断层,即汶川—茂县断裂,南翼也发育一条压扭性大断层,即映秀—北川断裂。

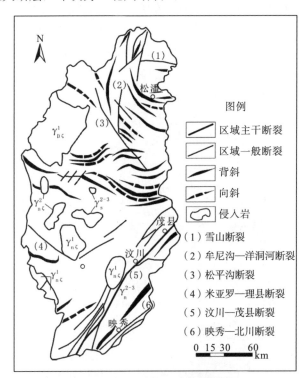

图 7-3　岷江上游区域构造纲要图

研究区内的漳腊、松潘、理县等地展布一系列由变质泥盆系、三叠系地层组成的走向为东西向的褶皱群,典型褶皱有雪宝顶倒转复背斜、磨子坪—上纳咪倒转复向斜、虎牙—蛇岗倒转复背斜、镇江关倒转复向斜等。

7.2.2.2　地层岩性

岷江上游出露地层较完整，不同分区在岩性、层序、沉积古地理等方面有较大差异，根据前人的地质调查成果，本节将岷江上游分为四个小区(图 7-4)，介绍如下。

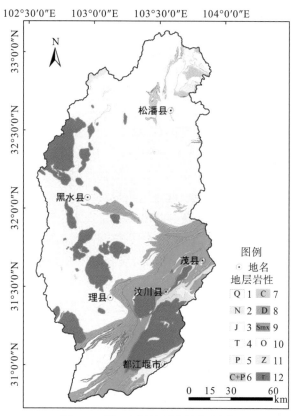

图 7-4　岷江上游地层岩性分布图

1. 第四系砾石、块石土、粉质黏土；2. 新近系砂砾石、岩屑砂岩；3. 侏罗系砂岩、泥岩；4. 三叠系泥灰岩、页岩、砂质灰岩；5. 二叠系灰岩、变钙质砂岩、砂砾岩；6. 二叠系、石炭系灰岩夹千枚岩、结晶灰岩；7. 石炭系结晶灰岩、生物碎屑灰岩；8. 泥盆系厚层灰岩、石英砂岩；9. 志留系茂县群千枚岩夹结晶灰岩；10. 奥陶系龟裂状灰岩、石英砂岩；11. 震旦系白云岩、砂岩、粉砂岩；12. 各期次侵入岩

(1)龙门山及四川盆地分区。该分区主要位于汶川—绵虒—安家坪一线的东南侧，属扬子地层区，受早古生代地壳隆起上升作用，该类地层大量缺失，自晚古生代至中生代三叠纪，地壳下降沉积了一套海相碳酸盐岩，第四纪河谷两岸和川西平原则沉积了一套冰水堆积。

该区内岩浆岩分布较为广泛，已查明有元古代、寒武纪、晚二叠世及中生代等多时代岩浆岩，出露面积约为 1800 km^2。

(2)马尔康分区。该分区主要位于茂县境内，大致以茂县—汶川—耿达一线为界，分为九顶山小区和大学塘—沟口小区。该分区属昆仑—秦岭地层区，主要是一套浅变质岩，从元古界到中生界三叠系均有出露。

该区内不间断地出露了三叠系至寒武系及第四系地层，其中志留系茂县群的千枚岩，薄层钙质砂岩居多，与下伏奥陶系宝塔组龟裂状灰岩呈平行不整合接触，赋存矿产有磁铁矿、铅、锌等。

(3)金川分区。该分区位于岷江上游理县、黑水县内，以及北侧松潘县漳腊等地，区内出露地层单一，均为轻度区域变质三叠系地层，主要岩性为变质砂岩，板岩夹薄层灰岩。

(4)昆仑—秦岭地层区、松潘分区。该分区主要位于松潘县境内，为昆仑—秦岭地层区，松潘地层区东部，区内缺失侏罗系地层，白垩系、二叠系和三叠系地层分布最广泛，志留系分布极少，第四系不发育。

7.2.3 地震概况

岷江上游地区地震活动频繁，烈度高(图7-5)。自唐朝以来，岷江断裂带发生4.7级以上地震52次，发生7.0级以上地震3次且均载入历史地震资料。例如，1976年在四川省北部松潘与平武之间，接连发生了两次7.2级的强烈地震；1713年、1933年岷江上游茂县叠溪两次7级以上的强烈地震更引起了大规模滑坡崩塌，堵塞岷江，形成了叠溪海子多处；1934年，北川发生了6.2级地震；1970年发生在大邑的地震同样达到6.2级。以上均为震源小于20 km的浅源地震。2008年5月12日14:28，龙门山主中央断裂带再次活动，诱发了震级达8.0级的浅源性地震，此后余震不断，共计发生5.7万余次，其中有299次震级达到4级以上，汶川地震造成了巨大损失，震惊了世界。

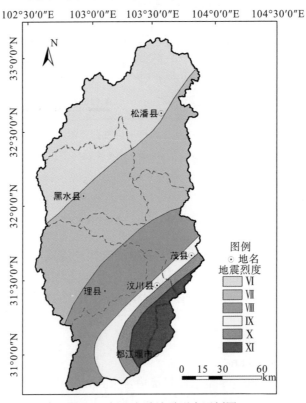

图7-5 岷江上游地震烈度区划图

7.2.4　气象水文条件

7.2.4.1　气象条件

岷江上游流域为海陆季风区向高原季风区过渡地带，由于地形复杂，高低悬殊，全年降水不均，干季雨季分明，气候具有明显的垂直、水平分异特点，整个流域可划分为 3 个典型区域。

(1)流域北部和西北部。流域北部和西北部为寒冷高原季风气候区，包括镇江关—黑水一线以北的岷江河段，年均温度为 5～10 ℃，最低气温约为-20 ℃，最高气温约为 30 ℃，常年受到的太阳辐射较强。

该区域年平均降水量为 700～800 mm，湿度大，积雪多，积雪期长达 4 个月，分别为 12 月、1 月、2 月、3 月，高山地区积雪期长达 8 个月。

(2)流域中部。岷江上游流域中部为干燥少雨的干旱河谷气候区，包括干流镇江关至汶川绵虒区间。校场至汶川一带为典型的干热风效应区，年降水量少至 500 mm，为半干旱半湿润地区，然而，汛期降水量占据全年的 85%，约有 150 天降水日。据多年气象站统计，区内年平均气温为 13.4 ℃，极高温 35.6 ℃，极低气温为-6.5 ℃，地表蒸发量大，由于雨水少，植被生长条件差，故风化剧烈，水土流失严重。

(3)流域东南部。流域东南部为汶川绵虒以下的区域，气温高，雨水多，湿度大，年平均气温为 15.0 ℃，最高气温为 30.0 ℃，最低气温为-5.0 ℃，年均降水量可高达 1600 mm，关门石最大年均降水量为 1665.5 mm，虹口乡最大年均降水量为 1547.7 mm，地表蒸发量仅为年均降水量的 1/2 倍，气候湿润，植被良好，农业发达。

从降水的地区分布来看，由于岷江上游各地的地形差异，造成各地区降水量差异极大。总的说来，汶川以上雨量较少；汶川—都江堰降雨丰沛，暴雨中心大都在渔子溪—都江堰一带，且多强降雨(图 7-6)。

整个气候条件自北向南展示出不同的变化，以 31°08′N 为界，以北地区为温带、暖温带半干旱气候区，以南地区为亚热带山地湿润、半湿润区。由于流域高差大，因此在流域内不同海拔的气候差异亦很明显，整片流域最低海拔段属于暖温带、温带等适宜气候，最高海拔段属于亚寒带、冻原带等恶劣气候。多年平均日照时数和多年平均气温如图 7-7 所示。

7.2.4.2　水文条件

岷江上游干流源自阿坝藏族羌族自治州松潘县的羊膊岭。羊膊岭至都江堰全长 340 km，流经高山、峡谷地区，水流湍急，最大流速高达 6～7 m/s，流域内海拔差约为 3 km，平均纵坡降为 9.0‰(图 7-8)。岷江上游主要河谷径流由降雨形成，并伴随着一定量的冰川融雪补给，区内年径流量十分稳定，每年径流变化量维持在相对较小的区间。在狭窄沟谷区，暴雨往往快速集聚成为短时洪水，导致汶川以下河段多洪水泛滥。

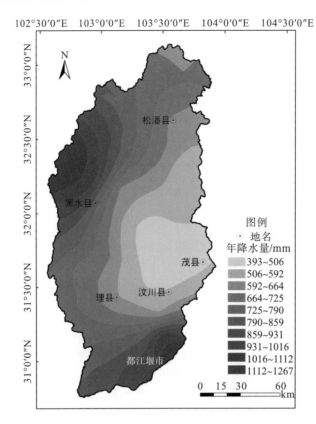

图 7-6　岷江上游多年平均年降水量

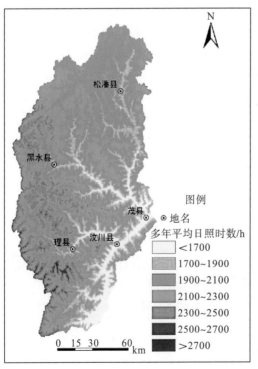

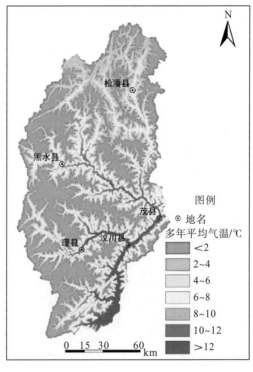

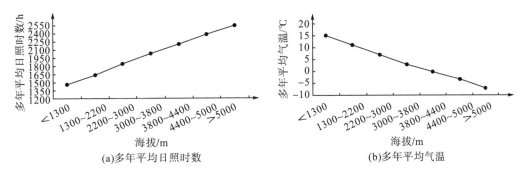

图 7-7　研究区气候特征

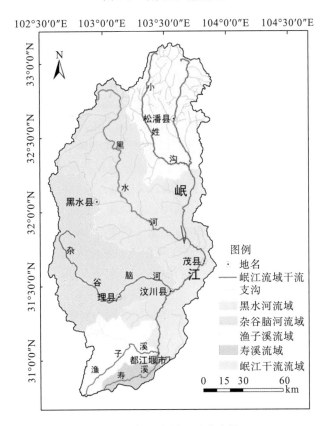

图 7-8　岷江上游河网分布图

　　研究区地下水分三类：松散岩类孔隙水、碳酸盐岩岩溶水和基岩裂隙水。根据基岩裂隙水赋存条件和岩相差异，可进一步划分为变质岩裂隙水、岩浆岩裂隙水。

　　(1)松散岩类孔隙水。岷江上游松散岩类孔隙水主要分布于岷江干流、黑水河、杂谷脑河及各支流沿岸或岸坡地带。松散岩类孔隙水分布范围较狭窄，受堆积地貌差异控制，孔隙水埋藏深度普遍较浅，一般测井涌水量小于 100 m³/d，漫滩和一级阶地测井涌水量可高达 500 m³/d，整体而言，第四系松散孔隙水富水性较好。

　　(2)碳酸盐岩岩溶水。碳酸盐岩岩溶水主要分布于震旦系灯影组、石炭系、二叠系及马尔康分区中的石炭系地层，泉流量为 1～10 L/s。在灰岩含量占比小的地区，由于夹杂大量砂、泥岩，基岩含水性差，在灰岩含量占比大的地区，基岩含水性好。

（3）基岩裂隙水。①变质岩裂隙水。赋存该类地下水的地层主要为 T_1b（菠茨沟组）和 T_2z（杂谷脑组），地层岩性为变质石英砂岩，富水性较好的构造部位有褶曲的核部，构造拉张区段及断层角砾岩带。②岩浆岩裂隙水。赋存该类地下水的地层主要为晋宁—澄江期的花岗岩。岷江上游的岩浆岩主要分布于分水岭等高山地区，风化作用强烈，在后期形成的基岩裂隙中，富水性因裂隙空间形态差异而定。

7.2.5 植被土壤

（1）植被。岷江上游植被属于泛北极植物区中国喜马拉雅植物亚区横断山脉地区的一部分。植被垂直分带明显，表现出明显的干旱河谷灌丛、温带森林、亚高山森林、亚高山灌丛、亚高山草甸等生态类型。在整体上，草地和高山草甸为岷江上游第一大植被类型，占流域面积的 32.27%，从低海拔到高海拔均有分布；灌丛是岷江上游覆盖植被的第二大类型，占流域面积的 31.85%，分为稀疏灌丛和郁闭灌丛；岷江上游的森林主要分布在卧龙自然保护区、米亚罗和干流镇江关以上区域，约占流域面积的 28.44%，其中针叶林所占比例较大；农田面积很小，仅占流域面积的 2.76%，集中分布在河道两侧，主要为河滩地和坡耕地；其他（城镇、冰雪、裸地、水体）面积为 4.68%。

（2）土壤。岷江上游土壤类型多样，整个流域分布有石质土、粗骨土、紫色土、寒漠土、寒冻毡土、寒毡土、黑色石灰土、寒棕壤、暗棕壤、酸性棕壤、棕壤、褐土、准黄壤、黄色石灰土、黄棕壤、黄壤、潜育土等。其中，暗棕壤、寒冻毡土和寒毡土所占的比例约为整个流域的 1/2 以上。同时，岷江上游水土流失严重，土壤退化加剧，地区内以自然土壤为主，可利用的耕作土壤（该区是以分布在河谷区的熟化度低的旱作农业土壤为主）占比极小，且呈减少的趋势，对山区农林牧业的发展将产生明显的制约作用，进而影响地区的发展与规划。

7.3 社会经济与人类活动

7.3.1 社会经济状况

岷江上游地区自然景色壮丽，人文景观独特，是我国最大的羌族聚居区，同时汉、藏、羌、回等多个民族共居，使该区生产生活习俗独具特色。2013 年，该区总人口约为 39.7 万人（表 7-2），其中汶川县与茂县人口分布较多，它们分别占整个流域总人口数的 25.44% 和 28.21%。其他三县占地区总人口数的 46.35%。根据地区人口密度分析，整个区域内呈现地广人稀的状态，特别是松潘县，其人口密度约为 9 人/km^2，但是整个区域并未呈现过于分散的人口分布，而是由于岷江上游特殊的地理位置和独特的自然条件，区域人口集中在河谷地区。

表 7-2 岷江上游人口状况

地区	土地面积/km²	人口数/万人	人口密度/(人/km²)
汶川县	4083	10.1	24.736710
理县	4318	4.6	10.653080
茂县	4075	11.2	27.484660
松潘县	8486	7.6	8.9559270
黑水县	4154	6.2	14.925370

注：引自《2014 年四川省统计年鉴》，其中土地面积为行政区划面积，与研究区中面积有区别。

岷江上游地区是成都经济圈向西北高原牧区经济圈的过渡地带，经济发展相对滞后，参照《2014 年四川省统计年鉴》，流域 2013 年地区生产总值为 128.3451 亿元，其中第一产业占比为 9.78%，第二产业占比为 66.12%，第三产业占比为 24.10%，整个流域以第二、三产业为主，区域产业经济的发展很不平衡。同时流域的县域经济和人均 GDP 同样也十分不平衡，如汶川县的第一、二、三产业总值占整个岷江上游地区生产总值的 39.90%，超过整个地区的 1/3，而汶川县的人均 GDP 为 48070 元，远高于岷江上游地区的平均值 32900 元(表 7-3)。岷江上游区域经济发展不平衡，区域经济与人均差异较大，在短时间内将无法消除，对于区域聚落的发展和地质灾害的防治均有着不可忽视的影响。

表 7-3 岷江上游经济状况

地区	地区生产总值/亿元	人均 GDP/元	第一产业/亿元	第二产业/亿元	第三产业/亿元
汶川县	48.6464	48070	2.5731	33.6860	12.3873
理县	18.1616	38316	1.5907	13.2266	3.3443
茂县	28.6920	27093	3.8967	19.5282	5.2671
松潘县	14.8409	20302	2.7408	5.0658	7.0343
黑水县	18.0042	29371	1.7569	13.3598	2.8875
岷江上游	128.3451	32900	12.5582	84.8664	30.9205

注：引自《2014 年四川省统计年鉴》。

7.3.2 人类工程活动

岷江上游由于地理位置、历史文化等原因，逐渐形成今天这样一个集现代都市文化、农耕游牧文化为一体的自然生态区域。区内居住民族主要为汉、羌、藏、回等，在全国范围内，岷江上游地区羌族分布最集中。据人口统计，区内人口总数为 40 多万人，以茂县人口分布最多，占到总人数的 28.2%。在各县人口密度中，茂县和汶川县由于地势较平缓，人口密度较大，占流域内总人口的 50% 以上；密度最小的为松潘县，密度为 8.96 人/km²，属典型的地广人稀地区(图 7-9)。

图 7-9 研究区人口密度分布

岷江上游人类活动频繁及人口密集区主要分布在岷江干支流河谷地区及左右两岸的阶地，尤其是沟口冲积扇地区，人类活动最为密集，各县的政治经济中心亦在此地区。据2016 年资料统计，岷江上游五县的 GDP 为 153.8 亿元，其中第二产业工业总值在区域经济体系中依旧占据着主导地位。岷江上游各县经济虽然取得快速发展，但人民需求也在不断地增多，带来了一些负面影响，基础设施修建数量剧增，矿山开挖、水电开发等造成土壤表层松动进而严重流失，使得原本就比较脆弱的地质环境越发恶化，进而导致当地滑坡、崩塌、泥石流等地质灾害时常发生等一系列连锁后果。

改革开放以来，岷江上游境内各县社会经济快速发展，人类各项需求不断增加，陡坡耕地、乱伐森林等现象普遍，基础建设日益完善，城镇改建、修路切坡、矿山开采、水电开发等活动日益增加，人类工程活动具体表现在以下方面。

(1)灌溉入渗。该区内正在大力兴建水利基础设施，高山的自来水管网老化，灌溉用水大量渗漏，周期性的地表水渗入地下岩土体，这是研究区内诱发滑坡的一个重要因素。

(2)工程建设。大量工程建设对岷江上游地区的斜坡进行表生改造，影响了斜坡内部的平衡状态，在地震作用的促进下，引发一系列地质灾害，如在开挖薛城电站引水支洞时，由于不合理开挖，在斜坡上出现拉张裂缝，斜坡正处于变形中，一旦发生滑坡，将威胁坡下 317 国道的安全运行。

(3)植被破坏。该区内生态环境破坏程度较大，即便采取了人为植树等一系列恢复生态环境的措施，增加了植被覆盖率，但由于种植的树木多以经济林为主，植被类型比较单一，对于岩土体失稳、水土流失的防治作用有限。

综上所述，长期复杂多样的地理环境，致使该区域逐渐成为岷江流域灾害多发区，特别是泥石流频发，形成了多条生态脆弱带和敏感区，恶劣的生态环境严重地影响区域工农业生产和群众生活，随着人为干扰强度和频度逐年增大，居民相对集中与土地不合理利用使区内人口与资源环境之间矛盾日益尖锐。因此，探讨泥石流灾害风险控制和聚落减灾对生态环境恢复和可持续发展有着重要的紧迫性和必要性。

第8章 泥石流易发性与危险性评价

泥石流易发性与危险性评价属于区域空间中长期预警报的范畴，是在空间上对不同区域泥石流易发与危险程度进行分级判断。自 20 世纪 70 年代起，泥石流灾害易发性与危险性评价研究兴起并逐渐发展走向成熟，国内外学者主要是从数学物理原理的角度深入研究，用数理统计模型与 GIS 技术结合对泥石流预测进行研究并应用推广，相继取得了一些具有代表意义的研究成果。

泥石流易发性与危险性评价的方法有很多，如功效系数法、逻辑(Logostic)回归分析、信息量模型、因子叠加、粗糙集理论、模糊层次分析(Fuzzy-AHP)法、神经网络、确定性系数法、数量化理论和区间数理论等。本章在合理划分栅格评价单元和子流域评价单元的基础上，采用信息量法对各评价因子进行因子量化处理，采用多因子叠加权重法确定各因子的权重，最后利用 GIS 的叠加分析工具得到最终的易发性与危险性分区，进而为后文泥石流预警预报模型的构建打下基础。

8.1 基于栅格单元的泥石流易发性评价

8.1.1 网格单元划分

网格单元在较大量空间数据叠加计算方面具有明显的优势。目前网格单元大小的选取主要取决于专家的知识与经验及原始数据的精度，特别是地形数据的分辨率是选取网格单元尺度时首要考虑的要素。

本节依据研究区原始数据精度(高分辨率 DEM)和经验公式(8-1)(李军和周成虎，2003)，最终选取 100 m×100 m 网格，将整个研究区域划分为 1237 行、2644 列，共计 3270628 个单元。

$$G_s = 7.49 + 0.0006S - 2.0 \times 10^{-9} S^2 + 2.9 \times 10^{-15} S^3 \tag{8-1}$$

式中，G_s 为适宜网格的大小；S 为原始等高线数据精度的分母。

8.1.2 指标体系建立

影响泥石流灾害形成、发展、运动和堆积的因子众多，所以选取泥石流易发性评价因子时应遵循全面性和代表性原则、易操作性和规范性原则、主导性原则和分主次原则(莫婷，2015)。在分析岷江上游山区地理环境，以及泥石流发生的数量、分布范围的基础上得出岷江上游泥石流发生与其流域地理环境关系密切，包括降水及流域地形等。因此，本节选取坡度、坡向、地形起伏度、岩性、多年平均降水量、人口密度等因子(图 8-1)。

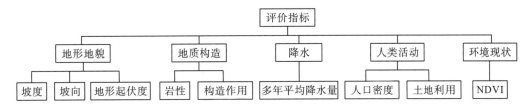

图 8-1　泥石流易发性评价指标体系

8.1.3　信息量法评价过程

信息量法评价过程：首先对所选泥石流易发性评价因子进行相关性分析，剔除干扰较大的因子，然后对逐个数据进行预处理，形成统一的栅格网格，为信息量方法的计算提供统一的数据标准。

8.1.3.1　影响因子相关性分析

为了保证各因子间相互独立且满足模型输入参数的准确性，需要对所选因子做相关性检验。运用 ArcGIS 软件中的多元分析工具计算相关矩阵，从而对初选因子进行相关性分析，得到显著性为 0.01 的各因子相关系数表。由表 8-1 可知，其中 0.2<|相关系数|<0.3 有 6 组，分别是烈度和坡度、烈度和地形起伏度、烈度和岩性、烈度和 NDVI、烈度和人口密度、烈度和土地利用。考虑到烈度对以上 6 组因子中的相关系数较大，为了防止造成信息的相互干扰与叠加而影响评价的精度，所以将烈度因素剔除。

表 8-1　各因子间的相关系数

指标因子	多年平均降水量	烈度	构造作用	坡向	坡度	地形起伏度	岩性	NDVI	人口密度	土地利用
多年平均降水量	1									
烈度	-0.16	1								
构造作用	-0.03	0.17	1							
坡向	-0.01	0.01	0.004	1						
坡度	-0.16	0.25	-0.006	-0.005	1					
地形起伏度	-0.15	0.28	-0.001	-0.003	0.18	1				
岩性	-0.007	0.27	0.006	0	0.007	0.08	1			
NDVI	-0.04	0.24	0.05	-0.02	0.22	0.2	0.08	1		
人口密度	0.05	0.33	0.06	0.03	0	0	0.11	0.05	1	
土地利用	0.08	0.27	0.07	0.005	-0.16	-0.22	-0.03	-0.22	0.08	1

8.1.3.2　评价因子信息量值确定

利用 GIS 工具，将每个因子数据进行 100 m×100 m 栅格化，计算了各因子对泥石流发生的信息量(表 8-2)。

表 8-2　泥石流易发性评价因子信息量表

影响因子	分类	信息量	影响因子	分类	信息量
降水/mm	393~506	1.03	构造作用/km	0~1	-0.36
	506~592	0.64		1~2	-0.21
	592~664	0.58		2~3	0.09
	664~725	0.10		3~4	0.11
	725~790	-0.51		>4	0.04
	790~859	-1.52	土地利用	耕地	0.11
	859~931	-1.38		林地	0.22
	931~1016	-1.36		水域	-3.96
	1016~1112	-2.13		冰原	-0.24
	1112~1267	-2.59		裸地	-0.77
NDVI	-1~0	-0.91		建筑用地	-0.17
	0~0.1	-0.61	坡向	N	0.03
	0.1~0.2	-0.72		EN	0.04
	0.2~0.3	-0.90		E	-0.06
	0.3~0.4	-0.94		ES	-0.09
	0.4~0.5	-0.71		S	0.01
	0.5~0.6	-0.45		WS	-0.03
	0.6~0.7	3.07		W	0.04
	0.7~1	-0.06		WN	0.07
岩性	T	0.00	坡度/(°)	0~10	-0.84
	r	-0.12		10~20	-0.36
	Smx	0.31		20~30	0.07
	D	0.09		30~40	0.39
	P	-0.79		40~50	0.51
	C,C+P	-0.25		50~60	-2.79
	其他	-0.18		>60	0.57
人口密度/ (人/km²)	0~30	0.04	地形起伏度/m	0~50	-5.34
	30~100	-0.68		50~200	-0.85
	100~500	-0.92		200~500	0.21
	>500	-1.26		>500	0.34

（1）NDVI 信息量。首先利用 ENVI 软件平台，按照归一化植被指数计算公式：

$$NDVI = \frac{Band4 - Band3}{Band4 + Band3} \qquad (8-2)$$

计算得到 NDVI 栅格影响，然后导入 ArcGIS 软件中根据植被指数分级标准(-1~0、0~0.1、0.1~0.2、0.2~0.3、0.3~0.4、0.4~0.5、0.5~0.6、0.6~0.7、0.7~1)进行重分类、重采样，分别统计出研究区及泥石流流域内各等级范围内的 NDVI 面积比例。

NDVI 指数直接反映区域植被情况，从 NDVI 信息量表可以看出，岷江上游泥石流的植被指数较高，其中沟道和坡面物源区有良好的植被情况，沟道上游清水区和下游堆积区植被指数较低，上游清水区海拔较高，多冰雪、苔原覆盖，植被稀少，物源少，不易发生泥石流灾害，下部堆积区海拔相对较低，人类活动干扰较大，特别是沟口堆积扇地带，建筑、公路等人类工程修建减少了植被覆盖。

(2) 地质构造缓冲区信息量。利用 ArcGIS 软件的工具箱模块中的 Spatial Analyst 缓冲区分析工具，对断裂构造图层按照不同缓冲半径(1 km、2 km、3 km、4 km、>4 km) 分析得到构造缓冲区图；将构造缓冲区要素文件转化为栅格文件，按照缓冲区等级进行重分类，然后分别统计研究区及泥石流流域内的各构造缓冲区等级范围内的面积比例。

构造作用在大于 2 km 缓冲区范围内信息量大于 0，可见对泥石流的影响主要在大于 2 km 范围内，其中 3~4 km 内对泥石流影响最大，断裂带分布较为密集的汶川—茂县断裂和映秀—北川断裂对区域的影响较大，促使该区域的岷江干流两侧多泥石流发育。

(3) 地层岩性信息量。首先根据各地层不同岩性特征将岩性分为个 7 个等级：三叠系泥灰岩、页岩、砂质灰岩(T)、各期次侵入岩(r)、志留系茂县群千枚岩夹结晶灰岩(Smx)、泥盆系厚层灰岩(D)、石炭系结晶灰岩/灰岩夹千枚岩(C/C+P)、二叠系灰岩、砂砾岩(P)、侏罗系砂岩/第四系黏土/震旦系白云岩/奥陶系砂砾石/新近系砂砾石(J/Q/Z/O/N)，将地层岩性要素转为栅格文件，按照 7 个岩性等级进行重分类，然后分别统计研究区及泥石流流域内各岩性等级范围内面积比例。

变质岩中易破碎分化的千枚岩中易形成较丰富的物源，易触发泥石流灾害发生，其中这类岩石在汶川—茂县—理县的三角地带大量分布，也使得该区域的泥石流高易发。

在岩性中志留系茂县群千枚岩夹结晶灰岩信息量最大，易发性评价因子信息量表显示，在参与计算的 9 个评价因子共 60 个类别中，信息量最高值为 3.07，最低值为-5.34。NDVI 指数(0.6~0.7)、降水量(393~506mm)、坡度(>60°) 分别占据信息量值的前三名，该范围也是泥石流灾害最易发的地区。

(4) 坡度因子信息量。利用 ArcGIS 软件的工具箱模块中 3D Analyst 中的坡度分析工具，从 DEM 数据中提取坡度地形因子，生成坡度评价因子栅格图，按照坡度分级标准(0°~10°、10°~20°、20°~30°、30°~40°、40°~50°、50°~60°、>60°) 进行重分类，然后分别统计研究区及泥石流流域内各坡度等级范围内的面积占比。

坡度在 20°~50° 的信息量大于 0，说明该范围内的坡度会触发泥石流，特别是 40°~50° 更易发生泥石流，在这种高坡度条件下，坡体不稳，风化强烈的岩体或土体在强降雨或连续降雨情况下易发生崩滑，形成坡面侵蚀。

(5) 坡向因子信息量。通过 ArcGIS 软件提取坡向和 3×3 窗口进行扫描，获取研究区坡向栅格图层，通过对坡向进行重分类，然后分别统计研究区及泥石流流域内各坡向内的面积比例。

(6) 地形起伏度。利用 ArcGIS 软件的工具箱模块中的空间分析和栅格领域计算工具，通过块统计功能计算出 5 km×5 km 范围内的地形起伏度，按照地形起伏度分级标准［平坦起伏(0~50 m)，丘陵起伏(50~200 m)，小起伏山地(200~500 m)，中起伏山地(>500 m)］进行栅格重分类，然后分别统计研究区及泥石流流域内各起伏度内的面积比例。

地形起伏度往往反映该地区的地貌情况，从信息量表可以看出，地形起伏度在 200 m 处出现两极分化，小起伏山地(200～500 m)和中起伏山地(>500m)信息量大于 0，平坦起伏(0～50m)和丘陵起伏(50～200m)信息量小于 0，可见超过 200 m 的地形起伏度对泥石流的发生有促进作用，较低的起伏度很少激发泥石流产生，并且随着起伏度升高，对泥石流的影响加大，较大的高差促使松散的物源有了较大的势能，在一定条件下，易形成较大的泥石流或滑坡灾害。

(7)降水量。通过查阅岷江上游多年降水数据，并通过矢量化降水数据得到岷江上游多年平均年降水量图，按照降水等级进行栅格化重分类，然后分别统计研究区及泥石流流域内各降水等级内的面积比例。降水因子极大地影响泥石流的信息量，与信息量呈负相关关系，其中主要表现在降水量稀少的干旱河谷地区，如校场至汶川一带为典型的干热风效应区，属半干旱半湿润区，高温少雨，植被生长条件较差，风化作用强烈，多发水土流失，也是岷江上游泥石流高易发区。

(8)人口密度。通过收集区域各乡(镇)人口数据，计算出各街道的人口密度。参照人口密度分级，将其划分为人口稀少区(<30 人/km²)、中等区(30～100 人/km²)、密集区(100～500/km²)、极密区(>500 人/km²)，进行栅格重分类统计研究区及泥石流流域内的人口密度等级内的面积比例。

人口密度对泥石流的影响较小，其中仅人口稀少区(<30 人/km²)信息量大于 0，纵观区域人口密度较大的仅分布在河谷和海拔较低的都江堰地区，该区域多位于泥石流堆积扇地区，从泥石流的易发性角度可知，地形特征不利于泥石流的发育，但针对泥石流对生命财产造成的危害而言，该区域往往是重灾区。

(9)土地类型。参考全国土地分类标准，在 ENVI 4.8 软件支持下，使用多波段合成标准假彩色图，肉眼识别土地类型的分布特征，对每一类土地圈定一定数量、均匀分布的感兴趣区域，再结合标准化处理的训练样本，使用最大似然法执行监督分类，将岷江上游划分为耕地、林地、裸地、城乡建设用地、冰川、水域 6 个类型(其中，受遥感影像精度限制，岷江上游地区的林地与草地难以区分，故划分为一类)，利用 ENVI 4.8 软件提供的监督分类工具分析结果数据，微调、修正部分不合理的兴趣区，最后得到土地利用类型的总体分类精度为 97%，Kappa 系数为 0.964，分类结果评价良好，根据分级结果进行栅格重分类，统计研究区及泥石流流域内的土地利用类型的面积比例。

土地类型中林地和耕地对泥石流的影响较大，泥石流的形成区和流通区大部分为林地，是泥石流流域内最大面积的土地类型，由于该区域人类活动影响小，主要受自然环境条件影响；耕地主要位于河流两岸阶地，受人类活动影响较强，不合理的耕作和陡坡开垦极易形成松散的坡积物，加剧泥石流的发生。区域的耕地信息量为正，说明区域泥石流的发生也有部分是由坡面侵蚀造成的。

8.1.4 评价结果与分析

将计算所得的信息量分别对应到各因子不同类别的属性表中，进而生成单因子信息量图。通过对单因子信息量叠加，得到总信息量，并利用自然断点法将信息量图重分为 5 类，按照-19.6～-6.39、-6.39～-4.5、-4.5～-1.52、-1.52～1.13、1.13～7.8 的标准，将易

发性值划分为低易发区、较低易发区、中易发区、较高易发区、高易发区，最终得到研究
区泥石流易发性评价图(图 8-2)。

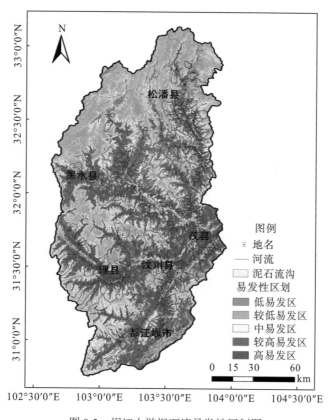

图 8-2　岷江上游泥石流易发性区划图

(1)泥石流高易发区。岷江上游泥石流高易发区面积约为 4426 km²,占总面积的 19.2%,
该区域主要集中分布在支沟沟道两侧地区且沿岷江、杂谷脑河、黑水河干流较集中分布。
各支沟沟道两侧地形起伏大,多陡坡,受河流下切作用影响,两岸边坡多卸荷裂隙发育,
受地震等强烈地质运动和极端天气影响,极易发生沟道滑坡和泥石流灾害。

(2)泥石流较高易发区。岷江上游泥石流较高易发面积约为 5266 km²,占总面积的
22.8%,该区域主要集中分布在高易发区附近及渔子溪、寿溪流域,在黑水县和松潘县西
侧均分布较广。该区域泥石流随地形起伏度的降低易发性有所降低,但区域内降水量较
大,地层岩性以千枚岩等变质岩为主,可为泥石流提供丰富的碎屑物质,因此仍易发泥
石流灾害。

(3)泥石流中易发区。岷江上游泥石流中易发区面积约为 6819 km²,占总面积的 29.5%,
中易发区面积最大,分布广泛,其中以沟道上游分布较为典型。沟道上游多为清水区,地
形多为冰雪覆盖,地形起伏度较小,受构造作用影响小,岩体的力学性质相对较好,泥石
流易发性中等。

(4)泥石流较低易发区。岷江上游泥石流较低易发区面积约为 4233 km²,占总面积的

18.3%，该区域主要分布在距主要河流较远的松潘、黑水县北部地区，从地貌上看多为高山向高原过渡地带，虽然海拔高，但区域相对高差较小，地形起伏度减小，同时由于离主要河流和断层较远，受河流、断层影响小，该区域泥石流易发性较低。

(5)泥石流低易发区。岷江上游泥石流低易发区面积约为2352 km²，占总面积的10.2%，该区域主要分布在研究区西北部红原草原地区。该区域地貌上属高原，地形起伏小，地势平坦，相对高差和坡度均小，距离断裂带距离远，地质构造趋于稳定，人口相对较少，对生态环境破坏小，所以泥石流灾害发育程度最低。

8.1.5 评价结果检验

有效性评价指标是指各级易发区中泥石流点占泥石流点总数的百分比与各级易发区面积占总面积百分比的比值，该指标能够有效地反映不同区域内泥石流发生的密度，同时有效性应随着易发性等级的提高而提高(夏添，2013)。本章利用四川省自然资源厅统计的2013年省内岷江上游地区泥石流灾害分布数据进行有效性检验。

由检验结果(表8-3)可知，高易发区有效性指标值为1.70，较高易发区有效性指标值为1.22，中易发区有效性指标值为1.01，较低易发区有效性指标值为0.38，低易发区有效性指标值为0.25，有效性指标值随着泥石流易发性等级的提高而提高，说明本书对泥石流易发性区划是准确有效的。

表 8-3　易发性评价结果有效性检验

分区类型	泥石流点数/个	泥石流点数占总数百分比/%	泥石流面积/km²	泥石流面积占总面积百分比/%	有效性
高易发区	80	32.8	4426	19.2	1.70
较高易发区	68	27.8	5266	22.8	1.22
中易发区	73	29.9	6819	29.5	1.01
较低易发区	17	7	4233	18.3	0.38
低易发区	6	2.5	2352	10.2	0.25

此外，易发性区划分布结果显示，从高易发区到低易发区主要由河谷下游堆积区向各支流上游积雪清水区过渡分布，这与当前部分学者基于流域单元的岷江上游泥石流危险性评价的分区结果较为吻合，也从研究成果方面验证了本书研究结果的合理性。

8.2　基于子流域单元的泥石流易发性评价

8.2.1　子流域单元提取

目前，泥石流易发性评价单元划分有栅格单元、地貌单元、小流域单元、均一条件单元及斜坡单元5类。栅格单元划分形状最为规则，在处理空间数据方面具有操作简单、过渡自然、运算快捷等优势，但它与地理环境条件联系不够紧密。流域单元是以基本集水地貌特征作为划分依据，考虑自然单元之间的有机整体性，比栅格单元更具科学性，更能明显体现出区内真实的地形地貌以及孕灾条件。

　　子流域是独立的集水地貌单元,泥石流灾害往往是由沟谷子流域内的地质环境相互作用造成的,子流域之间几乎不受影响,故可以将子流域看作是相互独立的、最小的孕灾系统。因此考虑到泥石流发育的影响因素及灾害分布特征,选用子流域单元作为评价单元。本节对子流域单元的划分以 D8 流向建模为依据,利用 ArcGIS 软件中的水文学(Hydrology)工具完成对子流域单元的划分,主要操作步骤(图 8-3)包括:①初始 DEM 填挖(图 8-4);②水流方向确定;③汇流累计流量计算;④栅格河网提取;⑤基本汇水单元划分(图 8-5)。

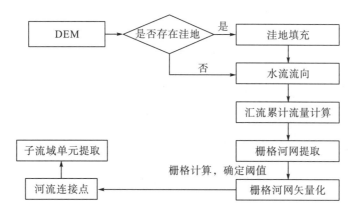

图 8-3　子流域单元提取流程图

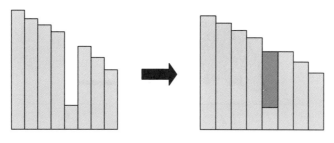

图 8-4　初始 DEM 填挖示意图

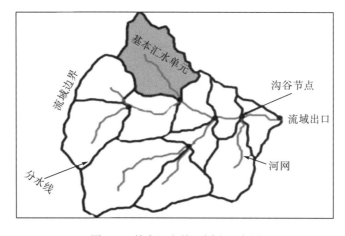

图 8-5　基本汇水单元划分示意图

提取河网时需注意阈值的大小，阈值设置得是否合理直接影响河网的分布密度及小流域的面积计算。本章选取阈值为 50000、150000、250000，分别提取了岷江上游流域河网，通过与岷江上游河流分布卫星影像对比发现：阈值为 250000 时更符合实际地形。因此采用 250000 为集水阈值提取河网和河流连接点，从而划分出如图 8-6 所示的 708 个小流域。

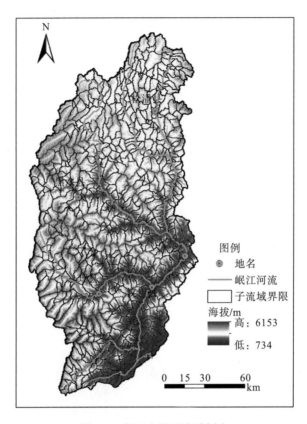

图 8-6　岷江上游子流域划分

8.2.2　信息量法评价过程

（1）单元网格的划分。依据研究区高分辨率 DEM 和式(8-1)，采用 ArcGIS 创建栅格网，选取了 100 m×100 m 的栅格单元，利用流域矢量边界裁切矩形格网，将整个研究区域划分为 1278 行、2644 列，共计 2297376 个单元(图 8-7)。

（2）评价因子的选取。在泥石流易发性评价之前，应根据研究区实际状况及获取的资料信息选择评价因子，由于影响泥石流灾害形成、发展的因子众多，并且各因子间相互联系，因此本着全面、分清主次等原则选取对泥石流灾害起控制作用的因子。参考有关泥石流易发性评价因子选取的文献，详尽分析岷江上游流域孕灾环境及泥石流发育状况、数量和分布范围，从物质基础、动力来源和人类活动三个方面，选取了平均海拔、平均坡度、地貌类别、距断裂带距离、工程岩组、流域水系密度、年降水量、NDVI 及人类活动密度 9 个评价因子，对岷江上游泥石流易发性进行研究(表 8-4)。

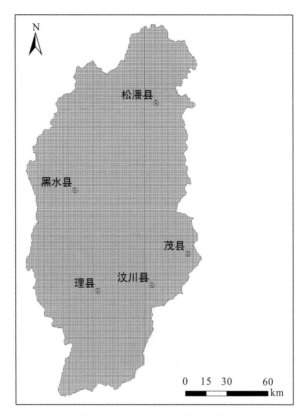

图 8-7　岷江上游流域网格图

表 8-4　评价因子及影响作用

主类	序号	评价因子	影响作用
地形地貌	1	平均海拔	地表的起伏程度
	2	平均坡度	为固态物源搬运提供势能
	3	地貌类别	灾害流通的通道
地质条件	4	距断裂带距离	地表破碎及受影响程度
	5	工程岩组	物源条件
气象水文条件	6	流域水系密度	提供物源搬运动力
	7	年降水量	主要诱发条件
植被条件	8	NDVI	影响物源补充速率
人类活动	9	人类活动密度	工程活动诱发灾害

8.2.3　评价因子信息量分级与计算

按照各个因子进行分级，并计算得到泥石流评价因子信息量值，不同评价因子划分依据不同，如岩性、地貌类型等离散型评价因子是根据野外调查和已有的标准划分，而平均坡度、年降水量、人口密度等连续性评价因子则以各分级状态下分布曲线的突变值作为划分标准。本节利用 ArcGIS 中的自然断点法进行分级，利用重分类功能将评价因子进行重分类，然后将重分类的因子与泥石流灾害点进行数据层叠加，统计各个评价因子在各级别中的灾害点数；计算其信息量值，并将信息量值赋值到对应图层的 value 属性字段中，统计泥石流比例、分级比例及信息量值，海拔分级与泥石流统计关系表和海拔信息量分布图如表 8-5 和图 8-8 所示。

表 8-5　流域海拔分级与泥石流的统计关系

海拔/m	区中灾害		研究区		信息量值
	N_i	比例/%	S_i	比例/%	
734～1800	88	27.70	89894	3.90	1.960455860
1800～2500	118	37.10	209752	9.10	1.405342556
2500～3000	85	26.70	279278	12.20	0.783227614
3000～3500	25	7.90	506609	22.10	-1.028714849
3500～4000	2	0.60	684661	29.80	-3.905334017
4000～4500	0	0	416767	18.10	0
>4500	0	0	110415	4.80	0

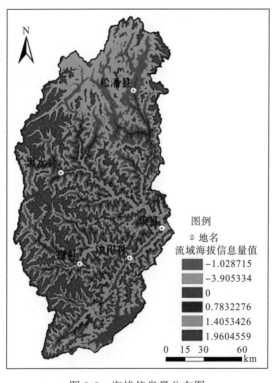

图 8-8　海拔信息量分布图

（1）平均海拔。研究区最高点位于四姑娘山主峰，最低点位于东南处的漩口地区，高差近 5300 m。以等高线生成的高精度 DEM 栅格数据为基础进行重分类，将海拔分为 7 类。从表 8-5 和图 8-8 可以看出，泥石流主要分布在海拔小于 3000 m 的范围内，且信息量值为正值，其中分布在 1800～2500 m 的泥石流灾害占总流域的 37.1%，然而面积占比为 20% 的海拔超过 4000 m 的地方几乎未见泥石流发生，信息量较小，岷江干流及其支流沿岸地区信息量值相对较大。

(2)平均坡度。以高精度 DEM 为基础,利用 ArcGIS 中的栅格表面工具生成平均坡度,并以 10°为步长进行重分类,平均坡度体现出流域内地势的起伏程度。从表 8-6 和图 8-9 可以看出,研究区内坡度信息量值普遍较低,泥石流发生所在坡面的坡度在 20°~40°的信息量值分布面积最广,约占泥石流总数的 60%,特别是 30°~40°区域,发生泥石流的占比最大,这是由于在这种坡度条件下,风化强烈的岩体或土体形成的松散堆积物受到向下的力易启动,尤其是在遭受连续降雨的情况下发生泥石流的可能性极高。在大于 40°的分区中,随着坡度增大,泥石流发生次数占比逐渐减小。

表 8-6 流域坡度分级与泥石流的统计关系

坡度/(°)	区中灾害		研究区		信息量值
	N_i	比例/%	S_i	比例/%	
0~10	14	4.40	103714	4.50	−0.022472856
10~20	50	15.70	434821	18.90	−0.18550121
20~30	102	32.10	626890	27.30	0.161969328
30~40	108	34.00	779877	33.90	0.00294551
40~50	30	9.40	278642	12.10	−0.252495763
>50	14	4.40	73432	3.30	0.287682072

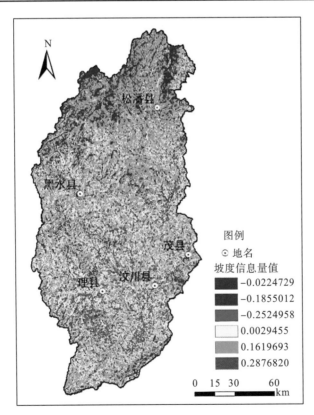

图 8-9 坡度信息量分布图

(3)地貌类别。以高精度 DEM 为基础，通过 ArcGIS 中的邻域分析工具，得到地貌类别信息量值图。结合研究区内实际起伏条件，将研究区地貌划分为 4 级。从表 8-7 和图 8-10 可以看出，研究区内超过 90%的泥石流主要发生在高海拔丘陵及小起伏中山地貌区，为高信息量值区域；河谷平原及大起伏中山地貌所占比例小，发育泥石流灾害相对较少，信息量值较低。

表 8-7　流域地貌分级与泥石流的统计关系

地貌	区中灾害		研究区		信息量值
	N_i	比例/%	S_i	比例/%	
河谷平原	9	2.80	133362	5.80	-0.7282385
高海拔丘陵	85	26.70	569976	24.80	0.073819912
小起伏中山	211	66.50	1301122	56.60	0.161192962
大起伏中山	13	4.00	292916	12.80	-1.16315081

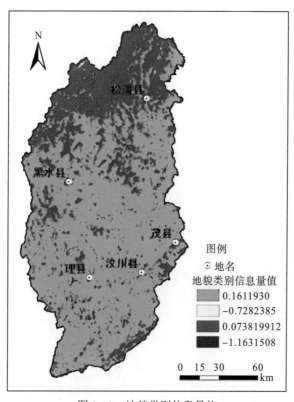

图 8-10　地貌类别信息量值

(4)工程岩组。首先根据各地层不同工程地质性质将岩组分为 7 个岩性等级，将地层岩性要素转换为栅格文件，按照 7 个岩性等级进行重分类。如表 8-8 所示，侏罗系砂岩，第四系黏土，震旦系白云岩，奥陶系、新近系砂砾石岩组分区内有一定泥石流发育，但分区占比不大，为整个岩组中的高信息量值区域。三叠系泥灰岩、页岩、砂质灰岩及志留系茂县群千枚岩夹结晶灰岩岩组两个分区是泥石流发育较为密集区，但由于分区占比较大，信息量值不高。各期次侵入岩有少量泥石流发育，但分区占比较大，泥石流发育程度较低，为整个岩组中的低信息量值区域(图 8-11)。

表 8-8　流域工程岩组分级与泥石流的统计关系

地层岩性	区中灾害		研究区		信息量值
	N_i	比例/%	S_i	比例/%	
侏罗系砂岩，第四系黏土，震旦系白云岩，奥陶系、新近系砂砾岩	28	8.80	65761	2.90	1.110040984
三叠系泥灰岩、页岩、砂质灰岩	193	60.70	1443111	62.80	-0.034011375
志留系茂县群千枚岩夹结晶灰岩	43	13.50	201279	8.80	0.427937964
各期次侵入岩	16	5.00	338804	14.70	-1.078409581
二叠系灰岩、砂砾岩	4	1.30	49058	2.10	-0.47957308
泥盆系厚层灰岩	30	9.40	156776	6.80	0.323787077
石炭系结晶灰岩/灰岩夹千枚岩	4	1.30	42587	1.90	-0.379489622

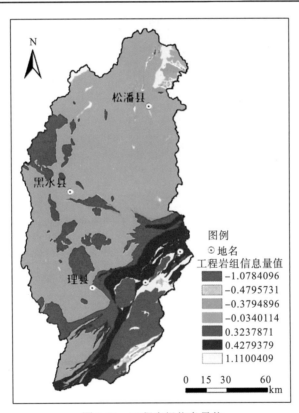

图 8-11　工程岩组信息量值

(5)距断裂带距离。岷江上游流域内主要构造作用表现为褶皱及各个断裂带，在 GIS 中以断裂构造带为中心做缓冲区处理，根据流域大小以及泥石流分布情况将距断裂带距离分为 6 级。由表 8-9 可以看出，信息量值最高出现在距断裂带距离小于等于 20 km 的范围内，信息量值最低出现在距断裂带距离大于 40 km 的范围内。从图 8-12 可以看出，在研究区中，距断裂带距离小于 10 km 的范围内发育泥石流较多，占流域发育泥石流总数的 35.80%，超过 40 km 未见有泥石流发育，说明距离较大，断裂带对泥石流发育影响较小。

表 8-9 距断裂带距离分级与泥石流的统计关系

距断裂带距离/km	区中灾害		研究区		信息量值
	N_i	比例/%	S_i	比例/%	
<10	114	35.80	726427	31.60	0.124790773
10	75	23.60	566906	24.70	-0.045556532
20	76	23.90	435180	18.90	0.234716537
30	46	14.50	323951	14.10	0.027973852
40	7	2.20	178290	7.80	-1.265666373
>40	0	0	66622	2.90	0

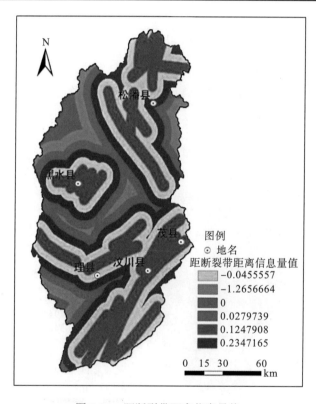

图 8-12 距断裂带距离信息量值

(6) 流域水系密度。以高精度 DEM 为基础，通过 ArcGIS 的水文提取工具提取流域河网，然后通过 Spatial Analyst 工具中的线密度分析得到水系密度栅格图，重分类为 5 类。由表 8-10 可以看出，水系密度与泥石流发育状况成正比，与分区比例成反比，信息量值呈现由低密度向高密度逐渐增加的趋势，这是由于高密度区域主要为河流干流，泥石流发育程度较高，且高密度分区占比较小，导致其信息量值高。从图 8-13 可以看出，研究区水系河网密度的信息量值各地分布差异不大，这是由于研究区内水系发育程度相近，均有不同程度的河流沟谷发育。

表 8-10　流域水系河网密度与泥石流的统计关系

河网水系密度	区中灾害		研究区		信息量值
	N_i	比例/%	S_i	比例/%	
＜0.08	1	0.30	571048	24.90	−4.418840608
0.08～0.16	40	12.60	531670	23.10	−0.606135804
0.16～0.24	144	45.30	514074	22.40	0.704246074
0.24～0.32	133	41.80	442818	19.30	0.772791244
0.32～0.6	0	0	237766	10.30	0

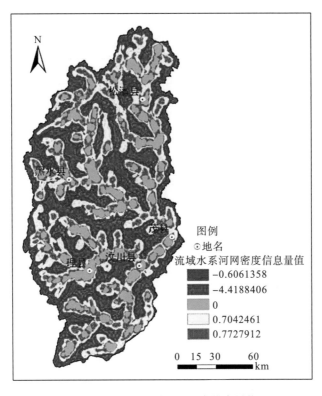

图 8-13　流域水系河网密度信息量值

(7)年降水量。从表 8-11 可以看出，降水量与信息量值整体上呈负相关关系，泥石流发育主要集中在年降水量为 506～725 mm 的地区，信息量值最高与最低对应的年降水量分别为 506～592 mm 与 1112～1267 mm。通过在气象数据网中获取历史上岷江上游多年降水数据，绘制出岷江上游多年平均降水量等值线图，利用 ArcGIS 将年降水等级重分类为如图 8-14 所示的 10 个等级。从图 8-14 可以看出，信息量值最高位于茂县附近，信息量值最低位于黑水县附近。

表 8-11   年降水量分级与泥石流的统计关系

降水量/ mm	区中灾害		研究区		信息量值
	N_i	比例/%	S_i	比例/%	
393~506	81	25.50	245010	10.70	0.868434711
506~592	74	23.30	340541	14.80	0.45382618
592~664	58	18.20	298255	12.90	0.344194283
664~725	43	13.50	290741	12.70	0.061087692
725~790	20	6.30	375623	16.40	-0.956731701
790~859	8	2.50	224044	9.80	-1.366091654
859~931	12	3.80	184033	8.00	-0.744440475
931~1016	6	1.90	136224	5.90	-1.133098465
1016~1112	13	4.10	105097	4.60	-0.11506933
1112~1267	3	0.90	97746	4.20	-1.540445041

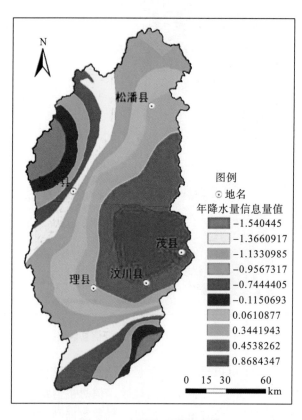

图 8-14   年降水量信息量值

（8）NDVI。通过 ENVI 软件，按照 NDVI 计算公式，计算得到 NDVI 栅格影响，在 ArcGIS 中将其重分类为 9 类。从表 8-12 和图 8-15 可以看出，岷江上游泥石流的 NDVI

较高，NDVI 与信息量值呈正相关关系，NDVI 最小值为 0～0.1，主要出现在沟道上游海拔较高，多冰雪、苔原覆盖，植被稀少的山地，同时在河流附近也出现 NDVI 较小的情况，主要是建筑、公路等人类工程修建减少了植被覆盖。但整体上岷江上游植被覆盖较好。

表 8-12　NDVI 分级与泥石流的统计关系

NDVI	区中灾害		研究区		信息量值
	N_i	比例/%	S_i	比例/%	
−1.0～0	7	2.20	27575	3.60	−0.492476485
0～0.1	3	0.90	68412	10.30	−2.437504411
0.1～0.2	10	3.10	96634	12.80	−1.402294702
0.2～0.3	20	6.30	98053	44.40	−1.952689836
0.3～0.4	34	10.70	152786	10.80	0.087861356
0.4～0.5	56	17.60	360636	6.90	0.93637749
0.5～0.6	61	19.20	644343	4.70	1.40734777
0.6～0.7	102	32.10	695207	3.00	2.370243741
0.7～1.0	25	7.90	153730	3.50	0.814099791

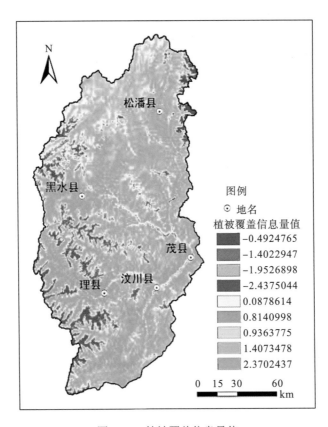

图 8-15　植被覆盖信息量值

(9) 人类活动密度。本节的研究中，人类活动密度通过人口密度来反映。通过搜集各乡(镇)人口数据，在 ArcGIS 中计算各乡(镇)人口密度，得到人口密度栅格图，并将其重分类为 4 类。从表 8-13 可以看出，人口密度从低到高，泥石流占比由高到低，0~30 人/km² 的低密度区面积较大，占到 93.10%，发育的泥石流也最多，占到 75.5%。从图 8-16 可以看出，整个岷江上游流域人口密度较小，而人口密度较大、信息量值较高的地区位于县城附近。

表 8-13　人类活动密度分级与泥石流的统计关系

人口密度/(人/km²)	区中灾害		研究区		信息量值
	N_i	比例/%	S_i	比例/%	
0~30	240	75.50	2139277	93.10	-0.209541528
30~100	61	19.20	139543	6.10	1.146621508
100~500	9	2.80	14641	0.60	1.540445041
>500	8	2.50	3915	0.20	2.525728644

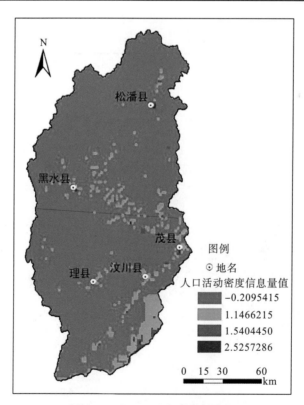

图 8-16　人口活动密度信息量值

将通过信息量模型计算得到的上述各评价因子的信息量值赋值到各自对应的 value 字段属性表中，生成得到的单因子信息量图，然后利用 ArcGIS 叠加分析工具中的栅格加权总和(选中赋值信息量的 value 字段，权重值取 1)，计算得到岷江上游流域泥石流易发性的总信息量值为-13.40172～8.55449，然后利用自然间断法按照-13.40172～-5.51563、-5.51563～-2.56608、-2.56608～0.01161、0.01161～2.62896、2.62896～8.55449 的标准重分类为 5 类，泥石流易发性总信息量图如图 8-17 所示，信息量值越大，表示泥石流发生的可能性越高。从图 8-17 可以看出，研究区高信息量值主要在汶川县和理县的交界处以及茂县的大部分地区，岷江上游干流及其支流总信息量值整体较高，研究区地势稍低的东南部的总信息量值要高于峻岭密布的西北部。

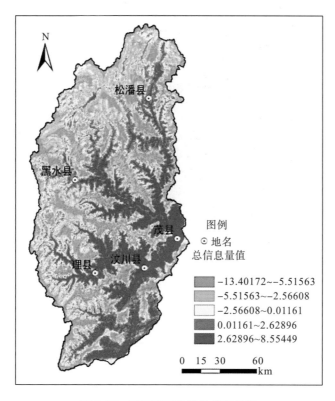

图 8-17　泥石流易发性总信息量图

8.2.4　基于子流域单元的易发性分区

以往的泥石流易发性分区直接以栅格单元划分，在实际运用中可能出现在一个泥石流沟流域中存在不同等级的易发分区，在易发分区较多时尤为明显，这将给实际生产指导带来困惑，降低了其在实际指导中的作用。为解决单沟流域分区差异的问题，本节将研究区内泥石流易发性的总信息量值以小流域为单元进行易发区等级划分。通过 ArcGIS 中区域分析里的分区统计工具，以划分的子流域单元为要素输入工具，以总信息量作为赋值栅格进行分区统计，计算得到 708 个子流域内信息量值的平均值作为该流域的易发性特征值，计算所得研究区子流域单元信息量值范围为-6.029845～5.411944，最后，对以子流域为单元的研究区易发性信息量按照自然间断法进行重分类，并划分为如图 8-18 所示的 5 类。利用 ArcGIS 的空间叠加分析工具将基于子流域单元的岷江上游泥石流灾害易发性区划图同泥石流灾害分布图进行叠加，对叠加结果进行统计分析，得到如表 8-14 所示的结果。

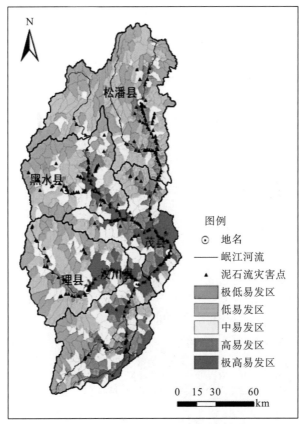

图 8-18 子流域泥石流易发性区划图

表 8-14 岷江上游泥石流灾害易发性区划统计表

指标	极低易发区	低易发区	中易发区	高易发区	极高易发区
面积/km²	5678.43	6427.07	5001.91	4225.13	2984.22
泥石流数量/条	2	7	27	163	119
栅格单元数/个	558717	653707	485660	339644	259422
占总面积比例/%	23.3	26.4	20.5	17.4	12.4

从岷江上游泥石流灾害易发性评价的区划图中可以看出,岷江上游泥石流灾害危险性总体为东部高于西部且河流控制作用明显。根据岷江上游泥石流灾害易发性区划图及统计分析结果对各易发性分区分述如下。

(1)泥石流极高易发区。岷江上游泥石流极高易发区面积在流域内分布面积最小,占总面积的 12.4%,发育典型泥石流 119 条。该区域主要集中分布在理县东南部、汶川县县城及茂县中北部地区等人类生产活动强烈的地区。水系影响灾害的发育,可以看出该区域沿岷江干流、杂谷脑河、黑水等支流呈条带状分布。各支沟沟道两侧受河流下切作用,以侵蚀地貌为主,加之该区域受汶川—茂县断裂、映秀—北川断裂以及地震等构造运动的影响强烈,地层岩性主要为千枚岩,质量较差,极易发生泥石流灾害。

(2)泥石流高易发区。岷江上游泥石流高易发区面积占总面积的 17.4%,发育典型泥石流 163 条。该区域分布情况与极高易发区类似，在茂县北部岷江干流段沿岸分布较多。区域地貌多为低山河谷，海拔主要集中在 1000 m 左右，虽然地形起伏度降低，但地层岩性依然以千枚岩等变质岩为主，第四系残坡积土层较厚，区域内突发暴雨，破碎的岩石可为泥石流提供丰富的松散堆积物质，因此仍易发生泥石流灾害。

（3）泥石流中易发区。岷江上游泥石流中易发区面积占总面积的 20.5%，发育典型泥石流 27 条。该区域主要呈带状分布在高易发区的两侧，多为沟道上游清水区，多在 1000～2000 m 的中低海拔地区，地形起伏度较小，受地质构造影响小，岩体的力学性质稳定、不易破碎，沟道松散堆积物少，泥石流易发性中等。

（4）泥石流低易发区。岷江上游泥石流低易发区在流域内分布面积最为广泛，约占总面积的 26.4%，发育典型泥石流 7 条。该区域主要分布在汶川县、理县的西部，以及距主要河流较远的黑水县北部、松潘县中部等人口密度较小的地区。地形上为高山向高原过渡地带，海拔在 3000 m 以上，再加之离主要河流和断层较远，岩性为砂质灰岩、结晶灰岩等，性质稳定，故该区域泥石流易发性较低。

（5）泥石流极低易发区。岷江上游泥石流极低易发区面积较大，占总面积的 23.3%，仅发育典型泥石流 2 条。该区域主要分布在研究区边缘，距沟道较远，如西北部的红原高原、汶川县西部及松潘县北部大部分地区。该区域地貌上多为高山极高山地貌，海拔超过 4000 m，多为流域支流发源地，几乎无断裂构造发育，加上区域人迹罕至，原始生态环境受干扰程度较小，所以泥石流灾害发育程度最低。

8.2.5　小结

本节以岷江上游流域为研究区，以子流域单元为基础，通过水文分析工具确定阈值为 250000，划分 708 个子流域，构建以平均海拔、平均坡度、地貌类别、工程岩组、流域水系密度、距断裂带距离、植被覆盖、年降水量、人类活动密度 9 个因子为指标的易发性评价体系，以信息量模型为评价方法，计算各因子信息量值，并通过因子叠加生成总信息量值，其中信息量值最高为 8.554，最低为-13.402，最后按划分的子流域分区统计生成岷江上游泥石流易发性图，结果显示：岷江上游极高易发区和高易发区面积约为 7209.35 km²，占流域总面积的 1/3 左右，该区域主要集中在岷江干流及其杂谷脑河、黑水河等支流附近，尤其是汶川县、茂县全县、理县大部、黑水县东部及松潘县西部，分布情况与泥石流灾害点分布相符，说明本节泥石流易发性区划合理。

8.3　泥石流灾害危险性评价

针对泥石流灾害危险性评价，本节采用栅格数据处理方法，将岷江上游面积约 2.3 万 km² 的区域(1：10 万 DEM)进行规则网格划分，划分评价单元为 500 m×500 m。根据上述原则，将研究区划分为 92136 个评价单元网格。

8.3.1　评价指标

评价因素选取的基本原则是，从工程地质和环境条件的角度，尽量全面地考虑影响泥石流灾害发生的各种因素，主要分为基本因素和影响因素两类。本节研究确定的基本因素有坡向、坡度、地层岩性、断裂带 4 个参数；影响因素有年降水量、地震烈度、人类工程活动和河流冲刷作用 4 个参数。

　　根据研究区泥石流灾害调查资料，经过详细分析岷江上游地区的坡向、坡度、地层岩性、断裂带、人类工程活动、河流冲刷作用、地震烈度和年降水量 8 个影响因素，按差异原则对其进行若干不同状态划分，最终确定了 40 种状态为预测变量（表 8-15）。

表 8-15　岷江上游泥石流危险性评价参数变量表

因子	类别	因素(X_i)	含有因素 X_i 的单元中发生泥石流灾害单元的面积之和/km²	含有因素 X_i 的单元总面积/km²
坡向	N	X_1	240	2696
	NE	X_2	196	3336
	E	X_3	80	4232
	SE	X_4	60	3036
	S	X_5	68	2728
	SW	X_6	56	2920
	W	X_7	112	2324
	NW	X_8	160	2416
坡度/(°)	0～10	X_9	52	1556
	11～20	X_{10}	156	5000
	21～25	X_{11}	136	3736
	26～30	X_{12}	212	4028
	31～35	X_{13}	212	3628
	36～40	X_{14}	144	2212
	41～50	X_{15}	56	1008
	51～60	X_{16}	4	40
	>60	X_{17}	4	12
地层岩性	T	X_{18}	80	3352
	C	X_{19}	608	14740
	P	X_{20}	32	704
	R	X_{21}	80	1064
	S+D	X_{22}	196	2604
	其他	X_{23}	20	752
断裂带	较弱	X_{24}	588	15044
	较强	X_{25}	216	5504
	强烈	X_{26}	168	1904
人类工程活动	较弱	X_{27}	300	11176
	较强	X_{28}	528	10016
	强烈	X_{29}	172	688

续表

因子	类别	因素 (X_i)	含有因素 X_i 的单元中发生 泥石流灾害单元的面积之和/km²	含有因素 X_i 的 单元总面积/km²
河流 冲刷 作用	较弱	X_{30}	36	13144
	较强	X_{31}	632	3272
	强烈	X_{32}	304	6108
地震烈度	Ⅵ	X_{33}	184	2904
	Ⅶ	X_{34}	360	3036
	Ⅷ	X_{35}	240	6700
	Ⅸ	X_{36}	192	9840
年降水量/ mm	<600	X_{37}	340	3688
	600~800	X_{38}	412	10604
	800~1000	X_{39}	212	5564
	>1000	X_{40}	36	1676

　　通过岷江上游的 DEM、1∶10 万地质图、地震分布、断裂带、水文、土地利用图和人类工程活动等图件，可以较为直观地确定各个划分单元区的坡向、坡度、地层岩性、河流冲刷作用和人类工程活动等影响因素的状态。结合 ArcGIS 软件的数据编辑与空间分析功能，本节采用 GIS 中的 DEM 进行坡向和坡度因子划分，得出 92136 个单元网格的坡向图(图 8-19)和坡度因子分区图(图 8-20)；分别对岷江上游地区的河流冲刷作用、地层岩性、断裂带、人类工程活动、地震烈度 5 个纸质图件进行扫描数字化得到 1∶10 万地层岩性因子分区图(图 8-21)、地震烈度因子分区图(图 8-25)、断裂带因子分区图(图 8-23)、河流冲刷作用因子分区图(图 8-24)、人类工程活动强度因子分区图(图 8-22)的数字栅格图件，并进行矢量化处理，再将得到的线性图使用拓扑处理功能转换成面图层，并向面图层各区域赋予类别，最后由矢量化的面图层转换为赋予了各图件类型的栅格图；而降水量因子分区图通过岷江上游各气象站的数据得到年平均降水量，得到的点数据再进行克里金(Kriging)插值，得到岷江上游年降水量栅格图。因此，在得到以上 8 个因子的栅格图层后，使用重分类和栅格计算功能计算各个区域包含泥石流数量与面积的信息量图，最后使用信息量模型，对坡向、地层岩性、人类工程活动、地震烈度、年降水量、坡度、断裂带和河流冲刷作用 8 个因子进行叠加，得出岷江上游泥石流危险性评价的信息量分布情况。

　　最后，结合已有的调查和收集的资料，确定出各划分单元的具体状态，计算出每种状态变量的信息量值(表 8-16)。

　　依据表 8-16 中各变量信息的取值，然后利用 ArcGIS 软件的建模功能，建立研究区泥石流危险性评价的信息量模型(图 8-27)。

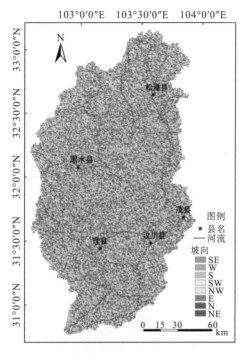

图 8-19 坡向因子分区图

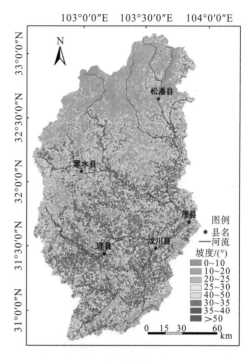

图 8-20 坡度因子分区图

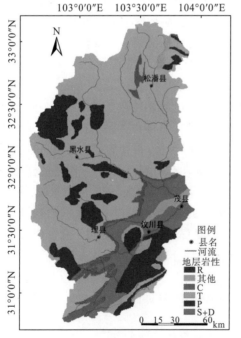

图 8-21 地层岩性因子分区图

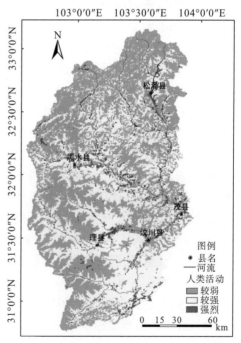

图 8-22 人类工程活动强度因子分区图

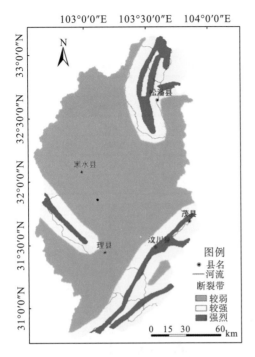

图 8-23　断裂带因子分区图

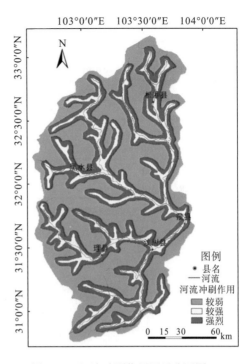

图 8-24　河流冲刷作用因子分区图

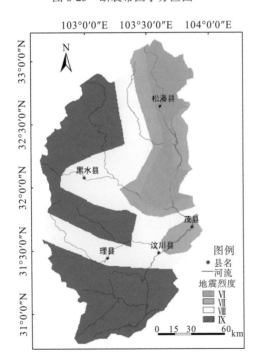

图 8-25　地震烈度因子分区图

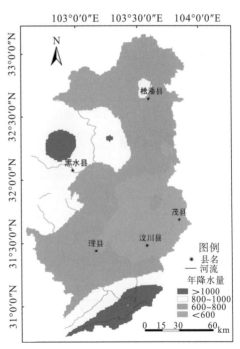

图 8-26　年降水量因子分区图

表 8-16   各预测变量的信息量计算结果

变量	X_1	X_2	X_3	X_4	X_5	X_6	X_7	X_8	X_9	X_{10}
信息量	0.0746	0.0489	−0.0421	−0.0949	−0.0672	−0.0945	−0.0592	0.1407	−0.4388	0.2461
变量	X_{11}	X_{12}	X_{13}	X_{14}	X_{15}	X_{16}	X_{17}	X_{18}	X_{19}	X_{20}
信息量	0.3479	−0.0519	−0.2062	−0.0756	−0.06656	0.0153	0.0704	0.1088	0.2176	0.1399
变量	X_{21}	X_{22}	X_{23}	X_{24}	X_{25}	X_{26}	X_{27}	X_{28}	X_{29}	X_{30}
信息量	−0.0543	−0.0154	0.1639	−0.2174	0.2806	0.1113	−0.1118	0.1469	0.2141	−0.1895
变量	X_{31}	X_{32}	X_{33}	X_{34}	X_{35}	X_{36}	X_{37}	X_{38}	X_{39}	X_{40}
信息量	0.1539	0.1761	−0.0535	−0.1902	0.1098	0.4434	0.2026	−0.1505	−0.0634	0.1555

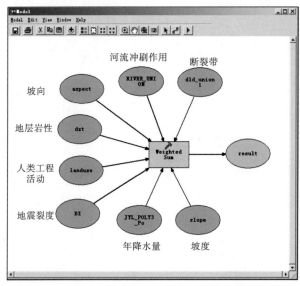

图 8-27   岷江上游泥石流危险性评价的信息量模型

8.3.2   评价结果

通过上述方法取得研究区内各划分单元的信息量综合值，其取值为−0.4388～0.4434，数值越大，反映以上各因素对泥石流灾害发生的贡献率越大，发生泥石流灾害的危险性越高。表 8-17 将研究区危险性划分为 3 级：高危险区、中危险区和低危险区。根据所划分的区段，将它们表示在图上，再利用统计学中常用的自然断点法，兼顾考虑计算结果和泥石流灾害发生的具体情况，得到岷江上游泥石流灾害分布与危险性评价图（图 8-28）。

表 8-17   岷江上游泥石流危险性区划结果表

区域	面积/km²	面积所占比例/%	泥石流/条	泥石流所占比例/%
高危险区	5216.28	22.43	190	78.42
中危险区	11763.53	50.58	51	20.12
低危险区	6276.39	26.99	5	1.46
总计	23256.20	100	246	100

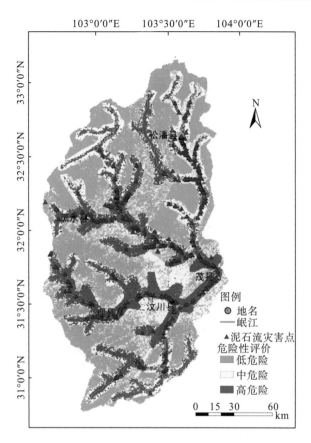

图 8-28　岷江上游泥石流灾害分布与危险性评价图

8.3.3　小结

结合岷江上游地区的实际情况，通过研究可得到以下结论。

（1）岷江上游泥石流灾害高危险区总面积为 5216.28 km²，占全区总面积的 22.43%，但有 78.42% 的泥石流灾害分布在其中。该区不与低危险区相连，只与中危险区相邻。高危险区的分布主要与水系形态和人口活动密切相关，是经济活动最为频繁的地区。值得注意的是，岷江上游五县县城和干温河谷区（主要位于松潘镇江关以下，黑水河西尔以下，理县杂谷脑镇以下，汶川县绵虒以上广大地区）基本都在高发区里。

（2）中危险区总面积为 11763.53 km²，占全区总面积的 50.58%。区内有泥石流灾害点 51 处，占全区调查总数的 20.12%。

（3）低危险区较为分散，总面积为 6276.39 km²，占全区总面积的 26.99%；区内灾害较少，只有 5 条泥石流，是水系和人烟较稀少的地区。

本节研究结果与调查收集资料对比表明，计算和区划结果基本符合岷江上游的实际情况，因此证明基于 GIS 和信息量模型的泥石流危险性评价方法是切实可行的，与一般的统计模型相比，信息量模型具有更高的客观性和科学性。

8.4　泥石流沟谷发育趋势分析

8.4.1　泥石流灾害特征及发育程度

岷江上游地势险峻，区域内河流密布且切深大，山峰高耸，地质构造复杂，再加上山区地带雨水骤降且聚集较快，气候变化波动较大等因素，导致研究区内地质灾害频繁且严重，其中尤以泥石流、滑坡灾害最为显著。研究发现，不同地区、不同地质条件下发育泥石流的数量具有显著差异，泥石流沟自身的特征也决定着泥石流的发育程度及形成规模等，然而不同地貌下泥石流沟具有不同形态，因此认识并掌握岷江上游泥石流的分布规律，以及沟谷形态、发育程度等对后续泥石流的评价、防治及预警预报具有一定的意义。

(1)泥石流灾害分布概况。泥石流是岷江上游发育的主要地质灾害类型之一。据现有资料统计，研究区目前共有隐患点 2778 处，其中泥石流 770 条，占总数的 27.7%。岷江上游发育具有代表性的泥石流沟 246 条，在空间上有相对集中和呈"叶脉状"展布的规律。岷江上游泥石流灾害点主要分布在杂谷脑河流域、镇江关流域、黑水河流域及岷江干流流域(图 8-29)，其中以岷江干流流域最多，其次是杂谷脑河流域、镇江关流域、黑水河流域，南部的渔子溪流域和寿溪流域仅有极少的泥石流分布(图 8-30)。

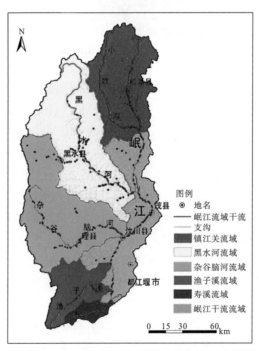

图 8-29　岷江上游泥石流灾害点分布图

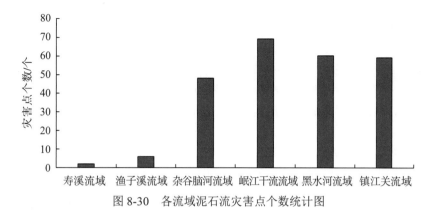

图 8-30　各流域泥石流灾害点个数统计图

　　利用 ArcGIS 密度分析工具中的点密度分析，以泥石流灾害点为输入要素，选择邻域半径为 3 km，绘制岷江上游泥石流灾害点密度图(图 8-31)，根据制图结果将泥石流灾害的分布密度分为 4 个等级：极低密度分区(0～0.06 个/km^2)、低密度分区(0.06～0.2 个/km^2)、中密度分区(0.2～0.3 个/km^2)、高密度分区(0.3～0.9 个/km^2)，整个流域的泥石流灾害点分布密度为 0.96 个/km^2。从图 8-31 可以看出，松潘县、茂县、黑水县的泥石流灾害点数量及密度较高，理县、汶川县的泥石流数量及密度较低。空间分布有如下特征：泥石流成灾范围主要为沟口冲积扇，该地区人类活动频繁，河流下切造成地应力释放，再加上小冲沟不断冲刷，岩体稳定性降低；泥石流灾害点在大断裂附近发育较多，如映秀断裂、松坪沟断裂等使得汶川、茂县、松潘三县泥石流灾害多发。

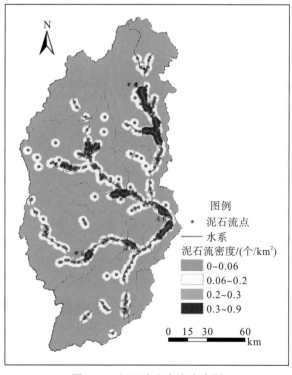

图 8-31　泥石流灾害点密度图

(2)泥石流灾害特征。岷江上游地质灾害分布广泛、多种地质灾害均有发生,地质条件复杂,地质灾害也是由地震、地质构造等多种因素共同作用造成,流域内 5 个县的不同地区的人类分布程度和活动强度亦存在明显差异,这使得地质灾害的分析评价和预警预报工作极为复杂。因此,对泥石流沟本身灾害特征进行系统的研究具有重要意义,尤其是泥石流多发地带,很有必要弄清泥石流沟的形态特征,为后续的研究及灾区恢复治理工作提供实际依据。

(3)沟谷形态特征。岷江上游流域内泥石流按其沟谷形态特征可分为河谷型、沟谷型和坡面型三类,其中沟谷型泥石流在整个流域中最为常见。岷江主干流河谷及各支沟形态多为狭窄的 V 字形谷(图 8-32),如理县木城沟、甘溪沟等,由于地形落差大,在高势能的作用下,水产生强烈的侵蚀性。

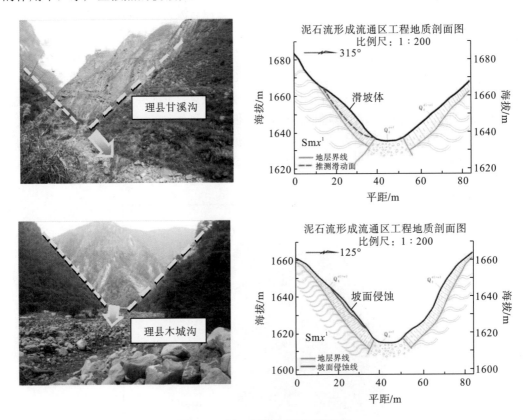

图 8-32　岷江上游典型泥石流沟谷

河谷型泥石流主要发生在河谷、沟口冲积扇等地区,这类地区固体物源丰富,而且沟谷中较大的坡降为泥石流发生提供了势能,使得流速较快、破坏程度较高,如已发生且造成危害的桃关沟泥石流、七盘沟泥石流、茶园沟泥石流等都属于此类泥石流。沟谷型泥石流主要分布在中低山之间的沟谷地带,这类地区处在两山之间,地形较陡、有利于降雨产生汇流、固体碎屑物源丰富,泥石流发生频繁,如典型的黑水县色尔古沟等。坡面泥石流主要是由强降雨引发的地表径流混合着松散堆积物产生的,流域区内此类泥石流相比典型的沟谷型、支沟群发型泥石流较少。

（4）流域面积特征。流域面积反映流域内松散物质储量和汇流情况。通常流域面积与流域内松散物质的储量成正比，即往往流域面积越大，所能储存的松散物质就越多，而松散物质储量又决定着泥石流沟口处的最大冲出量及破坏威力，与整个泥石流活动密切相关。

本章研究搜集、整理了流域内发生过的典型的 244 条泥石流沟，在 ArcGIS 软件中，以分水岭为界矢量出 244 条泥石流沟的流域面积（图 8-33），并将流域面积与泥石流沟数量进行统计分析（表 8-18、图 8-34），获得了以下主要认识：岷江上游最大流域面积的泥石流沟为理县卡子村泥石流，面积为 205 km²，最小为松潘县虹桥关泥石流，面积仅 0.338 km²，大于 100 km² 的泥石流沟有 7 条；流域面积多集中分布在 5～15 km²，共有 86 条泥石流沟，占总数的 35.2%；根据图 8-33 分析可知，流域面积与沟道数量的分布较分散，岷江上游泥石流沟的流域面积与沟道的数量存在相关性，即往往流域面积越小，发生泥石流的数量越多。

表 8-18　泥石流流域面积与沟道数量的统计关系

流域面积(S)/km²	0.5～5	5～15	15～30	30～45	45～60	60～75	75～100	>100
泥石流沟道数(N)/条	54	86	37	28	12	11	6	7

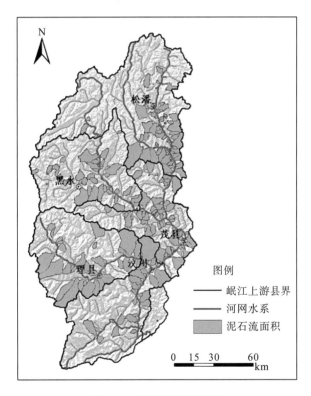

图 8-33　泥石流沟面积图

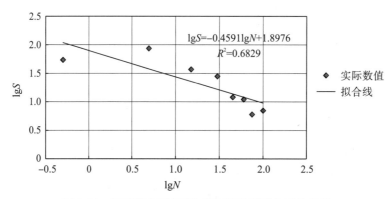

图 8-34　泥石流流域面积与泥石流沟道数的对数关系

（5）沟道长度特征：泥石流主沟长度决定着泥石流的流程，主沟越长，在发生强降雨时沿途接纳的松散物质越多，使得泥石流本身蕴含的能量和破坏力随之变大。

本节统计岷江上游 244 条泥石流沟道长度，并将沟道长度与沟道数量做双对数统计分析（表 8-19、图 8-35），得到流域内 244 条典型泥石流沟的主沟长度多小于 15 km，有 124 条泥石流沟的长度集中分布在 1～5 km，占流域内泥石流总数的 50.8%，其中沟道最长的为理县县城附近的毕棚沟泥石流，长度约为 69.8 km，沟道最短的为茂县龙坪村泥石流，长度仅为 0.31 km，沟道长度与泥石流条数呈负相关关系。

表 8-19　泥石流沟道长度与数量的统计关系

沟道长度(L)/km	1～3	3～5	5～7	7～9	9～11	11～13	13～15	15～20	>20
泥石流沟道数(N)/条	61	63	39	23	18	12	9	6	6

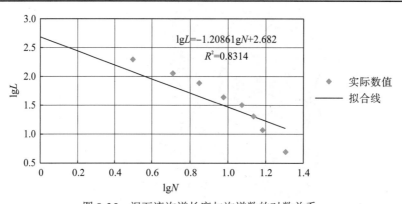

图 8-35　泥石流沟道长度与沟道数的对数关系

（6）泥石流沟发育程度。研究区内泥石流发育数较多，并且不同区域地质环境下泥石流的发育程度差异较大，所以在评价岷江上游泥石流易发性和构建预警、预报模型之前，对流域内泥石流沟的发育程度进行研究具有实际意义。采用熵值确定各因子的变异性，应用熵权法评价泥石流发育程度，变异性越大，表明各因子对泥石流发育程度的影响越大。结合岷江上游情况，选择流域面积、流域高差、主沟纵坡降等 11 个因子指标，通过沟谷所处地貌形态将研究区划分为 5 个泥石流沟发育阶段（表 8-20），最后结合计算结果在

ArcGIS 中得到岷江上游 244 条典型泥石流沟的发育阶段图(图 8-36)。

表 8-20　泥石流沟发育阶段划分标准

E	地貌形态特征	沟谷发育阶段
$E>0.4$	侵蚀强度很弱，沟槽内地质结构基本稳定	老年期
$0.3<E<0.4$	侵蚀强度微弱，可见松散物质堆积，地表起伏较小	壮年偏老年期
$0.2<E<0.3$	侵蚀中等，水系较少，地表以凹形坡为主	壮年期
$0.111<E<0.2$	侵蚀较强，水系扩张，地表由凹向凸转变	壮年偏幼年期
$E<0.111$	侵蚀剧烈，水系扩散，分支较多，地表以凸形坡为主	幼年期

图 8-36　岷江上游泥石流沟发育阶段

熵权法赋权步骤如下所示。

①数据标准化。对影响泥石流沟发育程度的各个评价因子进行离差标准化处理；假设给定了 k 个指标 $X_1, X_2, \cdots, X_k$，其中 $X_i = \{x_1, x_2, \cdots, x_n\}$，$n$ 为样本个数；$Y_1, Y_2, \cdots, Y_k$ 设为各评价因子标准化后的值，离差标准化公式如下所示：

$$Y_{ij} = \frac{X_{ij} - \mathrm{Min}(X_i)}{\mathrm{Max}(X_i) - \mathrm{Min}(X_i)} \tag{8-3}$$

②计算信息熵。根据前人的研究结果，信息熵计算公式如下：

$$E_j = -\ln(n)^{-1} \sum_{i=1}^{n} P_{ij} \ln P_{ij}$$

式中，$P_{ij} = Y_{ij} \Big/ \sum_{i=1}^{n} Y_{ij}$，若 $P_{ij} = 0$，则定义 $\lim_{P_{ij} \to 0} P_{ij} \ln P_{ij} = 0$。

③计算各因子权重。基于上述计算公式得出各因子熵值，设各因子熵值为 $E_1, E_2, \cdots, E_k$，评价因子权重为 W_i，权重计算公式如下：

$$W_i = \frac{1 - E_i}{k - \sum E_i} \tag{8-4}$$

从图 8-36 可以看出，流域内泥石流沟大部分处于地貌演化中的壮年偏幼年期的发育程度，说明大部分泥石流极为发育且处于活跃阶段。根据统计结果得出如下结论：在 244 条典型泥石流沟中幼年期泥石流沟有 15 条，在流域内分布较少，占总数的 6.2%，其特点是沟谷流域面积较小，构造作用明显，下切强烈；壮年偏幼年期泥石流沟有 153 条，占总数的 62.7%，在流域内各地广泛分布，其中尤以黑水河沿岸及杂谷脑河沿岸一带分布最为密集，特点是沟谷多呈深 V 状，构造强烈，沟槽极不稳定；壮年期泥石流沟共有 63 条，占总数的 25.8%，在松潘县及茂县发育较多；壮年偏老年期泥石流沟有 9 条，占总数的 3.7%，在茂县和松潘县零星分布，由于这些区域地势起伏较低，故流域内堆积物稳定，泥石流发生次数较少；老年期泥石流沟仅有 3 条，历史上在汶川县境内的渔子溪暴发过，沟谷较宽呈 U 字形，泥石流沟槽稳定，不易再发生泥石流。

岷江上游流域内地质条件复杂，多种因素共同影响地质灾害的发生，尤其是泥石流灾害。本节从典型泥石流的分布状况、灾害自身特征及泥石流沟所处发育阶段三个方面进行阐述。从分布状况来看，泥石流主要分布在流域中北部的杂谷脑河、镇江关、岷江干流等流域，在空间上呈"叶脉状"分布，松潘县、黑水县泥石流密度最大。从泥石流沟谷形态、流域面积、沟道长度 3 个方面对灾害特征进行探讨发现：岷江主干流河谷及各支沟以狭窄的 V 字形谷为主，流域内泥石流类型主要分为沟谷型、河谷型及坡面型，其中又以沟谷型泥石流为主；流域面积与沟道数量的分布较分散，岷江上游泥石流沟的流域面积与沟道数量存在负相关关系；泥石流主沟长度越长，对应的泥石流数量越少。从所处发育阶段看，泥石流目前主要处于壮年偏幼年期及壮年期，沟槽不稳定，后续暴发泥石流的可能性极高。

8.4.2　数据处理与分析

在 ArcGIS 软件的支持下，结合无洼地 DEM 栅格数据，通过相关的数据提取获得泥石流沟谷流域相关参数，同时利用 Excel 进行数据公式拟合，结合地貌信息熵原理即可得到每条泥石流沟谷流域的一系列 (x, y) 值；借助 MATLAB 工具对所得到的拟合函数进行斯特拉勒(Strahler)积分值 S 和地貌信息熵值 H 计算，进而判断每条沟谷流域所处的发育演化阶段及泥石流的发展趋势；最后在模型改进中，在熵值划分标准上，结合岷江上游流域的实际情况，建立该区域的地貌发展阶段划分标准。

8.4.2.1　沟谷流域地貌信息熵计算

本节利用四川省自然资源厅统计的 2013 年省内研究区泥石流灾害分布数据(244 条)，研究区无洼地流域海拔为 876～5816 m，为建立 Strahler 面积-海拔曲线函数 $f(x)$，需得到

244 条泥石流沟谷流域的一系列 (x, y) 值，以 ArcGIS 软件为操作平台，具体实现过程如下所示。

(1) 利用空间分析工具生成等高距为 100 m 的等高线图层，并通过线转面功能将等高线图层经分类后所得结果转化为面。

(2) 采用属性提取功能对 244 条泥石流沟谷流域面进行提取，同时结合无洼地 DEM 栅格数据，采用掩膜提取功能对沟谷流域海拔进行提取，分别获得泥石流沟谷流域最低点海拔 h 以及流域最高点与最低点的高差 ΔH。

(3) 利用裁剪功能，将各个流域单元面文件与分类后的等高线图层，分别裁剪，得到沟谷流域等高线图，然后将此结果与等高线分类后所转化的面文件 Intersect 叠加，所得结果则为沟谷流域等高线面所含等高线，其是不同流域单元等高线图层元素。

(4) 应用裁剪功能对 244 条沟谷流域面和等高线分类后所得的面进行处理，并与上个步骤所得结果空间融合后，得到每条泥石流沟谷流域等高线、面图，将属性表中的面积与海拔导入 Excel 中进行数据统计分析，再进行公式拟合，结合地貌信息熵原理即可得到每条泥石流沟谷流域的一系列 (x, y) 值。

采用 Excel 对所得到的沟谷流域 (x, y) 值进行面积-海拔函数拟合，通过对数方程、n 次多项式 ($n=2\sim5$) 对数方程等多种拟合方程进行比较，并参考前人研究所采用的拟合曲线模型，结果显示：3 次多项式拟合效果最好，每条沟谷流域的拟合度 R 值均在 0.95 以上；然后借助 MATLAB 工具对所得到的拟合函数进行 Strahler 积分值 S 和地貌信息熵值 H 计算，进而判断每条沟谷流域所处的发育演化阶段及泥石流的发展趋势。

8.4.2.2　模型改进

研究区 244 条泥石流沟谷地貌信息熵值 H (0.0074~0.7058) 变化较大，沟谷地貌演化处于从幼年期到老年期。如果仅根据艾南山所给 H 值划分标准[①]，不能充分表现出每条沟谷发育的差异，同时上述划分标准具有一定的普遍性，但在实际条件下，各区域的地质环境和泥石流灾害的发生情况不同，所以应结合研究区的实际情况进行相应的调整。本节在艾南山的熵值划分标准上，结合岷江上游流域的实际情况，建立该区域的地貌发展阶段划分标准表，将研究区划分为 5 个发育阶段 (表 8-21)。

表 8-21　　岷江上游泥石流沟谷发育阶段划分标准

H	地貌形态特征	沟谷发育阶段
$H>0.4$	以平原、残丘为主，流域侵蚀微弱，河谷宽阔，沟槽稳定	老年期
$0.3<H<0.4$	侵蚀缓和，山坡从凸坡转为凹形坡，地表起伏变化较小，有利于松散物质堆积，形成区扩大	壮年偏老年期
$0.2<H<0.3$	侵蚀强度中等，地形坡度基本为凹形，松散碎屑物质开始积累	壮年期
$0.111<H<0.2$	侵蚀较强，水系处于扩张期，地形坡度开始向凸形转化	幼年偏壮年期
$H<0.111$	侵蚀强烈，地表起伏大，水系处于扩张和分支阶段，坡度变形迅速，以凸形坡为主，可为泥石流形成提供充足的动力条件	幼年期

[①] 1987 年，艾南山提出反映不同流域发展阶段的地貌系统信息熵值 H 的 3 类划分标准 (孔军和周荣军，2014)：当 $H>0.400$ 时，沟谷发育处于老年期；当 $0.111<H<0.400$ 时，沟谷发育处于壮年期；当 $H<0.111$ 时，沟谷发育处于幼年期。

8.4.3　结果与讨论

通过对沟谷发育面积-海拔积分曲线进行分析，讨论沟谷坡降变化情况。由最终的地貌信息熵值可以看出，研究区沟谷流域大部分处于地貌发育演化阶段的幼年偏壮年期。

8.4.3.1　沟谷发育面积-海拔积分曲线分析

从地貌信息熵拟合的 244 条积分曲线(图 8-37)可以看出，全部的积分曲线呈递减函数排列，随着流域面积的增大，相对高差相应地减小，与第 3 章中泥石流流域面积与纵比降呈负相关关系相一致，也验证了面积-海拔积分曲线的合理性。随着地貌从幼年期—幼年偏壮年期—壮年期—壮年偏老年期—老年期的过渡变化，地貌信息熵值 H 呈现增函数的趋势。

在各阶段的面积—海拔积分曲线中表现出不同的坡降幅度(图 8-38)。坡降幅度随幼年期—老年期在减少，特别是幼年期—幼年偏壮年期变化较大，地貌发育的初始阶段受强烈的构造运动影响，流域处于极不稳定状态，高低起伏差异明显，致使该阶段呈现高的高差状态；幼年偏壮年期—壮年期变化较小，该阶段流域的地质活动相对稳定，但流域也具有较高的动态势能，该阶段是泥石流等灾害的高发期；随着流域的发育，壮年期逐渐向壮年偏老年期过渡，流域侵蚀逐渐趋于稳定，至老年期，面积—高程积分曲线明显平缓，且 Y 值已降到 0.4 左右，这个时期的坡降幅度很小，流域侵蚀已趋于稳定，流域内没有大的地形变化，该阶段泥石流多处于低频且低易发状态。

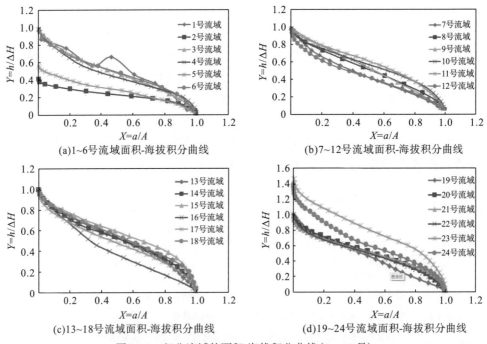

(a)1~6号流域面积-海拔积分曲线　　　　　(b)7~12号流域面积-海拔积分曲线

(c)13~18号流域面积-海拔积分曲线　　　　(d)19~24号流域面积-海拔积分曲线

图 8-37　部分流域的面积-海拔积分曲线(0~24 号)

综上所述，地貌从幼年期—幼年偏壮年期—壮年期—壮年偏老年期—老年期过渡变化，其坡降幅度逐渐减小，其中幼年期—壮年期坡降幅度最大，至老年期坡降幅度已最小，流域侵蚀减弱，沟谷趋于稳定。该曲线的变化形式与熵理论相一致，一般处在构造运动强烈、上升强烈的山区，泥石流极为活跃，相反地表处于相对稳定的山区，泥石流活动也保持着相对稳定的状态，所以通过对泥石流沟谷地貌侵蚀形态的定量计算，可以对沟谷地貌发育特征有很好的反映。

8.4.3.2　沟谷发育阶段结果与分析

基于各小流域地貌信息熵计算得到岷江上游泥石流沟面积—海拔积分曲线与发育阶段结果(图 8-38 和表 8-22)。

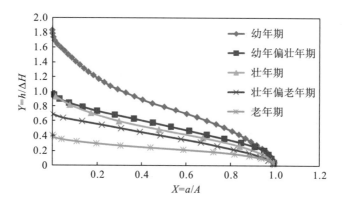

图 8-38　典型沟谷流域面积-海拔积分曲线

表 8-22　研究区部分沟谷发育结果

沟谷编号	面积-海拔积分曲线函数 $X=[0,1]$	S	H	发育阶段
1	$y=-1.0196x^3+1.0352x^2-0.9147x+0.877$	0.5098	0.1835	幼年偏壮年期
2	$y=-0.93476x^3+1.3312x^2-0.754x+0.3951$	0.228158	0.7058	老年期
3	$y=-1.3937x^3+2.1809x^2-1.7273x+0.9656$	0.480667	0.2132	壮年期
4	$y=-1.8871x^3+3.1679x^2-2.1844x+0.967$	0.45899	0.2377	壮年期
5	$y=-0.8167x^3+1.2052x^2-0.9107x+0.5365$	0.27871	0.5663	老年期
6	$y=-1.7413x^3+2.6395x^2-1.7994x+0.9439$	0.4344	0.26818	壮年期
7	$y=-1.3854x^3+2.3946x^2-1.9537x+0.9679$	0.4429	0.2573	壮年期
8	$y=-1.0129x^3+1.4777x^2-1.3573x+0.9494$	0.51009	0.18325	幼年偏壮年期
9	$y=-0.5313x^3+0.6987x^2-1.1144x+0.9785$	0.52137	0.17266	幼年偏壮年期
10	$y=-1.7627x^3+2.3759x^2-1.498x+0.9547$	0.55699	0.14219	幼年偏壮年期
11	$y=-1.5113x^3+1.866x^2-1.2774x+0.9727$	0.57817	0.12605	幼年偏壮年期
12	$y=-1.7854x^3+2.908x^2-2.0149x+0.9154$	0.43093	0.27274	壮年期
13	$y=-1.3844x^3+1.9424x^2-1.5118x+0.9664$	0.51186	0.18156	幼年偏壮年期
14	$y=-1.825x^3+2.6737x^2-1.7693x+0.9658$	0.51611	0.17755	幼年偏壮年期
15	$y=-0.8933x^3+1.878x^2-1.9333x+0.9684$	0.40293	0.31193	老年偏壮年期
16	$y=-2.0416x^3+2.7048x^2-1.5668x+0.9633$	0.5711	0.13129	幼年偏壮年期
17	$y=-1.6306x^3+2.4858x^2-1.7496x+0.9299$	0.6739	0.0686	幼年期

沟谷编号	面积-海拔积分曲线函数 $X=[0,1]$	S	H	发育阶段
18	$y=-1.4268x^3+2.02x^2-1.4663x+0.9572$	0.5407	0.1556	幼年偏壮年期
19	$y=-0.6209x^3+1.1121x^2-1.4498x+0.9577$	0.4483	0.25062	壮年期
20	$y=-1.4689x^3+2.0918x^2-1.5316x+0.9378$	0.5022	0.19099	幼年偏壮年期
21	$y=-1.8807x^3+2.7607x^2-1.7448x+0.9241$	0.5018	0.19140	幼年偏壮年期
22	$y=-1.7926x^3+2.6814x^2-1.8008x+0.9374$	0.4827	0.21110	壮年期
23	$y=-2.7264x^3+3.8530x^2-2.4233x+1.4037$	0.7948	0.02447	幼年期
24	$y=-2.3659x^3+3.8625x^2-2.7282x+1.2940$	0.6259	0.09445	幼年期
25	$y=-1.8070x^3+2.4906x^2-1.5393x+0.9288$	0.5376	0.15824	幼年偏壮年期

　　根据计算得到的 244 条流域的信息熵值和本书研究所采用的沟谷发育划分标准，将 5 个发育阶段用不同的颜色表示，结果如图 8-39 所示。统计结果表明，研究区沟谷流域大部分处于地貌发育演化阶段的幼年偏壮年期，最大高差为 3756 m，天然山高谷深的地貌优势极利于坡积物的释放，致使研究区沟谷流域泥石流极为发育。

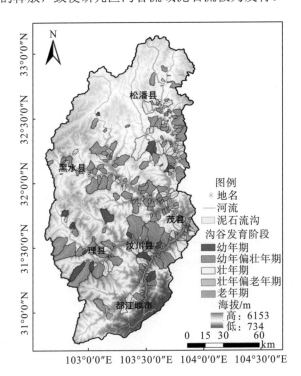

图 8-39　岷江上游泥石流沟谷发育阶段

　　如图 8-40 所示，研究区流域内幼年期泥石流有 16 条，占总数的 6.6%，汶川至理县一带有较多的分布，该类泥石流沟流域面积相对较小，但下切强烈，地势崎岖，地貌条件复杂，为泥石流提供丰富物质来源；同时也为泥石流的发生提供了充分的动力条件，触发泥石流的可能性较大。

幼年偏壮年期泥石流有 153 条,占总数的 62.7%,属于岷江上游泥石流沟谷最主要的发育阶段,在岷江上游广泛分布,处于沟谷发育的第二阶段,多呈深 V 状沟谷[图 8-41(a)],沟谷侵蚀强烈,大量的坡积物源堆积,地表起伏大,为泥石流的形成提供充足的物源和动力条件。

壮年期泥石流沟有 63 条,占总数的 25.8%,也有一定数量的分布,以茂县、松潘县居多,该阶段侵蚀强度中等,松散碎屑物质开始积累,地形坡度相对较缓,但在强烈的地质运动和极端天气下,也易发生山地灾害。

壮年偏老年期泥石流沟有 9 条,占总数的 3.7%,该阶段的泥石流沟数量很少,主要分布在茂县和松潘县境内,沟谷受侵蚀缓和,地形起伏变小,区域物源堆积稳定,很少有新的物源产生,该类泥石流沟较为稳定,中低频发生。

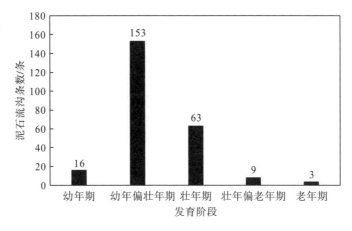

图 8-40　岷江上游泥石流沟谷发育阶段直方图

老年期泥石流沟有 3 条,占总数的 1.2%,此类泥石流沟极少,主要分布在渔子溪流域,沟谷基本被侵蚀成残丘或平原,河谷宽阔,多呈浅 U 形状 [图 8-41(b)],地形起伏小,海拔相对较低,地貌侵蚀较缓和,泥石流沟槽稳定。

(a)深V形沟谷——理县板子沟　　　　　　　　(b)浅U形沟谷——汶川县桃关沟

图 8-41　典型泥石流沟谷断面示意图

8.4.4　小结

岷江上游地区隶属于阿坝藏族羌族自治州管辖，区域内地理区位环境独特，生产方式仍以农业为主，该地区社会经济的发展相对滞后，在四川省内处于下游水平。同时，岷江上游地区是一个典型的生态环境脆弱区，山地灾害暴发频繁，特别是泥石流灾害的影响尤为突出。流域内的生产生活聚集地常位于堆积扇和泥石流沟道阶地的河谷区，也就是泥石流的堆积区和流通区，对大区域的泥石流沟易发性评价和小流域的单沟的地貌发育趋势预测，可以更充分认识上述两个区域的灾害发育情况，无论是区域河谷建设，还是泥石流灾害的防治，都是该区域可持续发展的一项重要依据。为了有针对性地指导岷江上游泥石流的灾害防治，本节从两个角度出发，对岷江上游泥石流灾害防治提供指导。

(1) 从区域泥石流出发，探究岷江上游泥石流易发性区划，从整体上认识区域泥石流灾害情况。通过信息量模型得到泥石流易发性分区，对当地的经济建设和居民的自我防灾意识有了针对性建议。主要建议如下：泥石流高易发区主要分布在支沟沟道两侧，高地形起伏的支沟酝酿丰富的物源和强大的势能，对以上高陡边坡地形，尽量远离和搬迁重建；在地层岩性方面，以千枚岩等变质岩为主，可为泥石流提供丰富的碎屑物质，因此仍易发泥石流灾害；泥石流集中发育分布于大断裂带附近，如沿汶川—茂县岷江干流受汶川—茂县断裂影响，两岸多泥石流等地质灾害发生，其分布明显与构造带和地震活动一致，建筑物修建或公路建设应尽量避开以上区域。总的来说，要求我们要根据地区的地理格局，在不影响区域经济发展的情况下，尽可能地将城镇的发展向远离灾害的方向拓展，如果无法避让，那么应当努力提高城镇居民对于泥石流灾害的认知程度。

(2) 从单沟泥石流出发，认识每条泥石流沟的沟谷发育形态，从地貌演化的长期时代，认识当前泥石流沟的沟谷阶段。具体而言，幼年偏壮年期泥石流属于岷江上游泥石流沟谷的最主要发育阶段，在岷江上游广泛分布，处于沟谷发育的第二阶段，多呈深 V 状沟谷，由于沟谷侵蚀强烈，大量的坡积物源堆积，地表起伏大，为泥石流的形成提供充足的物源和动力条件，该阶段的泥石流往往会造成严重的损失，区域内的建筑、公路等基础设施将被毁坏，甚至威胁生命安全，如 2010 年 8 月群发性泥石流带来了严重损失。为了尽可能地减少这样的损失，需要了解泥石流灾害，特别是沟谷发育阶段问题，弄清每条泥石流沟的沟谷发育情况，在对泥石流的探索过程中加大对泥石流的认识和防治。

本章从泥石流的成灾机理出发，以岷江上游泥石流沟为研究对象，分别从区域的气象水文、地质环境和人类活动 3 个角度分析整个岷江上游的地质环境条件；通过对泥石流灾害区位、流域面积、沟长、主沟比降等相关参数的提取，归纳出泥石流的分布特征和形态特征，并探讨其形成原因，最后总结归纳出泥石流灾害的发育特征；在影响区域泥石流沟发育的环境因子中，基于各因子相关性分析结果，选取坡度、坡向、地形起伏度等 9 个要素作为泥石流灾害易发性评价因子，建立信息量模型，分析各因子对泥石流发生的贡献，对研究区进行泥石流易发性区划；对提取的泥石流沟进行流域划分，通过 ArcGIS、Excel、MATLAB 软件分别进行面积—海拔提取、曲线拟合和信息熵值计算，得到沟谷地貌信息熵，探讨流域沟谷发育趋势。

本章所得的主要结论如下。

(1)泥石流灾害明显呈条带状沿河流分布，沿大断裂附近发育，高山峡谷地貌区集中发育，且泥石流灾害规模较大，岷江上游中部的干旱、半干旱区皆有分布；泥石流沟主要完整系数集中于 0~1，沟道完整系数较小，说明沟谷正处于河谷地貌发育初期至旺盛阶段，泥石流主沟长度和面积皆与纵比降呈负相关关系；研究区泥石流物源类型有崩滑堆积体、山体失稳、坡面侵蚀 3 类，泥石流物源分布呈现出距离效应、上下盘效应、锁固效应、方向效应。

(2)泥石流易发性评价因子的信息量值，最高为 3.07，最低为-5.34，NDVI 指数(0.6~0.7)、年降水量(393~506 mm)、坡度(>60°)分别占据信息量值的前三名，该范围也是泥石流灾害最易发的地区；年降水量因子极大地影响泥石流的信息量，与信息量呈负相关关系；岷江上游泥石流的植被指数较高，其中沟道和坡面物源区有良好的植被情况，沟道上游清水区和下游堆积区植被指数较低；变质岩中易破碎分化的千枚岩中易形成较丰富的物源，易触发泥石流灾害发生；土地利用中林地和耕地对泥石流的影响较大；坡度为 20°~50°时信息量为正值，说明该范围内的坡度会触发泥石流，特别是 40°~50°区域更易发生泥石流；人口密度对泥石流的影响较小；可见超过 200 m 的地形起伏度对泥石流的发生有促进作用，较低的起伏度很少激发泥石流发生。

(3)研究区泥石流易发性评价图显示：岷江上游泥石流高易发区面积约为 4426 km²，占总面积的 19.3%，该区域主要集中分布在支沟沟道两侧地区且沿岷江、杂谷脑河、黑水河干流较集中分布；岷江上游泥石流较高易发区面积约为 5266 km²，占总面积的 22.9%，该区域主要集中分布在高易发区附近及渔子溪、寿溪流域，在黑水县和松潘县西侧均分布较广；最后利用四川省自然资源厅统计的 2013 年省内岷江上游地区泥石流灾害分布数据进行有效性检验，有效性指标值随着泥石流易发性等级的提高而提高，说明本书研究对泥石流易发性区划是合理的。

(4)在各阶段的面积-海拔积分曲线中表现出不同的坡降幅度。地貌从幼年期—幼年偏壮年期—壮年期—壮年偏老年期—老年期过渡变化，其坡降幅度逐渐减小，其中幼年期—壮年期坡降幅度最大，至老年期坡降幅度已最小，流域侵蚀减弱，沟谷趋于稳定。该曲线的变化形式与熵理论相一致。

(5)研究区泥石流沟谷大部分处于地貌发育演化阶段的幼年偏壮年期，天然的山高谷深的地貌优势极利于坡积物的释放，致使研究区沟谷泥石流极为发育。

第9章　山区聚落灾害易损性评价

9.1　山区聚落概述

聚落是人类各种形式的聚居地的总称。它不单是房屋建筑的集合体，还包括与居住直接有关的其他生活设施和生产设施。聚落是人们居住、生产、生活、休息和进行各种社会活动的场所(廖赤眉 等，2004)。一般可将聚落分为乡村聚落和城市聚落两大类。聚落是人类适应、利用、改造自然的产物，是人类文明的结晶。

山区聚落是山区人地关系的集中反映，是山区最基本的社会经济单元和最基础的社会组织单元，是山区经济建设的立足点；山区作为贫困的主要载体，是脱贫攻坚的难点，岷江上游山区聚落是长期以来岷江上游人民利用、改造自然和适应自然的产物。聚落作为人类生产生活的外在特征表现形式，是社会文化、社会特征的载体，随着时间与环境的变化，聚落也会发生变化(图9-1)。

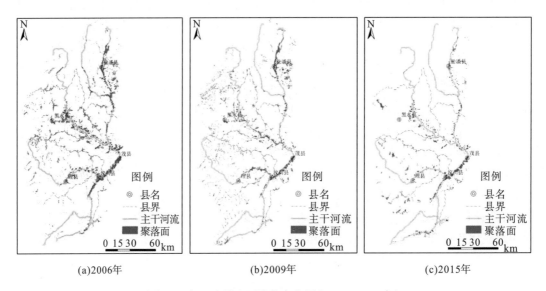

(a)2006年　　　　　　(b)2009年　　　　　　(c)2015年

图9-1　岷江上游山区聚落变化图(2006～2015年)

由图9-1可知，岷江上游近几年来的聚落空间格局发生了巨大变化，主要表现为高海拔地区，坡度较高地区先向河谷台地进行迁移，高海拔地区聚落逐渐减少，河谷地区聚落逐渐密集，呈现由散到密的趋势。空间面积也发生了一系列变化，聚落面积逐渐减少，由2006年的955 km^{2}缩小到2015年的462 km^2。主要原因如下：一方面，汶川地区灾后重建计划的避险搬迁工程已经搬离了许多在危险区的群众；另一方面，近年来，随着精准扶贫尤其是生态扶贫的开展，根据国家发展和改革委员会(简称国家发展改革委)等五部委

《关于印发〈"十三五"时期易地扶贫搬迁工作方案〉的通知》(发改地区〔2015〕2769号)、四川省发展改革委等五部门《关于印发〈四川省支持易地扶贫搬迁的有关政策〉的通知》(川发改赈〔2016〕200号),要求对于地表坡度大于 25°的耕地实行退耕还林,针对"一方水土养不活一方人"这一事实,对贫困户开展易地搬迁工作,是近年来岷江上游地区聚落大规模减少的主要因素。岷江上游地区聚落迁移变化日异月殊,是岷江上游地区几千年来未有的,而聚落迁移的过程中必然引起生态环境、社会状态、社会组织发生变化。针对这种动态变化过程,对易损性也一定要进行动态评价,对岷江上游聚落地质灾害易损性进行动态评价,才能更好明白岷江上游聚落地质灾害易损的主要因素,对岷江上游聚落迁移、生产布局、产业结构调整提出更加有意义的对策与建议。

9.2　易损性时空分异特征

山区聚落灾害易损性评价是区域风险评价必不可少的一个过程,是区域减灾防灾及应急能力建设的一个重要环节。随着时间的变化,地质灾害易损性也在不断变化,通过对不同时期地质灾害易损性的研究,可以为以后的防灾减灾及应急能力建设提供依据,为做好区域防灾减灾规划提供理论支撑。通过对 2006 年、2009 年、2015 年岷江上游聚落地质灾害易损性的空间分布规律进行探讨,掌握岷江上游地区聚落地质灾害易损性发展基本规律,对提高预警预报工作,进一步确定区域地质灾害防护重点区域,加强区域灾害管理方式具有一定的针对性和有效性。因此,对岷江上游地区山区聚落灾害易损性进行动态评价,可为制定防灾减灾政策,实现地质灾害的科学管理,编制地质灾害防范规划,制定应急措施提供重要的科学思想基础和科学依据。

9.2.1　易损性时间变化特征

根据熵值模型,通过评价权重的计算,可以分别计算出 2006 年、2009 年和 2015 年岷江上游山区聚落地质灾害易损值(表 9-1)。

表 9-1　岷江上游各乡(镇)2006 年、2009 年和 2015 年易损值

乡(镇)	各年度易损值			变化情况		
	2006 年	2009 年	2015 年	2006~2009 年	2009~2015 年	2006~2015 年
草坡乡	0.1043	0.1414	0.1010	0.0371	-0.0404	-0.0034
耿达乡	0.0925	0.0996	0.0912	0.0071	-0.0085	-0.0013
克枯乡	0.1410	0.1884	0.1316	0.0474	-0.0568	-0.0094
龙溪乡	0.1126	0.1299	0.1106	0.0173	-0.0193	-0.0020
绵虒镇	0.1256	0.1607	0.1859	0.0350	0.0252	0.0603
三江乡	0.0781	0.0891	0.0831	0.0109	-0.0060	0.0050
水磨镇	0.2256	0.2314	0.2595	0.0058	0.0280	0.0338
威州镇	0.3959	0.5341	0.5970	0.1382	0.0629	0.2011
卧龙镇	0.0976	0.1209	0.0909	0.0233	-0.0300	-0.0068
漩口镇	0.4976	0.2814	0.2453	-0.2162	-0.0361	-0.2524

乡(镇)	各年度易损值			变化情况		
	2006 年	2009 年	2015 年	2006~2009 年	2009~2015 年	2006~2015 年
雁门乡	0.1143	0.1572	0.1114	0.0429	-0.0458	-0.0029
银杏乡	0.0909	0.1022	0.0883	0.0113	-0.0139	-0.0026
映秀镇	0.1166	0.1860	0.1239	0.0694	-0.0621	0.0073
安宏乡	0.1556	0.2108	0.2366	0.0553	0.0258	0.0811
草原乡	0.1164	0.1764	0.2057	0.0600	0.0292	0.0892
川主寺镇	0.1450	0.2094	0.2371	0.0644	0.0277	0.0921
大姓乡	0.1262	0.1860	0.2023	0.0598	0.0163	0.0760
大寨乡	0.1167	0.1780	0.1976	0.0613	0.0196	0.0809
红土乡	0.1294	0.1846	0.2136	0.0552	0.0290	0.0842
红扎乡	0.1140	0.1702	0.1960	0.0562	0.0258	0.0820
进安回族乡	0.2862	0.3641	0.5095	0.0778	0.1454	0.2233
进安镇	0.3622	0.5077	0.5841	0.1454	0.0765	0.2219
岷江乡	0.1472	0.2027	0.2224	0.0555	0.0198	0.0753
牟尼乡	0.1169	0.1724	0.2013	0.0555	0.0289	0.0844
青云乡	0.1636	0.2357	0.2449	0.0721	0.0092	0.0813
山巴乡	0.1216	0.1770	0.2051	0.0554	0.0282	0.0835
上八寨乡	0.1124	0.1686	0.1977	0.0562	0.0290	0.0852
十里回族乡	0.1536	0.2225	0.2499	0.0690	0.0274	0.0963
水晶乡	0.1168	0.1722	0.2000	0.0553	0.0278	0.0831
下八寨乡	0.1086	0.1702	0.1933	0.0616	0.0231	0.0847
小姓乡	0.1317	0.1908	0.2148	0.0591	0.0240	0.0831
燕云乡	0.1100	0.1657	0.1960	0.0557	0.0303	0.0860
镇江关乡	0.1537	0.2114	0.2340	0.0577	0.0226	0.0803
镇坪乡	0.1375	0.2039	0.2211	0.0665	0.0171	0.0836
白溪乡	0.1377	0.1530	0.1172	0.0153	-0.0358	-0.0205
叠溪镇	0.1237	0.1251	0.0877	0.0014	-0.0375	-0.0361
飞虹乡	0.1761	0.1868	0.1482	0.0107	-0.0386	-0.0279
凤仪镇	0.3904	0.5750	0.5082	0.1846	-0.0668	0.1178
沟口乡	0.1538	0.1700	0.1329	0.0162	-0.0371	-0.0209
黑虎乡	0.1281	0.1390	0.1031	0.0109	-0.0359	-0.0250
回龙乡	0.1588	0.1840	0.1236	0.0252	-0.0604	-0.0353
南新镇	0.1897	0.1762	0.2275	-0.0134	0.0513	0.0379
曲谷乡	0.1499	0.1515	0.1149	0.0016	-0.0367	-0.0350
三龙乡	0.1312	0.1414	0.1003	0.0102	-0.0412	-0.0309
石大关乡	0.1310	0.1365	0.1021	0.0055	-0.0344	-0.0289
松坪沟乡	0.1141	0.1231	0.0797	0.0090	-0.0434	-0.0344
太平乡	0.1250	0.1517	0.0985	0.0268	-0.0532	-0.0265

续表

乡(镇)	各年度易损值			变化情况		
	2006 年	2009 年	2015 年	2006~2009 年	2009~2015 年	2006~2015 年
洼底乡	0.1297	0.1400	0.0929	0.0103	-0.0471	-0.0368
维城乡	0.1108	0.1113	0.0775	0.0005	-0.0338	-0.0333
渭门乡	0.1857	0.2007	0.1587	0.0150	-0.0419	-0.0269
雅都乡	0.1420	0.1516	0.1158	0.0096	-0.0358	-0.0262
甘堡乡	0.1001	0.1354	0.1053	0.0353	-0.0302	0.0051
古尔沟乡	0.0657	0.0983	0.0680	0.0326	-0.0303	0.0023
夹壁乡	0.0495	0.0694	0.0461	0.0199	-0.0233	-0.0034
米亚罗镇	0.0615	0.0926	0.0577	0.0310	-0.0349	-0.0038
木卡乡	0.1020	0.1573	0.1016	0.0554	-0.0558	-0.0004
蒲溪乡	0.0739	0.1129	0.0730	0.0390	-0.0399	-0.0009
朴头乡	0.0774	0.1109	0.0827	0.0335	-0.0282	0.0053
上孟乡	0.0671	0.0960	0.0692	0.0289	-0.0269	0.0021
桃坪乡	0.0930	0.1282	0.0945	0.0352	-0.0338	0.0014
通化乡	0.0779	0.1177	0.0858	0.0399	-0.0319	0.0079
下孟乡	0.0962	0.1310	0.1021	0.0347	-0.0289	0.0058
薛城镇	0.0953	0.1378	0.1026	0.0425	-0.0352	0.0073
杂谷脑镇	0.1725	0.3923	0.3841	0.2198	-0.0082	0.2116
慈坝乡	0.1370	0.1604	0.1172	0.0233	-0.0432	-0.0198
红岩乡	0.1501	0.1926	0.1481	0.0425	-0.0445	-0.0020
卡龙镇	0.1341	0.1408	0.0930	0.0067	-0.0479	-0.0411
龙坝乡	0.1377	0.1635	0.1201	0.0257	-0.0434	-0.0177
芦花镇	0.3267	0.2444	0.3430	-0.0824	0.0986	0.0163
洛多乡	0.1353	0.1586	0.1121	0.0233	-0.0465	-0.0232
麻窝乡	0.1342	0.1856	0.1304	0.0513	-0.0551	-0.0038
木苏乡	0.1647	0.2113	0.1669	0.0465	-0.0444	0.0022
晴朗乡	0.1429	0.1725	0.1269	0.0297	-0.0457	-0.0160
色尔古乡	0.1761	0.1982	0.2593	0.0221	0.0611	0.0832
沙石多乡	0.1259	0.1516	0.1034	0.0257	-0.0482	-0.0225
石碉楼乡	0.1525	0.1737	0.1360	0.0213	-0.0377	-0.0164
双溜索乡	0.1458	0.1981	0.1433	0.0522	-0.0547	-0.0025
瓦钵梁子乡	0.1550	0.1717	0.1266	0.0167	-0.0451	-0.0285
维古乡	0.1712	0.1963	0.1468	0.0250	-0.0495	-0.0244
扎窝乡	0.1464	0.1763	0.1245	0.0298	-0.0518	-0.0219
知木林乡	0.1464	0.1710	0.1244	0.0246	-0.0466	-0.0221
虹口乡	0.1261	0.2255	0.1881	0.0994	-0.0374	0.0620
龙池镇	0.1420	0.2451	0.1954	0.1032	-0.0497	0.0534
紫坪铺镇	0.4116	0.3189	0.24124	-0.0927	-0.0776	-0.1704

(1) 2009 年与 2006 年相比,在岷江上游 84 个乡(镇)中只有芦花镇、南新镇、漩口镇易损值下降,其他乡(镇)易损值均上升。2008 年"5·12"汶川地震后,地震诱发的次生灾害活动频繁,其中主要就是地质灾害。地震及地质灾害严重威胁了岷江上游地区人民群众的生命财产安全,大量的道路桥梁、房屋建筑及公共设施遭到破坏,生产活动受到干扰,2009 年,岷江上游整体易损值较 2006 年高,漩口镇因为地震震前进行了紫坪铺水库的搬迁移民,而地震中影响最大的漩口中学也不在漩口镇,而是于 2006 年在映秀镇建成后才搬进去的,人口密度的迅速降低导致漩口镇易损值降低。芦花镇、南新镇易损值降低主要原因就是 2009 年的人均 GDP 和人均固定资产投资比 2006 年增长了一倍,南新镇 2009 年的一般公共预算支出是 2006 年的 5 倍,而芦花镇作为黑水县政府所在地,2009 年一般公共预算支出是 2006 年的 7 倍。政府对公共基础设施的投入力度、灾后重建的快速推进使得芦花镇、南新镇快速从汶川地震的影响中走了出来;紫坪铺水库的移民政策使漩口镇的人口密度降低,加上国家的大力支持,2009 年地质灾害易损值不增反降。

(2) 2015 年与 2009 年对比,除芦花镇、色尔古乡、进安镇、水磨镇的易损性有所升高外,其余乡(镇)易损值均有所降低;2015 年与 2006 年相比,岷江上游各县(市、区)中黑水县除色尔古乡外,其余乡(镇)易损性均有所降低;理县 13 个乡(镇)中的甘堡乡、木卡乡、桃坪乡、下孟乡、薛城乡、杂谷脑镇易损值有所升高;茂县除凤仪镇较为升高,其余乡(镇)易损值均有所降低;松潘县的全部乡(镇)易损值均有所升高;汶川县除绵虒镇、三江乡、水磨镇、威州镇、映秀镇外,其余乡(镇)易损值均有所降低;都江堰的三个乡(镇)易损值均有所升高。将岷江上游地区各乡(镇)易损值取平均值,得到 2006 年易损值为0.14868,2009 年易损值为 0.19175,2015 年易损值为 0.14670。易损值为 2009 年>2006 年>2015 年。2015 年前岷江上游的 5 个主要区(县)均为深度贫困县,其中黑水县为国家级贫困县,随着国家精准扶贫政策的深入实施,岷江上游近十年来经济发展速度很快,特别是 2008 年后,国家灾后重建对该区域投入了大量的人力物力,使得该区域 2017 年茂县、汶川县、理县均整体脱贫摘帽。基本与研究结果相符。

将各乡(镇)易损值叠加求得平均值,得出 2006 年、2009 年、2015 年的岷江上游的易损值(图 9-2),岷江上游整体易损值较低。其中,岷江上游地区 2006 年易损值最低,2015 年其次,2009 年最高。2009 年最高的主要原因为岷江上游大部分地区为"5·12"

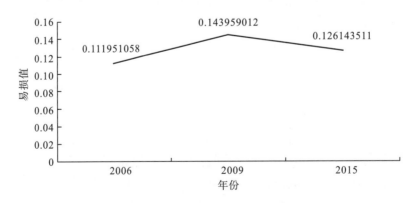

图 9-2　岷江上游地质灾害易损值折线图

汶川地震重灾区，震区生产生活受到地震的严重影响，加上地震引起的次生灾害主要为地质灾害，影响了整个岷江上游地区的易损值，导致 2009 年易损值最高；2015 年易损值较 2009 年有很大降低，但仍高于 2006 年易损值，说明汶川地震重建已经有效地降低易损值，但当前的防灾减灾建设仍然有待加强。

将 2006 年、2009 年、2015 年岷江上游 84 个乡(镇)的易损值按照升序排列，可以得到岷江上游山区聚落地质灾害易损性随时间变化的曲线图(图 9-3)。由图 9-3 可知，从变化趋势上来看，易损性曲线在第 75 个乡(镇)时发生突变，分为高值和低值，总体上，在高值区，易损值呈 2015 年＞2009 年＞2006 年，在低值区易损值呈 2009 年＞2006 年＞2015 年。另外，从变化趋势来看，各年份的低值区所占乡(镇)比例较高，高值区所占比例较低。易损值在高值区的提升速率较高，低值区也会不断提升但速率较低。这和经济学中的"马太效应"有点相似，这种特殊的"马太效应"可以较好地反映易损性在时间尺度上的变化趋势，即聚落地质灾害易损性发生了两极分化，易损值高的地区持续走高，易损值低的地区持续降低。针对这种现象，更加要对高易损值地区的防灾应急能力建设进行重点投入。

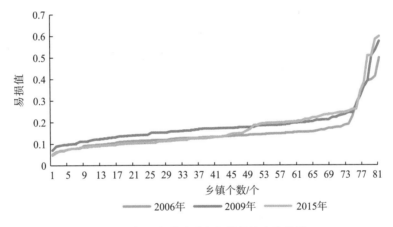

图 9-3　岷江上游地质灾害易损性变化曲线

9.2.2　易损性空间变化特征

为了更好地体现岷江上游地质灾害易损性时空格局的变化，用 ArcGIS 软件绘制出岷江上游地质灾害胁迫下地质灾害易损性柱状空间分布图(图 9-4)。

由图 9-4 可知，岷江上游地区聚落地质灾害易损性在空间上，东部区域除芦花镇外，易损值均较低，该区域由于地势较高，灾害较少发育，受威胁的人员与财产较少。在岷江上游西部松潘县的草原乡、上八寨乡等乡(镇)易损值逐渐升高，由于该区域受汶川地震影响较小，地质灾害较少，易损性受社会经济因素影响较大；黑水县的晴朗乡、沙石多乡易损值较低，黑水县经济基础相对薄弱，受威胁损失少，易损值相对较低；理县的全部，汶川的耿达、草坡、卧龙、三江等地易损值均较低，得益于两县对于地质灾害的重视，经济转型较早，较早开始开展旅游业活动，有力地减少了对环境的破坏，且该区域主要为保护区，人口较少，为低易损值区域。

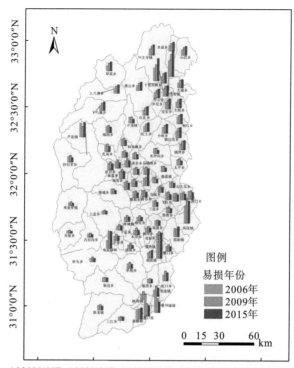

图 9-4　岷江上游聚落地质灾害易损性柱状空间分布图

　　岷江上游的东部地区易损值整体较西部高，松潘的进安镇、进安回族乡，茂县的凤仪镇、南新镇，汶川的威州镇及都江堰的 3 个乡表现较为突出。这几个地区经济基础较好，为岷江上游经济发展的重要组成部分，加之地质灾害的影响，易损值较高。

　　2006～2015 年，岷江上游地区的地质灾害易损值在空间上发生了较大变化，反映了易损性在人口、经济、基础设施和生态环境方面存在较大的差异，这些差异不单单影响地质灾害易损性的变化，还反映出岷江上游地区协调经济、社会、环境和人全面发展的核心问题，是区域健康稳定发展的重要因素。

　　根据图 9-5 可知，2006～2015 年，较高易损值区域面积最大，中等地质灾害易损值最低，高聚落地质灾害易损值面积占比最低；2015 年的中、较高、高易损区面积都较小，说明避险搬迁、易地搬迁等政策的实施使得岷江上游易损面积变少。根据各易损区占当年度面积的百分比可知，低、较低易损值占比呈 2015 年＞2009 年＞2006 年的趋势；在中、较高易损区，呈现 2006 年＞2009 年＞2015 年的趋势，由于中、较高易损区面积较大，可知随时间发展，中、较高易损性呈上升趋势；在高易损区中，易损百分比为 2006 年＞2015 年＞2009 年。主要原因是岷江上游地区聚落是一直变化的，汶川地区灾后重建计划的避险搬迁工程已经搬离了许多在危险区的群众。

　　近年来，随着精准扶贫尤其是生态扶贫的开展，根据国家发展改革委等五部委《关于印发"十三五"时期易地扶贫搬迁工作方案的通知》（发改地区〔2015〕2769 号）、四川省发展改革委等五部门《关于印发〈四川省支持易地扶贫搬迁的有关政策〉的通知》（川发改赈

〔2016〕200 号），要求对于坡度大于 25°的耕地进行退耕还林，针对"一方水土养不活一方人"这一事实，对原贫困户开展易地搬迁工作，岷江上游近几年来的聚落面积发生了巨大变化。因而，不仅 2006~2015 年岷江上游聚落分布空间上有变化，聚落地质灾害易损面积也是处于动态变化中的，而县城作为搬迁移民的集中地，更要注重防灾应急能力的建设。

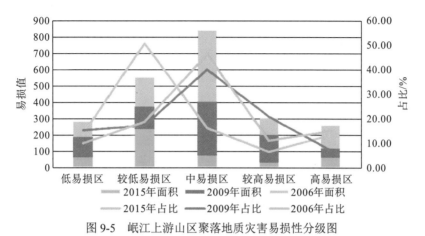

图 9-5　岷江上游山区聚落地质灾害易损性分级图

岷江上游山区聚落地质灾害易损性的时空变化较为复杂，这与岷江上游地区近年来的巨大变迁有着深刻的关系。汶川地震、地质灾害、社会经济条件、聚落迁移及民族文化的变革深深影响着岷江上游山区聚落地质灾害易损性的变化，总结起来有以下几点。

（1）受到汶川地震影响强烈地区，如汶川县的映秀镇、雁门乡、漩口镇，茂县的凤仪镇、飞虹乡、渭门乡，理县的杂谷脑镇、薛城镇等。受地震影响强烈，这些乡(镇)的易损值均为 2009 年最高。

（2）受汶川地震影响较小、地质灾害发育较少的地区，主要为松潘县的大部分区域，受经济因素影响较大，经济发展速度较快，易损值逐年上升。

（3）受产业结构转型的影响，理县是岷江上游地区开展乡村旅游最早的地区，汶川县的卧龙镇、耿达乡是大熊猫自然保护区，第三产业占比较高，产业结构较好，对环境影响较小，地质灾害的易损值较低。

（4）受国家政策的影响，汶川地震后，国家对该地区的发展非常重视，投入了大量的人力、物力。从岷江上游各个地区的固定资产投入就可看出政策的倾斜程度，国家对该地区的影响巨大，灾后重建、精准扶贫政策使得岷江上游的聚落格局发生了巨大变化，而人口向经济发展条件较好、生活环境较好的地区大量流入，是岷江上游各县易损值高的原因。因此，岷江上游地区在处理这个变化趋势时要更加小心谨慎，合理规划，从而达到降低风险的目的。

9.2.3　灾害易损性对策与建议

岷江上游地区是地质灾害的多发区和频发区，地质灾害的发生给灾区经济社会发展造成严重影响、人民群众生命财产造成重大损失。面对复杂的防灾减灾形势及重大挑战，要做好防灾救灾能力建设，增加区域的抗逆力，降低区域易损值。根据国家防震减灾"十三五"规划的要求，结合岷江上游实际情况及降低易损值的现实需要，本书提出以下建议。

(1)加强防灾减灾宣传教育，创新宣传教育形式，充分发挥汶川地震博物馆防灾减灾教育功能，为公众免费提供体验式、参与式的防灾减灾知识文化服务。推进中小学生防灾减灾科普教育，组织开展应急疏散和自救互救演练，增强公众防灾减灾意识，提高自救互救技能，提升灾害防范应对能力。

(2)着力开展地质灾害风险隐患排查和治理，针对岷江上游地区山高谷深、地质灾害隐患较为隐蔽的情况，对大范围地区采用探地雷达、高清遥感影像进行动态解译，人口密集地区采用无人机、航拍、实地调查等手段进行灾害排查。对可进行搬迁避让地区进行搬迁、可以进行工程治理的地质灾害隐患点进行论证治理、可以进行简易排查的及时进行排危除险。

(3)扎实做好应急准备，要完善各类救灾物资和装备，确保自然灾害发生 6h 之内，受灾人员基本生活得到初步救助。强化村一级救灾应急装备建设，重点配备应急通信保障设备和高精度灾情信息获取装备。完善救灾物资储备库，统筹建设乡、村救灾物资储备，提升物资储备的信息化管理水平，加强应急处置和救灾保障能力建设。

(4)建立规范合理的灾害风险转移分担机制，探索建立巨灾保险制度，推进保险业参与防灾减灾救灾事业，大力推广地质灾害政策性农房保险，提高参保率。

(5)加强防御工程建设，严格基本建设程序，落实建设工程防灾减灾设防标准，提高城乡建(构)筑物和生命线工程的灾害防御能力和重特大地质灾害的工程防御能力。推动城乡公共基础设施安全加固工程，加强包括应急避难(险)场所在内的基层防灾减灾基础设施规划建设。

(6)加强自然灾害监测站网和基础设施建设，提高自然灾害早期识别和立体监测能力。采用简易监测、智能监测的手段对隐患点进行监测，充分利用群防群测体系，通过广播、电视、手机短信、网络等多种途径将预警信息发送到户、到人，确保能够提前紧急疏散和转移安置灾害风险区群众。

9.2.4　小结

在实地调研的基础上，通过数据整理、SPSS 统计等手段建立了岷江上游山区聚落地质灾害易损性评价体系，并根据岷江上游 3 个时期的实际情况和数据的获取情况，选择了灾害密度、万人医生数、建筑覆盖率、经济密度、人均 GDP、道路密度、防护工程数量等 16 个指标为聚落地质灾害易损性评价指标，基于熵值综合评价模型，通过 ArcGIS 软件，得出整个岷江上游地区 2006 年、2009 年、2015 年地质灾害易损性区划图，并探讨岷江上游山区聚落地质灾害易损性的时空差异。9.2 节所取得的结论主要有以下几个方面。

(1)每年度各指标易损性的贡献权重虽然有所不同，但是公路密度、经济密度、建筑覆盖率及人口密度是影响岷江上游山区聚落地质灾害易损性的最主要因素，作为影响岷江上游地区地质灾害的关键因素，加强这几个方面的建设，更加有利于降低岷江上游地区的易损值。

(2)岷江上游地区聚落迁移变化较大，聚落近年来由于国家政策原因急剧减少，群众从传统的农牧聚集地逐渐搬入城市，作为主要聚落迁移目的地的各县(市、区)更应该加强防灾应急能力建设。

(3)岷江上游山区聚落地质灾害易损性是处于动态变化中的，易损值 2009 年最大，2015 年次之，2006 年最低，说明汶川地震给岷江上游带来了巨大伤害，而 2015 年易损值的降低说明震后重建取得了重大成效。

(4)在受到汶川地震影响强烈地区，如汶川县、茂县，易损值较高，且 2009 年最高；在受汶川地震影响较小、地质灾害发育较少的地区，主要为松潘县的大部分区域，受经济影响因素较大，经济发展速度较快，易损值逐年上升。同时易损值受到产业结构与政策资金投入的影响也较大。

(5)从县域分布来看，2006 年黑水县地质灾害易损值最高，2009 年及 2015 年逐渐转移到茂县县城及各区(县)的政府所在地，这与黑水县为原国家级贫困县，2017 年汶川、茂(县)、理县贫困县摘帽，国家采取易地搬迁政策的落实基本相符合；岷江上游地区易损值区县从时间上看来波动是一致的，变化趋势与“马太效应”基本符合，聚落地质灾害易损值高的地区将会持续走高，应侧重高易损区的地质灾害的防范工作，所以对于高易损区的防灾应急能力建设要重点投入。

易损性作为风险评价的一部分，是区域风险合理控制不可缺少的部分，而地质灾害易损性则是区域地质灾害风险控制的一部分，其关键性尤为重要。本书通过对地质灾害易损值的时空关系进行探讨，发现岷江上游易损情况在近年来发生了巨大变化。汶川地震影响、地质灾害影响、社会经济条件、聚落迁移及民族文化的变革深深影响岷江上游山区聚落地质灾害易损性的变化，而面对错综复杂的地质灾害应急工作，更加需要有的放矢，充分考虑各种因素的影响，在应急建设、部门协同、地质灾害文化宣传演练、引入外来资金力量、项目治理、救灾物资储备方面加强建设，在山区发展的同时，确保人民群众生命财产安全，经济社会健康发展。

9.3　基于熵值综合评判的聚落灾害易损性评价

本书采用熵值综合评判法评价岷江上游山区聚落地质灾害易损性，以乡(镇)数据为易损性评价的基础数据，以区域栅格单元划分为数据运算处理基础，且栅格单元在较大量空间数据叠加计算方面具有明显的速度优势。栅格单元的划分将直接影响易损性评价结果的合理性，且目前栅格单元尺度的选取主要来自专家的经验知识与原始数据的分辨率，开展易损性评价时，需要先确定栅格评价单元的尺度。

本节根据式(8-1)和研究区原始数据精度的计算，选取了 50 m×50 m 的栅格单元，并将岷江上游区域分为了 5288 行、2557 列，共 9192246 个栅格单元。

9.3.1　评价指标

易损性评价的主要对象是承灾体，岷江上游主要的承灾体是聚落，聚落主要包括建筑和土地，而土地不仅仅是承灾体，在岷江上游地区特殊的地理环境中还有可能成为致灾因子，为泥石流等自然灾害提供物源。在岷江上游开展聚落地质灾害易损性评价主要是将研究区的整个聚落当作承灾体，重点内容是研究区域聚落内社会状态、社会环境的暴露性和应对力，影响因素主要包括人口密度、灾害密度、人均 GDP、万人医生数、万人村委会数、防护工程数量、人均固定资产投资等因子。

9.3.2 案例应用

熵值综合评判模型是一个统计学定量计算模型,地质灾害易损性评价则是利用该模型物理结果在二维空间的客观反映。通过 ArcGIS 软件中各评价因子信息图层的建立,结合熵值计算公式,利用栅格计算器进行计算,进一步进行综合评判,探讨各个时期岷江上游山区聚落地质灾害易损性变化趋势,得出岷江上游地质灾害胁迫下各个时期聚落地质灾害易损性的变化原因及趋势,从而为岷江上游地区防灾减灾应急能力建设提供理论支撑,进而为岷江上游地区聚落、社会合理规划提供依据。

熵是对系统状态不确定性的一种度量。信息量越大,不确定性越小,熵也越小;信息量越小,不确定性越大,熵也越大。经过数据处理,分别得到各指标的信息熵值、差异系数以及权重(表 9-2~表 9-4)。根据图 9-6 可知,2006 年、2009 年及 2015 年各个指标熵值变化总体并不是很大,结合表 9-4 可知,一般公共预算支出、师生比、万人医院技术人员数、一般公共预算支出熵值均较高,反映在各乡(镇)指标中其内部差异较小;人口密度、经济密度、建筑覆盖率、公路密度熵值较低,反映各乡(镇)指标信息量较小,不确定性较大,其中建筑覆盖率的熵值最低,且变化较大,更是反映了居民居住地在时间和空间上变化波动较大。

结合表 9-4 可知,2006 年公路密度、经济密度、建筑覆盖率、人口密度所占权重比较高,人均 GDP、一般公共预算支出所占权重较低;2009 年建筑覆盖率和公路密度所占权重较高,人均 GDP、一般公共预算支出、万人医院技术人员数所占权重最低;2015 年建筑覆盖率和公路密度所占权重较高,一般公共预算支出、人均移动电话数、万人医院技术人员数所占权重最低。

综上所述,影响岷江上游地质灾害易损性的主要差异指标是公路密度、经济密度、建筑覆盖率、人口密度 4 个指标,说明影响岷江上游易损性的主要关键因子是公路、建筑、人口和经济 4 个方面,而这 4 个方面也都是最容易遭受地质灾害威胁的因子,公路、建筑物和人口主要是地质灾害的承灾体,也是受威胁的主要对象,经济量值是威胁对象的最直接损失。在指标贡献较少的因子中,2006 年主要是人均 GDP、一般公共支出预算权重较低,岷江上游地区主要是偏远山区,经济基础较差,政府基本上没有财政收入来源,公共预算支出相应较少,内部差异性较小;2009 年人均 GDP、一般公共预算支出、万人医院技术人员数所占权重最低,相比 2006 年,万人医院技术人员数的增加正说明岷江上游地区在汶川地震后,政府加大了对边远地区的医疗卫生投入,医院技术人员内部区域差异较小,需要强调的一点是,一般公共预算支出虽然权重较低,但是与 2006 年的情况是截然不同的,2006 年政府投资力度较小,而 2009 年,国家对该地区投入大量资金,加上全国各地的支援,一般公共预算投入相对 2006 年是很高的,但是由于对资源分配较为均衡,故而权重较低;2015 年相比 2006 年、2009 年主要是人均移动电话数的权重较为降低,2006 年、2009 年该地区还是以固定电话和功能机为主,加上移动通信基础设施不完善,各乡(镇)人均移动电话数差异较大,主要是集中在信号较好的地区,2015 年由于政府对该地区的基础通信能力建设加强,加上 3G、4G 信号的覆盖,智能手机进入山区家庭的千家万户中,基本上在 2015 年家家户户都有移动电话。

表 9-2　岷江上游易损性各指标熵值

年份	地质灾害威胁财产	地质灾害威胁人数	人口密度	灾害点密度	师生比	经济密度	第一产业占比	建筑覆盖率	公路密度	万人村委会数	人均GDP	人均固定资产投资	一般公共预算支出	人均移动电话数	万人医院技术人员数	工程防护
2006	0.9036	0.8904	0.7702	0.8955	0.9603	0.6607	0.9323	0.7645	0.6671	0.9764	0.9850	0.9513	0.9964	0.9439	0.9680	0.9952
2009	0.9039	0.9053	0.8424	0.8932	0.9744	0.8590	0.9406	0.7287	0.7637	0.9828	0.9950	0.9189	0.9946	0.9551	0.9901	0.9952
2015	0.9039	0.9053	0.8422	0.8932	0.9510	0.7773	0.8754	0.6045	0.7896	0.9801	0.9843	0.9818	0.9963	0.9919	0.9935	0.9952

表 9-3　岷江上游易损性各指标差异系数

年份	地质灾害威胁财产	地质灾害威胁人数	人口密度	灾害点密度	师生比	经济密度	第一产业占比	建筑覆盖率	公路密度	万人村委会数	人均GDP	人均固定资产投资	一般公共预算支出	人均移动电话数	万人医院技术人员数	工程防护
2006	0.0964	0.1096	0.2298	0.1045	0.0397	0.3393	0.0677	0.2355	0.3329	0.0236	0.0150	0.0487	0.0036	0.0561	0.0320	0.0048
2009	0.0961	0.0947	0.1576	0.1068	0.0256	0.1410	0.0594	0.2713	0.2363	0.0172	0.0050	0.0811	0.0054	0.0449	0.0099	0.0048
2015	0.0961	0.0947	0.1578	0.1068	0.0490	0.2227	0.1246	0.3955	0.2104	0.0199	0.0157	0.0182	0.0037	0.0081	0.0065	0.0048

表 9-4　岷江上游易损性各指标权重

年份	地质灾害威胁财产	地质灾害威胁人数	人口密度	灾害点密度	师生比	经济密度	第一产业占比	建筑覆盖率	公路密度	万人村委会数	人均GDP	人均固定资产投资	一般公共预算支出	人均移动电话数	万人医院技术人员数	工程防护
2006	0.0554	0.0630	0.1322	0.0601	0.0228	0.1951	0.0389	0.1354	0.1914	0.0135	0.0086	0.0280	0.0021	0.0323	0.0184	0.0028
2009	0.0708	0.0698	0.1161	0.0787	0.0189	0.1039	0.0438	0.1999	0.1741	0.0127	0.0037	0.0598	0.0040	0.0331	0.0073	0.0036
2015	0.0626	0.0617	0.1028	0.0696	0.0319	0.1451	0.0812	0.2577	0.1371	0.0130	0.0102	0.0119	0.0024	0.0053	0.0042	0.0031

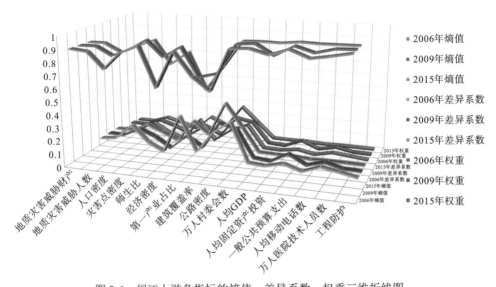

图 9-6　岷江上游各指标的熵值、差异系数、权重三维折线图

9.3.3　评价结果

应用 ArcGIS 软件，利用熵值综合评判法的得分公式进行权重叠加，利用自然断点法将信息量图重分为 5 类，依次为低、较低、中、较高、高 5 个聚落地质灾害易损区，并将其投影到各期次聚落上，最终得到 2006 年、2009 年、2015 年岷江上游聚落地质灾害易损性区划图（图 9-7～图 9-9）。

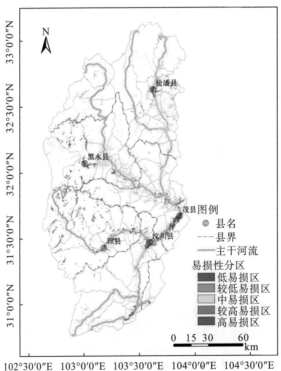

图 9-7　岷江上游 2006 年易损性区划图

图 9-8　岷江上游 2009 年易损性区划图

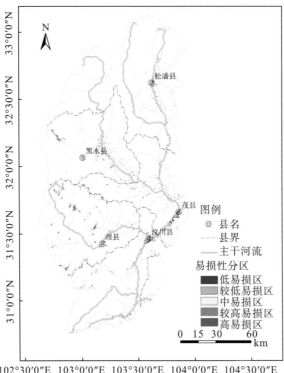

图 9-9　岷江上游 2015 年易损性区划图

从图 9-7 可以看出，汶川县—茂县段和黑水县的大部分地区聚落地质灾害高易损区较多，主要是芦花镇、飞虹乡、凤仪镇、威州镇、漩口镇、进安镇等，这些乡(镇)多是人口较为密集、经济活动频繁的地区且具有隐患较多的灾害点，如芦花镇的阿古组滑坡、斯八米寨子滑坡、德石窝沟哈姆湖崩塌、锄头沟泥石流，威州镇的花紫坪崩塌、普登滑坡、七盘沟泥石流，凤仪镇的垮水沟滑坡、龙洞沟泥石流、大沟泥石流等；较高、中易损区主要集中分布在汶川、茂县、松潘的岷江河道两岸。理县的大部分地区地质灾害易损性较低，相对较高的地区主要在杂谷脑镇附近，汶川县的卧龙镇和耿达镇是大熊猫国家自然保护区，由于植被较好，人类工程活动较少，聚落分布较稀疏，地质灾害易损性较低。

通过表 9-5 可知，岷江上游 2006 年地质灾害易损性整体一般，其中低和较低地质灾害易损区总面积为 271.6405 km^2，所占比例约为 28.42%；地质灾害中易损区总面积为 439.3883 km^2，占比约为 45.98%；高易损区面积为 140.8138 km^2，占比约为 14.73%。

表 9-5　岷江上游 2006 年易损性等级区所占比例

易损性等级区	面积/km^2	占研究区栅格比例/%
低易损区	93.9820	9.83
较低易损区	177.6585	18.59
中易损区	439.3883	45.98
较高易损区	103.8629	10.87
高易损区	140.8138	14.73

从图 9-8 可以看出，2009 年岷江上游聚落地质灾害较高、高易损区主要集中在松潘县、黑水县和茂县的岷江干流两侧乡(镇)，高易损区主要是区(县)的政府所在地，由于河道两侧地势相对较低，有利于聚落生产生活，但是又因为岷江上游地区山高谷深，易于发生地质灾害，造成潜在易损的可能性较大。黑水县黑水河流域的上游及河道右侧乡(镇)为中易损区。理县所在的杂谷脑河流域及汶川县的渔子溪流域易损值整体较低，寿溪流域易损值低。

通过表 9-6 可知，岷江上游 2009 年整体聚落地质灾害易损值较低，其中低和较低易损区总面积为 262.5259 km^2，占比约为 32.24%；聚落地质灾害中易损区总面积为 325.5570 km^2，占比约为 39.99%；高易损区面积为 56.8283 km^2，占比约为 6.99%。

表 9-6　岷江上游 2009 年易损性等级区所占比例

易损性等级区	面积/km^2	占研究区栅格比例/%
低易损区	122.7882	15.08
较低易损区	139.7377	17.16
中易损区	325.5570	39.99
较高易损区	169.2009	20.78
高易损区	56.8283	6.99

从图 9-9 可以看出，2015 年岷江上游聚落地质灾害易损值相对较低，高易损区主要是茂县的凤仪镇，汶川县的威州镇，松潘县的进安镇、进安回族乡，高易损性区主要是区（县）的政府所在地，由于河道两侧地势相对较低，有利于聚落生产生活，但是又因为岷江上游地区山高谷深，易于发生地质灾害，造成潜在易损的可能性较大。都江堰的虹口乡易损值较高，由于人口较多，经济密集，潜在的损失风险也较大。杂谷脑河流域及渔子溪流域易损值整体较低。

通过对以上地质灾害易损性分区统计得出，岷江上游 2015 年整体聚落地质灾害易损值较低，其中低和较低易损区总面积为 297.7524 km²，占比约为 64.32%；聚落地质灾害中、较高易损区总面积为 104.0964 km²，占比约为 22.49%；高易损区面积为 61.0771 km²，占比约为 13.19%。具体情况见表 9-7。

表 9-7　岷江上游 2015 年易损性等级区所占比例

易损性等级区	面积/km²	占研究区栅格比例/%
低易损区	63.4766	13.71
较低易损区	234.2758	50.61
中易损区	74.8564	16.17
较高易损区	29.2400	6.32
高易损区	61.0771	13.19

9.4　基于贡献权重叠加法的聚落灾害易损性评价

本节在 ArcGIS 软件平台下，采用矢量格网数据处理方法，对研究区进行规则矢量格网划分，每个单元面积为 0.5 km×0.5 km。根据上述原则，将研究区划分为 88667 个单元网格。

9.4.1　评价指标

基于构建岷江上游山区聚落泥石流灾害易损性评价指标体系的科学性、系统性、可比性原则，以及各指标对易损性贡献特征的不同，建立了岷江上游山区聚落泥石流灾害易损性评价的指标体系。本节研究确定了 13 个影响因子作为评价指标：7 个暴露性指标，4 个应对力指标和 2 个恢复力指标（表 9-8）。

表 9-8　易损性的一级指标与二级指标

一级指标	二级指标	描述
暴露性	人口密度/（人/km²）	人在危险中的单位数目
	建筑覆盖率/%	建筑的潜在损毁
	经济密度/（万元/km²）	区域的经济活力
	耕地覆盖率/%	耕地的潜在损毁
	道路密度/（km/ km²）	道路的潜在损毁
	水电站影响范围(无量纲)	水电站的潜在损毁

一级指标	二级指标	描述
	泥石流影响范围(无量纲)	泥石流灾害的影响程度
应对力	监测系数(即监测站个数/泥石流沟条数)	社会的预警能力
	万人病床数/(床/万人)	社会的救助能力
	万人医生数/(人/万人)	社会的救助能力
	城市化率/%	经济的发达程度
恢复力	人均GDP/(万元/人)	社会的富裕程度
	人口受教育程度/%	人员自救能力

9.4.2 评价结果

在 ArcGIS 软件平台下,应用表 9-8 中列出的 CWS 方法评估岷江上游山区聚落泥石流灾害易损性,计算 7 个暴露性指标因子(表 9-8),获取每个指标因子的基础图件;同时得到各指标因子在格网中的分布信息 [图 9-10(a)~图 9-10(g)],并把分布信息导入格网中。计算出暴露性指标因子在每个格网上的贡献率,将每个指标因子的贡献率等分为 5 级 [图 9-11(a)~图 9-11(g)]。为了得到暴露性 7 个指标因子的权重值,计算求得指标因子的自权重和指标因子的互权重。然后,将各指标因子进行计算并将 7 个指标的值累加,得到每个单元的暴露性值,结果如图 9-12 所示。

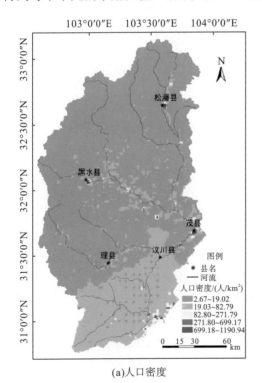

(a)人口密度　　　　　　　　　　　　(b)建筑覆盖率

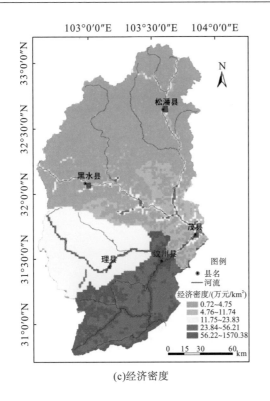

(c)经济密度

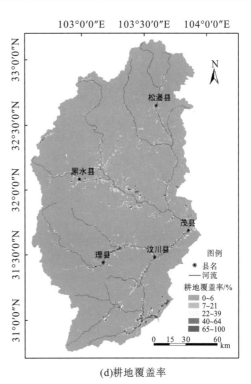

(d)耕地覆盖率

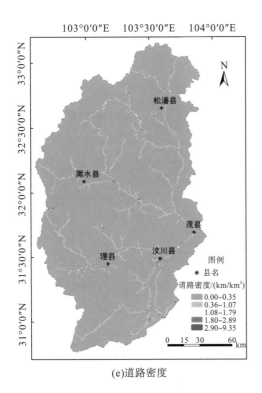

(e)道路密度

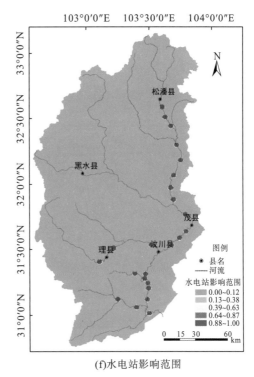

(f)水电站影响范围

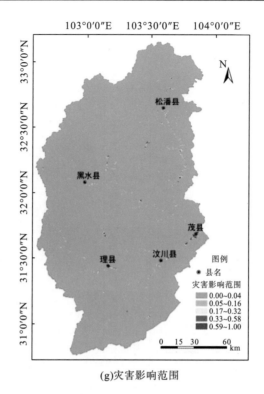

(g)灾害影响范围

图 9-10 山区聚落暴露性的各个单评价因子分布图

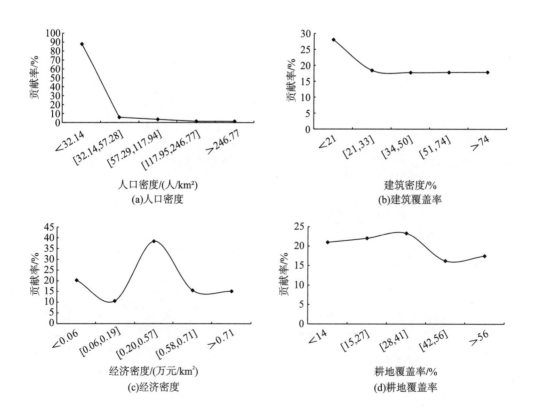

(a)人口密度

(b)建筑覆盖率

(c)经济密度

(d)耕地覆盖率

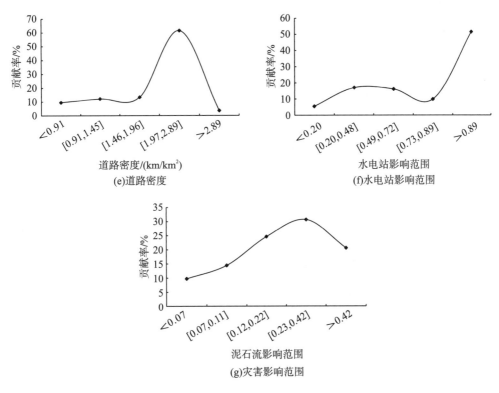

图 9-11　山区聚落暴露性的各个单因子贡献率折线图

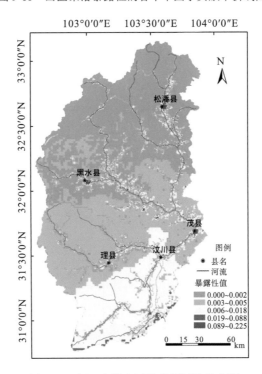

图 9-12　岷江上游山区聚落暴露性分布图

同理，获取了 6 个应对力 [图 9-13(a)～图 9-13(d)，图 9-14(a)～图 9-14(d)] 和恢复力 [图 9-15(a) 和图 9-15(b)，图 9-16(a) 和图 9-16(b)] 指标的统计数据，按照暴露性数据的处理方法，计算出每个格网的社会应对力值和恢复力值，结果如图 9-17 和图 9-18 所示。

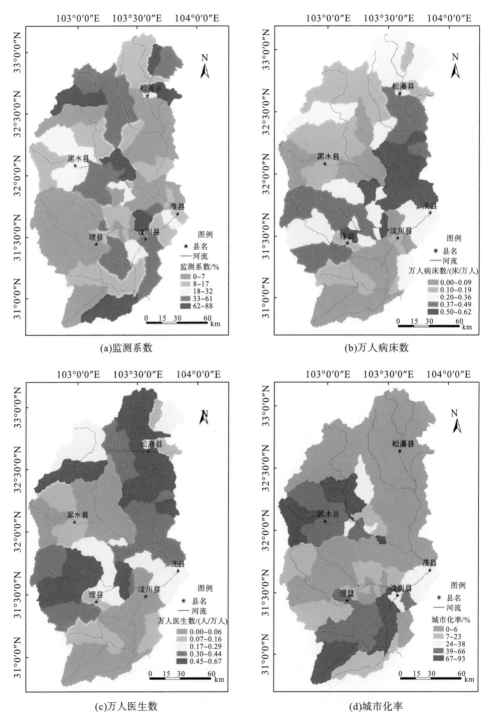

图 9-13　山区聚落应对力的各个单评价因子分布图

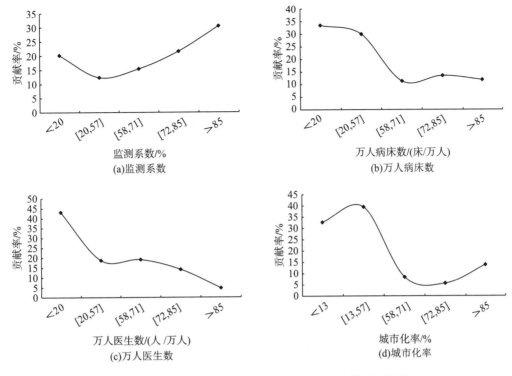

图 9-14　山区聚落应对力的各个单评价因子贡献率折线图

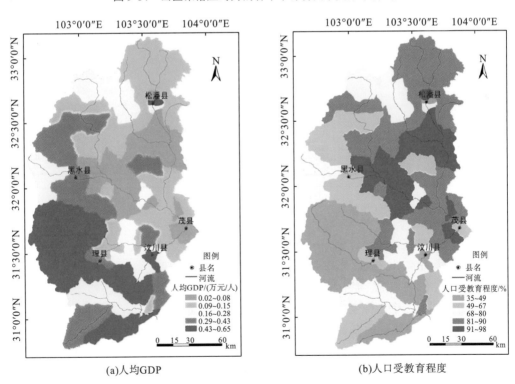

图 9-15　山区聚落恢复力的各个单评价因子分布图

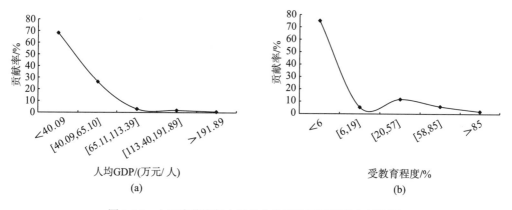

图 9-16　山区聚落恢复力的各个单评价因子贡献率折线图

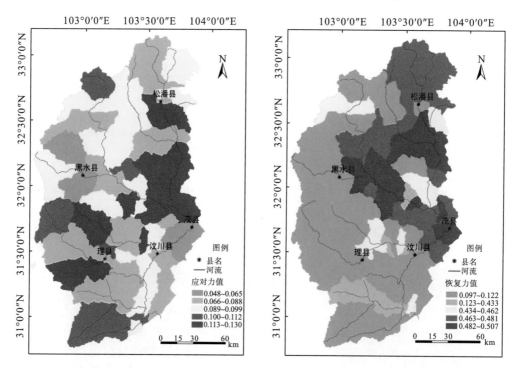

图 9-17　岷江上游山区聚落应对力分布图　　图 9-18　岷江上游山区聚落恢复力分布图

最后，进行易损值分级计算，可以得到如图 9-19 所示的结果。表 9-9 中 7 个暴露性评价指标的互权重依次递减，顺序是人口密度、经济密度、建筑覆盖率、耕地覆盖率、道路密度、水电站影响范围、泥石流影响范围。通过对各因子图件进行比较，人口密度和经济密度相对于其他 5 个指标变化明显，严重影响区域易损值的空间分布，两因子对暴露性的影响达到 86%。汶川县的乡（镇）人口密度和经济密度是最高，其次是理县。因此，这些指标因子的互权重值相对较高。4 个应对力指标的权重依次递减，顺序为监测系数、万人病床数、万人医生数、城市化率。由于岷江上游泥石流灾害发生频繁，早期的灾害预警作为一个先决条件，在泥石流发生监测方面将做出重大贡献。因此，该系数的互权重最高（0.290）（表 9-9）。与暴露性评价因子的互权重相比较，应对力 4 个指标的互权重相对较为平衡。作为恢复力的两个指标，人口受教育程度和人均 GDP，其互权重第一个贡献约 1/3，后者大约是这个评价因子的 2/3。

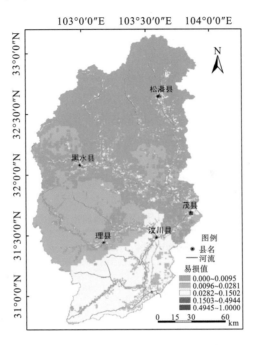

图 9-19　岷江上游山区聚落易损值分布图

表 9-9　暴露性、应对力、恢复力的各评价指标的权重分配

一级指标	二级指标	自权重					互权重
		低	较低	中	较高	高	
暴露性	人口密度	0.013	0.102	0.142	0.306	0.437	0.501
	建筑覆盖率	0.039	0.085	0.137	0.204	0.535	0.056
	经济密度	0.087	0.265	0.045	0.588	0.014	0.362
	耕地覆盖率	0.056	0.124	0.168	0.230	0.421	0.038
	道路密度	0.046	0.120	0.134	0.183	0.517	0.026
	水电站影响范围	0.007	0.016	0.099	0.236	0.641	0.010
	泥石流影响范围	0.119	0.279	0.235	0.191	0.176	0.007
应对力	监测系数	0.147	0.066	0.239	0.276	0.271	0.290
	万人病床数	0.064	0.088	0.189	0.220	0.439	0.248
	万人医生数	0.062	0.144	0.282	0.225	0.287	0.245
	城市化率	0.082	0.153	0.126	0.362	0.277	0.217
恢复力	人均 GDP	0.187	0.174	0.134	0.149	0.356	0.318
	人口受教育程度	0.070	0.050	0.062	0.178	0.639	0.682

泥石流灾害的暴露性与易损性呈正相关关系，暴露值越高，易损值也越高；相对而言，应对力和恢复力可减小泥石流灾害的易损值。在一个格网中，泥石流暴露性的贡献较大，相应的泥石流灾害易损值也较高；如果应对力和恢复力变得较高，那么泥石流灾害易损值将相应降低。

如表 9-10 所示，高易损区和较高易损区的灾害分布密度为 2.15 处/100 km² 和 2.08 处/100 km²，两区域的总面积分别是 325.18 km² 和 818.21 km²，分别约占总面积的 1.42%和 3.55%。这些高易损地区有很高的经济活动能力，进而反映了该区域的地形地貌特征。特别是位于河谷的松潘县、茂县、黑水县易损值较高。此外，由于汶川县南部有高的经济密度，即使灾害密度低，导致区域的易损值也处于中易损性水平；相反，即使有中灾害密度，但在大空间上展布后也只是处于低易损性水平。因此，灾害分布并不代表易损值的大小，特别是社会经济发达易导致产生高易损区和较高易损区。

表 9-10　　岷江上游山区聚落易损性区划结果表

区域	面积/km²	面积所占比例/%	泥石流灾害处/处	灾害点所占比例/%	灾害密度/(处/100 km²)
高易损区	325.18	1.42	7	2.19	2.15
较高易损区	818.21	3.55	17	5.33	2.08
中易损区	4296.46	18.65	31	9.72	0.72
较低易损区	7628.60	33.12	150	47.02	1.97
低易损区	9965.55	43.26	114	35.74	1.14
合计	23034.00	100.00	319	100.00	1.38

9.4.3　小结

根据 9.4 节研究结果，可以得到以下结论。

(1)在过去的几十年，自然灾害管理从一个基于传统技术措施的流程方法转移为针对减少灾害风险频率或幅度的概念，它允许评估灾害对人类圈的影响及其对建筑环境的影响。在管理自然灾害风险中，为了减少危险事件带来的损失，更广泛地了解所需的易损性概念是必须的。由于部门行业的规定，多个固有的易损性概念存在明显的差异。它们之间的整体差异可用来演绎和归纳易损性评价。第一，旨在依据不同的指标和指数(经验获得)，识别、比较和量化区域易损性、群体的易损性或行业易损性；第二，针对易损性行为和能力的认知，为了更好地发展本地，植入相对的适应和应对策略。承认多种不同根源的易损性概念，通过多维的方法实现减小自然灾害风险的总体目标。这种方法应该不仅包括灾害来源本身，而且关注经济、社会和制度方面的应对力和恢复力。

(2)这些方法的核心是一个内部反馈回路系统，凸显出易损性是动态的。易损性评价不能局限于静态模型，还应允许识别个人因素的暴露性、应对力和恢复力。本书研究提供的模型可反复应用更新的指标和指数，因而特别适合应用于数据有限的地区。

(3)本书提供了一个应用的多元指标来计算分析岷江上游山区聚落泥石流灾害易损性。本书研究介绍的模型将易损性评价方法扩展为暴露性、应对力和恢复力三者综合的评估方法。结果表明，易损性与暴露性呈正相关关系，而与应对力和恢复力呈负相关关系。

此外，本书研究中应用 CWS 方法计算易损性，同早期通过暴露性和应对力计算易损性的模型比较，这种方法明显地扩展了评价的信息。特别地，人口密度和经济密度成为暴露性评价的关键因素，而其他评价因子的重要程度则被大大降低。而应对力主要是体现监测灾害风险的能力，并提供适当的早期预警。恢复力或社会应对力的缺乏在面对灾害风险时将限制区域内成员和资源的转移，因此，劳动力对地区的恢复重建具有较强的影响。

(4)根据易损性评价中使用统计数据的系统性、可比性和区域性原则，建立了岷江上游山区聚落泥石流灾害易损性评价的指标体系。实际上，当暴露性为 0 时，区域将没有易损性，因为"当灾害威胁到某个事物时它才具有危险"(hazard is not hazardous unless it threatens something) 及"当灾害中的因子受到某个事物的威胁时，易损性才有意义"(vulnerability does not exist unless some elements at risk are threatened by something)(Alexander，2004)。然而，当应对力抵制存在时，易损性不仅仅取决于暴露性：一旦这种能力增加，暴露的易损性将动态减少。相反，如果这种能力逐渐降低，易损性将越来越取决于暴露性。但是，还有其他因子影响易损性，如灾害密度、监测系数。因此，使用这个指标体系进行易损性评价是可靠的，同时也说明在特定地区进行易损性评价具有挑战性。

(5)根据数据的可用性，许多学者(Fell et al.，2008；Kappes et al.，2011；van Westen et al.，2008)扩展了暴露性指标，如滑坡的敏感性模型中包括了更多的信息和变量，如地质或气象信息。此外，从原则上，应对力和恢复力的评估也可能包括其他的指标，如以制度尺度而言，暴露区域建设的法律法规或风险承受(Fuchs，2009)。2008 年"5·12"汶川地震发生以来，典型的(制度)改变对山地灾害风险管理的方法有了极大的促进(Ge et al.，2015)，同时这也将支持该研究地区持续努力地发展。特别地在恢复和重建前，对适当区域重新评估其危险性、易损性和风险性是必要的(Xie et al.，2009；Cui et al.，2010)。

第10章 山区人口与建筑易损性评价

10.1 山区人口易损性评价

10.1.1 实地调研

2015 年 7 月，本书对应课题组团队对汶川部分地区进行了考察，查看了映秀镇、威州镇等地，并现场考察了红椿沟、七盘沟等典型泥石流沟。实地调查前，我们下载了七盘沟村影像图，分辨率为 8 m，并解译获取了七盘沟村居户图，提前制定了相应的调查表，并对七盘沟村中每户进行调查，每张调查表对应一个住户的基本信息。表 10-1 为汶川县七盘沟村基本情况典型调查表，图 10-1 为汶川县七盘沟村实地调研照片。

表 10-1 汶川县七盘沟村基本情况典型调查表

住户编号		住户人口		年龄结构			身体健康状况	
教育结构	未接受教育	初级教育		中等教育		高等教育	民族结构	单一成分	非单一成分
		小学	初中	高中	大专以上			
医院床位数		土地利用类型							
		耕地	裸地	林地	草地	农田	难以利用的土地	住宅用地
灾害认识度	地震	泥石流	滑坡		崩塌		洪水	泥石流	极端天气
灾害经历	1 次		2~4 次		4 次以上		无
灾害预防情况	2008 年以前			2008 年以后	
	能说出的灾害种类	能想到的应对措施		能说出的灾害类型	应对措施
建筑物情况	建筑面积		建筑结构	简单结构	简易		地质灾害预防措施
					土木		
					砖木		
	建筑楼层			砖混结构			
	建筑年限			钢混结构			
	安全等级						
	建筑群数目		建筑相对位置	左岸		其他描述	
	建筑群距离			右岸			
	建筑用途		建筑距沟距离				

续表

平面图 (泥石流沟源松散堆积区、沟口扇地可能危害范围、威胁对象的分布)				
比例尺	1 :	照片编号		

图 10-1　实地调研照片

获得岷江上游研究区和典型区的基础数据后，再通过各类软件对基础数据进行处理，具体如下。

(1) 从地球系统科学数据共享平台和 2014 年相关年鉴中得到乡(镇)人口数量、老年人口、儿童人口、女性人口、农业人口、乡(镇)GDP、病床数、医生数、劳动人口数后，运用 SPSS 软件对其进行整理，泥石流灾害点运用遥感影像进行解译并统计。在 ArcGIS 软件的支持下，建立岷江上游各评价指标的属性字段，将统计数据导入，并把各指标数据图层转为栅格图层，等级划分后，运用模型进行计算。

(2) 根据所得的调查问卷，运用 SPSS 软件对七盘沟村原始数据进行整理统计，并根据一定的规则对每户进行划分。首先创建属性矩阵和指标行矩阵，属性矩阵每一行代表一个居户，每一列为对应 18 项易损性评价指标中的一个具体指标，指标行矩阵为一个一行 18 列的行矩阵，将结果保存在 Excel 中；在 MATLAB 中编写转换程序，将各文本型评价指标转换为二元值(即 0 或 1)，编写原则如下：若行矩阵中的第 i 行($i=1,2,3\cdots$)第 j 列($j=1,2,3,\cdots,20$)元素的同指标矩阵的第 j 个评价指标相同，则将第 i 行第 j 列的元素值修改为 1,否则修改为 0,转换结束后将结果从 MATLAB 中导出,保存为 Excel 软件能读取的数据格式。

10.1.2　评价指标与方法

众所周知,由于研究区域尺度不同,所获得的数据精度以及相应的评价方法也不尽相同。目前关于人口易损性评价的尺度较多、标准不一,在不同评价尺度下,人口易损性的影响因素也会不同,所采用的评价方法也会有所区别。因此,本节选取了岷江上游(县市级区域)和汶川县七盘沟村(乡镇级区域)为研究对象,对这两个尺度下的人口易损性评价指标进行了筛选。

(1)县市级区域评价指标选择。根据岷江上游人口易损性的研究需求和资料的可获取度,选择人口密度、万人病床数、万人医生数、预警预报体系、人均 GDP 和劳动人口率 6 个因子作为县市级区域人口易损性评价指标。

(2)乡镇级区域评价指标选择。基于泥石流灾害易损性评价指标体系的科学性、可比性、系统性的原则,并根据实地调查,建立了汶川县七盘沟村泥石流人口易损性评价的指标体系。选取了最能体现人口易损性的 6 个影响因子作为评价指标,分别是年龄结构、健康状况、家庭规模、民族特征、文化程度、与泥石流沟的距离。

人口易损性评价的指标体系没有一个统一的标准,不同的指标偏重度不一样,而且不同尺度下的研究区域,如果选用相同的方法进行人口易损性评价,则获得指标精度的难易程度不同,而且不一定能够达到良好的评价效果。因此,在本章中,不同尺度下的人口易损性评价采用了不同的研究方法,岷江上游(县市级区域)泥石流灾害人口易损性评价采用信息量模型方法进行,而汶川县七盘沟村泥石流灾害人口易损性评价采用自组织神经网络模型进行。

10.1.3　岷江上游人口易损性评价

10.1.3.1　单元网格划分

选择信息量模型作为县市级区域人口易损性的评价方法,是建立在对区域格网单元划分的基础上的,且栅格单元在较大量空间数据叠加计算方面具有明显的速度优势。栅格的划分直接影响评价结果的合理性,且目前栅格单元尺度的选取主要来自专家的经验知识与原始数据的分辨率,它是选取栅格单元尺度时必须要考虑的要素。

本节根据式(8-1)和研究区原始数据进行计算,选取了 50 m×50 m 的栅格单元,并将岷江上游区域分为了 5288 行、2557 列,共 9192246 个栅格单元。

10.1.3.2　信息量计算

在高精度遥感影像的支持下,解译分析结合现场踏勘,我们得到了岷江上游泥石流沟信息及其分布图,再结合 ArcGIS 导入基础数据,使用 Arctool 要素转为栅格格式,栅格大小为 50 m×50 m,运用自然断点法进行重分类,得出岷江上游泥石流灾害点分布图(图 10-2)。

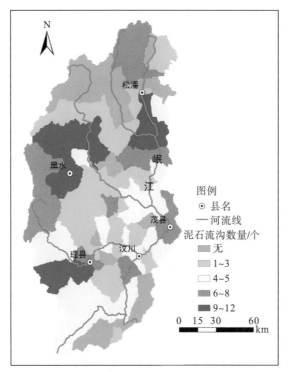

图 10-2　岷江上游泥石流灾害点分布图

　　从图 10-2、图 10-3 的泥石流灾害点分布情况可以看出，岷江上游地区泥石流灾害众多，且区域分布差异较大。研究区内乡(镇)灾害点多为 4～8 个，草原乡、龙池镇、上八寨乡等乡(镇)无历史泥石流沟；小姓乡、芦花镇、岷江乡等地泥石流灾害较发育。

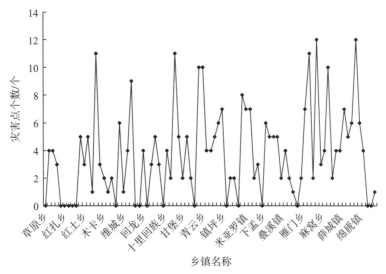

图 10-3　岷江上游泥石流灾害点折线图

　　(1)人口密度。岷江上游修正人口密度等级图如图 10-4 所示，人口密度等级划分如表 10-2 所示。从图 10-4 和表 10-2 可以看出，岷江上游地区约 63%的地区修正人口密度较小，多分布在理县、黑水县境内，且海拔较高；约34%的地区修正人口密度较大，主要分布在岷江沿岸的乡(镇)，多在汶川县、茂县、松潘县境内；约 3%的地区修正人口密度大，主要分布在汶川龙池镇、茂县的凤仪镇。

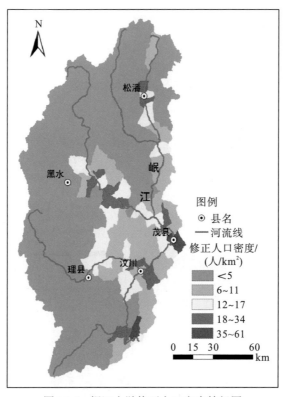

图 10-4　岷江上游修正人口密度等级图

表 10-2　岷江上游人口密度等级划分

修正人口密度/(人/km²)	等级	栅格数/个
<5	人口极稀区	86216
6～11	人口稀少区	352471
12～17	人口中等区	816557
18～34	人口密集区	1464692
35～61	人口极密区	6472310

　　对比图 10-2 的灾害点分布与图 10-4 可以看出，泥石流灾害点的分布杂乱无章，某些修正人口密度较大的地区，其泥石流灾害点可多可少，泥石流灾害多的地区有石鼓镇、青云乡、知木林乡等，泥石流灾害少的地区有慈坝乡、十里回族乡、下孟乡等；修正密度较小的地区，也可能存在较多的泥石流灾害，如芦花镇、米亚罗镇、朴头乡等。

　　(2)人均GDP。岷江上游人均 GDP 等级分布图如图 10-5 所示，等级划分如表 10-3 所示。可以看出，岷江上游人均 GDP 分布与修正人口密度差异较大。约52%的地区人均 GDP 较低，主要分布在茂县、理县、松潘等境内，多是人口密度较大的地区；约38.8%的地区人均 GDP 较高，主要分布在汶川、理县、黑水等境内，这些地区人口密度较小，如汶川的威州镇，人口密度较小，少数民族多。结合图 10-4 和图 10-5 可以看出，岷江上游各地区的人均 GDP 差异较大，贫富差异很明显。有人均 GDP 高达 6 万元的草坡乡，也有人均 GDP 只有 823 元的维古乡。人均 GDP 较高的地区多海拔较高，人口密度相对较小，泥石流灾害相对较少，这也符合现实情况，一般的经济发达地区泥石流灾害都较少。这些地区以畜牧业、林业和特色产业为主，且四季风景优美，旅游业发展良好。

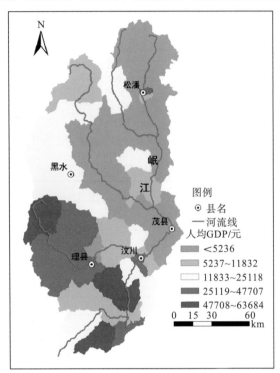

图 10-5　岷江上游人均 GDP 等级分布图

表 10-3　岷江上游人均 GDP 等级划分

人均 GDP/元	等级	栅格数/个
<5236	极低收入	3286613
5237～11832	低收入	1519632
11833～25118	中等收入	2370047
25119～47707	高收入	1199921
47708～63684	极高收入	816033

(3) 监测点。岷江上游监测点与泥石流灾害点曲线图如图 10-6 所示，等级划分如表 10-4 所示，等级分布图如图 10-7 所示。从表 10-4 和图 10-6 可以看出，岷江上游共有 653 个泥石流灾害监测点，其中研究区内有 49.5% 的地区平均有 5～8 个泥石流灾害监测点，如芦花镇、凤仪镇等地，这些地区相应的泥石流灾害点也较多，约 3.8% 的地区拥有 1～4 个监测点，如草原乡、虹口乡等地，这些地区泥石流较少或者历史上没有发生过泥石流。

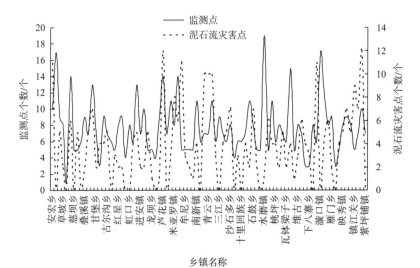

图 10-6　岷江上游监测点与泥石流灾害点曲线图

表 10-4　岷江上游监测点等级划分

划分标准/个	等级	监测点个数/个	总数/个
1～4	极稀区	25	
5～8	稀少区	323	
9～12	中等区	169	653
13～16	密集区	83	
17～20	极密区	53	

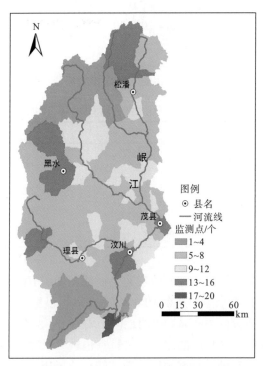

图 10-7　岷江上游监测点等级分布图

从图 10-7 可以看出，泥石流灾害预警预报点，即泥石流灾害监测点基本与泥石流灾害分布呈正相关关系，泥石流灾害分布较多的地区，其监测点也相对较多。

（4）万人病床数。岷江上游万人病床数等级分布图如图 10-8 所示，等级划分如表 10-5 所示。可以看出，岷江上游地区万人病床数普遍偏低。研究区内 67.5%的地区的万人病床数相对较少，如汶川县、黑水县、松潘县等地，这些区域面积大、人口少；只有 3.2%的地区的万人病床数较大。

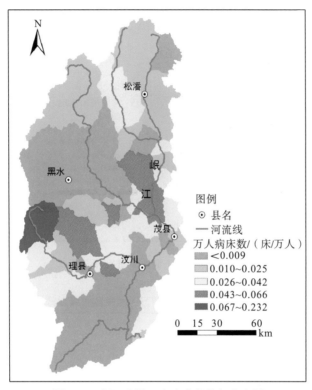

图 10-8   岷江上游万人病床数等级分布图

表 10-5   岷江上游万人病床数等级划分

万人病床数/(床/万人)	等级	栅格数/个
＜0.009	极少区	3756330
0.010~0.025	较少区	2451405
0.026~0.042	中等区	1842433
0.043~0.066	较多区	844327
0.067~0.232	极多区	297751

（5）万人医生数。岷江上游万人医生数等级分布图如图 10-9 所示，等级划分如表 10-6 所示。可以看出，岷江上游地区万人医生数的分布与万人病床数的分布相差不大，且普遍较低。69.5%的地区的万人医生数较低，多分布在汶川县、黑水县和茂县等地；1.9%的地区的万人医生数较高，主要在桃坪乡、夹壁乡等地，而这些地区的万人病床数也相对较高。

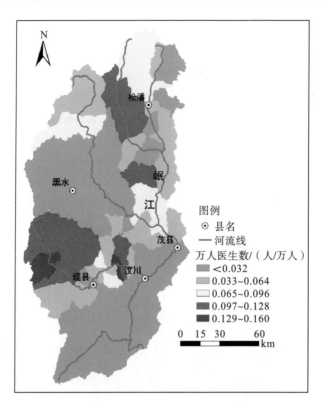

图 10-9 岷江上游医生等级分布图

表 10-6 岷江上游万人医生数等级划分

万人医生数(人/万人)	等级	栅格数/个
<0.032	极少区	4512124
0.033~0.064	较少区	1872074
0.065~0.096	中等区	1134576
0.097~0.128	较多区	1496726
0.129~0.160	极多区	176746

　　结合图 10-8 和图 10-9 可知,研究区某些泥石流灾害点较多的地区,万人医生数较低,如秦朗乡、知木林乡、绵虒镇等。万人病床数和万人医生数主要与当地的人口、经济发展有一定的关系,泥石流灾害发生时,这两个指标值越高,越能在一定程度上降低人员的伤亡数量。

　　(6)劳动人口率。岷江上游劳动人口率等级分布图如图 10-10 所示,等级划分如表 10-7 所示。可以看出,总体来说岷江上游劳动人口所占比例较大,约 69.3%的地区拥有 40%以上的劳动人口,其中31.3%的乡(镇)有 50%以上的劳动人口比例,而研究区内中等区(44%~52%)的劳动人口比例分布较多,高达 38.0%;研究区内有 16.2%的地区劳动人口比例较低,如卧龙镇、草原乡等乡(镇),这些地方是以旅游业或其他行业为主(卧龙镇以水能资源开发为主,草原乡以发展旅游业和粮食种植业为主),劳动人口比例主要与当地的人口、经济密切相关。

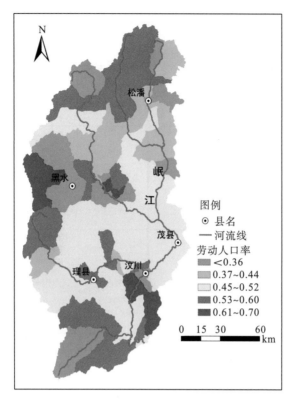

图 10-10 岷江上游劳动人口率等级分布图

表 10-7 岷江上游劳动人口率的等级划分

劳动人口率	等级	栅格数/个	所占比例/%
<0.36	极稀疏区	1490473	16.2
0.37~0.44	稀疏区	1335055	14.5
0.45~0.52	中等区	3490206	38.0
0.53~0.60	密集区	2300034	25.0
0.61~0.70	极密区	576478	6.3

　　信息量模型的核心是泥石流灾害与各评价指标的关系，因此，通过对各评价指标的数据处理，在 ArcGIS 软件的支持下，将各重分类后的评价因子图层分别与泥石流灾害分布图进行叠加，得到泥石流灾害-评价指标图。再进入各图层属性表，导出各属性字段，得到不同等级下不同评价因子泥石流灾害的栅格数，计算出不同等级下每个评价因子的信息量值，如表 10-8 所示。将计算所得信息量值分别对应到各因子不同类别的属性表中，进而生成单指标因子信息量图，最后将进行单因子信息量叠加，得到总信息量，运用自然断点法将信息量图重分为 5 类，依次为低、较低、中、较高、高 5 个人口易损区，最终得到岷江上游泥石流灾害人口易损性区划图，如图 10-11 所示。

表 10-8   人口易损性评价因子的信息量值

评价因子		信息量值（I）	评价因子		信息量值（I）
修正人口密度 /（人/km²）	<5	0.01559	万人医生数/ （人/万人）	<0.032	0.0726
	6~11	-0.2002		0.033~0.064	-0.222
	12~17	0.193		0.065~0.096	0.143
	18~34	0.106		0.097~0.128	-0.122
	35~61	-0.477		0.129~0.160	0.280
人均 GDP/元	<5236	0.0811	监测点个数/个	1~4	-0.613
	5237~11832	-0.317		5~8	0.0884
	11833~25118	-0.0115		9~12	0.0860
	25119~47707	0.211		13~16	0.280
	47708~63684	-0.110		17~20	-0.761
万人病床数/ （床/万人）	<0.009	0.152	劳动人口率	<0.36	-0.151
	0.010~0.025	-0.151		0.37~0.44	0.177
	0.026~0.042	-0.276		0.45~0.52	0.2170
	0.043~0.066	0.138		0.53~0.60	-0.394
	0.067~0.232	0.280		0.61~0.70	-0.112

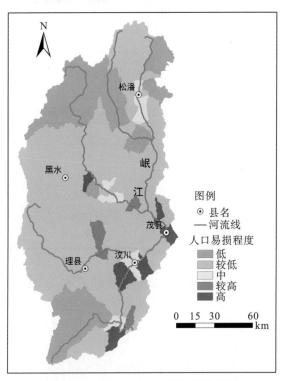

图 10-11   岷江上游人口易损性区划图

(7)结果分析。通过对以上人口易损性分区的统计得出，岷江上游整体人口易损性较低，其中低和较低人口易损区总面积为 20933.69 km²，所占比例约为 91.09%；人口中和较高易损区总面积为 1177.1925 km^2，占比约为 5.13%；高度易损区面积为 869.7375 km^2，占比约为 3.78%。人口易损性等级区具体情况如表 10-9 所示。

表 10-9　岷江上游人口易损性等级区所占比例

人口易损性等级	面积/km^2	占研究区比例/%
低易损区	5494.87	23.91
较低易损区	15438.82	67.18
中易损区	759.7175	3.31
较高易损区	417.475	1.82
高易损区	869.7375	3.78

从图 10-11 可以看出，高、较高、中易损区多分布在岷江河系两岸，都是人口密度相对较大的河谷地区，主要集中在汶川县、茂县、理县。汶川县人口易损性较高的地区较多，高易损区主要是绵虒镇、雁门乡、凤仪镇、威州镇、水磨镇等。这些乡(镇)多是人口较为密集的地区，且具有隐患较大的泥石流沟，如绵虒镇的安夹沟、苏村沟、锄头沟泥石流，威州镇的羊岭沟、七盘沟泥石流等；茂县高人口易损区主要是凤仪镇、沟口乡等，其余地区易损性相对较低。凤仪镇、沟口乡等也是茂县地质灾害重点防治区，且茂县县城地处凤仪镇，也是凤仪镇镇政府所在地，是茂县的政治、经济、文化中心，也是茂县人类经济活动最为活跃的地方。直接威胁到县城的是龙洞沟、药沟和水西大沟三条泥石流沟。这三条沟规模都属于中型，泥石流暴发频率较低，已多年未发生过泥石流，沟谷中积集了大量的松散堆积物，但"5·12"汶川地震后，沟谷中松散堆积物剧增，原有一些可能成为物源的滑坡体稳定性变差，使泥石流暴发的危险性增大，严重地威胁到县城上万人的生命和财产的安全；理县人口易损性较高的地区主要在薛城镇附近，黑水、松潘两县整体来说，人口易损性相对不高。

结合图 10-11 可以看出，石鼓乡、回龙乡、飞虹乡、色尔古乡等高人口易损区是人口密度大，人均 GDP 小，万人病床数、万人医生数、劳动人口比例较低的区域。总的来说，人口易损性基本与修正人口密度呈正相关关系，与万人病床数、万人医生数、人均 GDP、监测点、劳动人口比率呈负相关关系。人口密度会增加系统人口易损性，而其他因素会降低系统的人口易损性，如茂县的凤仪镇，人口密度很大，但由于该区人均 GDP、万人病床数、万人医生数较少，导致区域的人口易损性很高。理县的薛城镇人口密度不是特别高，但是其人均 GDP、万人医生数、万人病床数都很低，导致该地人口易损性较高。茂县的凤仪镇人口密度很高，且该地的人均 GDP、万人病床数、监测点等都不多，导致其人口易损性更高。

由岷江上游人口易损性区划图可知，人口密度、万人病床数、万人医生数、人均 GDP 是人口易损性的关键性影响因素，它们对人口易损性的影响较大；劳动人口率和泥石流灾害监测点对人口易损性的影响相对较低。

10.1.4　汶川县七盘沟人口易损性评价

汶川县七盘沟是一条多发性大型泥石流沟。据记载，1993 年叠溪地震后，七盘沟曾暴发过一次泥石流灾害，最大流量约为 150 m³/s，冲毁雪花坪等村寨（王佳佳 等，2014）；20 世纪 60 年代后半期和 20 世纪 70 年代，该泥石流沟暴发频繁，约为一年一次，冲毁公路桥梁，淤埋耕地，且造成了巨大的人员伤亡和经济损失；1978 年，经过多年的治理，降低了流域暴发小规模泥石流的危害；但"5·12"汶川地震为泥石流的发育创造了大量的松散堆积物，使七盘沟逐渐演变成为一条高频暴发的泥石流沟。

2013 年 7 月 11 日 4:00~13:00，汶川县境内接连遭受强降雨，汶川县威州镇七盘沟突发山洪泥石流灾害，近 10 万 m³ 泥石流向岷江滑行。这次泥石流灾害对该区造成了严重的经济损失与人员伤亡，其中阳光家园 4 期建筑全部被摧毁，都汶高速公路被泥石流灾害阻断，并形成近 5 km 长的堰塞湖，近千米的国道路基被卷入岷江，附近村镇、市场、公共建筑全部被淹，致使汶川县城全面停水停电。七盘沟此次特大泥石流灾害致 3 人死亡、12 人失踪、350 座房屋被冲毁，数千人流离失所。由以上七盘沟泥石流灾害历史可以看出，将七盘沟村作为乡镇级区域人口易损性的案例应用点是非常合适的。通过对七盘沟村人口易损性进行研究，以期对我国西南地区泥石流多发区的人口分布与再调整提供一定的技术理论指导。

10.1.4.1　研究区概况

七盘沟位于四川省汶川县威州镇西南的七盘沟村，距县城 5 km，为岷江左岸一级支沟，流域面积为 52.4 km²（图 10-12）。流域内地貌为高山峡谷地区，沟口海拔为 1320 m，流域最高海拔为 4360 m，高差达 3040 m，呈东南向西北递减趋势。七盘沟区域地质构造复杂，物源丰富且地形陡峻，物源区平均坡度超过 40°（曾超 等，2014），全年降水丰富，汛期为每年 5~9 月，且多为暴雨、夜雨。

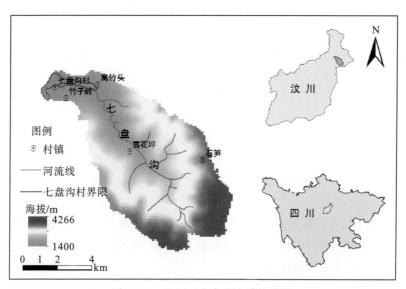

图 10-12　汶川县七盘沟流域位置图

该研究区有 G213 线和都汶高速公路通过,其中 G213 线在 2013 年的"7·10"七盘沟特大泥石流中被摧毁,都汶高速及沟内原有公路也基本被毁坏,现沟口堆积区临时便道旁均为碎块石的堆积体。

七盘沟隶属于汶川县城,人类活动较为复杂和活跃,主要包括以下几种活动:建房、水电站建设、矿山开发、陡坡开荒种地等。这些人类活动导致表土松动、水土流失,诱发各类地质灾害。

10.1.4.2　数据处理

本书研究的原始数据主要是来自汶川县七盘沟村的实地调查。实地调查前根据需求制定了一定数量的调查问卷,并对七盘沟村中每户进行调查,每张调查表针对 1 个家庭住户的基本信息,以此获取相关数据,并运用 SPSS 软件对原始数据进行整理统计(表 10-10)。以七盘沟村住户作为评价单元,选取家庭人口、年龄结构、健康状况、民族特征、文化程度、与泥石流沟的距离作为研究区人口易损性评价因子,采用 SOM 模型计算得出七盘沟村泥石流灾害人口易损值,应用 ArcGIS 软件综合分析得出七盘沟泥石流灾害人口易损性图。

表 10-10　七盘沟村基本情况调查表

序号	门牌号	家庭人口/人	民族特征	年龄结构/岁	文化程度	健康状况	组号
1	54	4	羌	57	高中	良好	1 组
			羌	52	小学	健康	
			羌	28	小学	健康	
			羌	27	小学	健康	
2	59	5	汉	27	初中	健康	1 组
			羌	45	小学	健康	
			羌	83	文盲	疾病	
			汉	24	小学	健康	
			羌	23	小学	健康	
3	24	1	汉	90	小学	疾病	2 组
4	29	3	羌	42	初中	良	2 组
			羌	21	初中	健康	
			羌	18	初中	健康	
5	1	6	羌	74	小学	良	3 组
			羌	71	文盲	良	
			羌	42	小学	健康	
			羌	45	初中	健康	
			羌	20	高中	健康	
			羌	17	初中	健康	
6	27	6	羌	86	初中	疾病	4 组
			羌	83	小学	疾病	

序号	门牌号	家庭人口/人	民族特征	年龄结构/岁	文化程度	健康状况	组号
6	27	6	羌	44	小学	健康	
			羌	41	初中	良	
			羌	19	高中	健康	
			羌	13	小学	健康	
7	5	3	汉	61	小学	良	4组
			羌	33	小学	健康	
			羌	28	小学	健康	
⋮	⋮	⋮	⋮	⋮	⋮	⋮	⋮
238	9	4	羌	50	小学	健康	5组
			汉	47	小学	良	
			羌	25	小学	健康	
			羌	22	小学	健康	

根据七盘沟村实际调查情况，对选定的 6 个人口易损性评价指标进行分类，将家庭规模分为 3 类：小家庭（家庭人口数量为 1～3 人）、中等家庭（家庭人口数量为 4 或 5 人）、大家庭（家庭人口数量大于 5 人）；将民族特征分为汉族、羌藏族或混合民族；结合七盘沟村实际情况，年龄结构划分标准如下：小于 13 岁的为儿童，大于 60 岁的为老人；文化程度用家庭中的平均教育程度来表示，分为初等教育、中等教育、高等教育 3 个等级；健康状况用家庭内的平均健康水平来进行认定，分为健康、良好、疾病 3 类；根据七盘沟村的具体情况，将居户与泥石流沟的距离分为 3 个段：近、中、远，近是指与泥石流沟的距离为 0～100 m，中是指与泥石流沟的距离为 100～300 m，远是指与泥石流沟的距离大于 300 m（表 10-11）。

表 10-11   七盘沟人口易损性评价指标及其在 SOM 模型中的变量代码

序号	评价指标	二进位变量	内容	备注
1	家庭人口	Smallfamily	小家庭	家庭中有 1～3 人
		Mediumfamily	中等家庭	家庭中有 4 或 5 人
		Bigfamily	大家庭	家庭中人数大于 5 人
2	民族特征	Han	汉	家庭中全为汉族
		Tibetan & Qiang	藏或羌	家庭中全为少数民族
		Mixture	汉藏或汉羌	家庭中有汉族与少数民族
3	年龄结构	Children	儿童组	13～60 岁所占比例小于等于 50%且 0～13 岁所占比例大于 60 岁以上所占比例
		Adult	成年组	13～60 岁所占比例大于 50%
		Old	老年组	13～60 岁所占比例小于等于 50%且 60 岁以上所占比例大于 0～13 岁所占比例

续表

序号	评价指标	二进位变量	内容	备注
4	文化程度	Primaryeducation	初等教育	高中及以上学历人口所占比例小于10%
		Secondaryeducation	中等教育	10%≤高中及以上学历人口所占比例<50%
		Advancededucation	高等教育	高中及以上学历人口所占比例≥50%
5	健康状况	Health	健康	健康人数比例≥90%
		Good	良好	80%≤健康人数比例<90%
		Illness	疾病	健康人数比例<80%
6	与泥石流沟的距离	Short-Distance	近	0<距离≤100 m
		Middle-Distance	中	100<距离≤300 m
		Long-Distance	远	距离>300 m

注：当家中成年组所占比例与老年组和儿童组所占比例之和相等时，将此户家庭视为儿童组或老年组。

10.1.4.3 案例应用

SOM 神经网络模型是一个黑箱模型，在 MATLAB 7.0 中有专门的 SOM TOOLBOX，并可以在 MATLAB 平台上通过编程实现整个数据的处理过程。在整个 SOM 模型处理过程中，SOM 模型试图找出输入数据的相似性，并进行易损性聚类分析，其可视化的表现就是距离近的神经元的相似性要远大于距离远的神经元。

SOM 模型的数据库采取的是二元位变量，因此需要将表 10-11 的指标变量转化为二元值，这个转化可以在 MATLAB 中通过编程实现。转换过程是首先创建属性矩阵和指标行矩阵，属性矩阵每一行代表一个家庭住户，每一列为对应 18 项易损性评价指标中的一个具体指标，指标行矩阵为一个一行 18 列的行矩阵，将结果保存在 Excel 软件中；在 MATLAB 中编写转换程序，将各文本型评价指标转换为二元值（即 0 或 1），编写原则如下：若行矩阵中的第 i 行（$i=1,2,3,\cdots$）第 j 列（$j=1,2,3,\cdots,20$）元素的同指标矩阵的第 j 个评价指标相同，则将第 i 行第 j 列的元素值修改为 1，否则修改为 0，转换结束后将结果从 MATLAB 中导出，保存为 Excel 软件。例如，对家庭人口来说，家庭人口规模是大家庭，则其值为 1，否则为 0。从七盘沟村 238 份有效样本中抽取具有代表性的易损值比较高的 11 份调查样本（在实地调查中，抽取家庭人口多、少数民族、年龄结构为儿童组或老年组、文化程度较低、健康状况较差和距离泥石流沟较近的样本，这些样本的易损值比较高，使用这部分样本训练网络，以实现 SOM 模型的有导师学习，增加 SOM 模型的精度）（表 10-12），构成 18 列 ×11 行的易损值比较高的居户数据库。

表 10-12 易损值较高的居民抽样调查

门牌号	家庭人口/人	民族特征	年龄结构	文化程度	健康状况	与泥石流沟的距离	组号
120	7	汉和羌	儿童组	初等教育	良	近	2
94	4	羌	老年组	初等教育	良	中	1
39	4	羌	老年组	初等教育	良	中	1

门牌号	家庭人口/人	民族特征	年龄结构	文化程度	健康状况	与泥石流沟的距离	组号
27	3	羌	老年组	初等教育	良	中	2
27	6	羌	老年组	初等教育	良	中	4
22	7	藏和羌	老年组	初等教育	良	近	1
16	5	羌	老年组	初等教育	良	中	1
15	6	羌	老年组	初等教育	良	近	3
11	6	羌	老年组	初等教育	良	近	3
8	4	羌	老年组	初等教育	良	近	3
5	6	羌	老年组	初等教育	良	中	3

首先，根据以上选取的 6 个易损性评价指标对七盘沟村 238 份居户的调查样本进行处理，通过 MATLAB 代码转换后，可以得到一份 18 列×238 行的二进位的数值表，每一行代表一份调查问卷，每一列代表选择的指标值的代码。利用表 10-12 中的样本数据训练 SOM 神经网络，根据 SOM 模型中胜者为王(winner takes all)的原则，从中找出获胜神经元，即易损性较高的神经元(即为易损性的标准神经元，指导神经网络模型的训练，从而提高 SOM 神经网络模型聚类的精度)，将其作为 SOM 模型中易损性居户的原型(图 10-13)。将剩余的 227 份样本输入 SOM 神经网络模型中，经过模型处理后，可以得到一个可视化的信息图(图 10-13)。

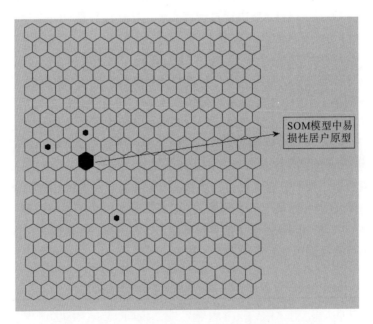

图 10-13　SOM 模型中易损性居户原型的输出平面图

图 10-14 是 SOM 模型输出的 18 个变量的平面信息图，它是根据与 SOM 模型中易损性居户的原型(标准神经元)的距离来表现易损性聚类的程度，其值越接近 1，说明它们的

易损值越高，即具有相似特征的可能性越大。本节研究中，当训练步数达到 200 次时，聚类结果已基本稳定，此时，得到一份 227×200 的易损性数值表，取 200 次训练的算术平均值作为研究区居户的易损值，为了与泥石流灾害危险度的取值一致(0～1)，并符合泥石流风险度的计算要求，使用式(10-1)对易损值进行归一化处理：

$$V = \frac{x - x_{\min}}{x_{\max} - x_{\min}} \tag{10-1}$$

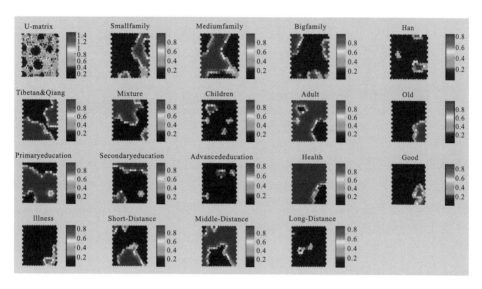

图 10-14　SOM 模型中 U-矩阵与 18 个变量的平面信息图

对易损值进行归一化处理后，取值越接近 0，说明其易损值越低；反之，取值越接近 1，说明其易损值越高(图 10-15)。图 10-15 展示的是 227 户居民的标准化易损值，因此可以利用 ArcGIS 10.2 处理图 10-15，并用 Kriging 插值得出七盘沟村泥石流人口易损性区划图(图 10-16)。

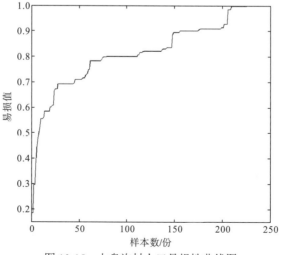

图 10-15　七盘沟村人口易损性曲线图

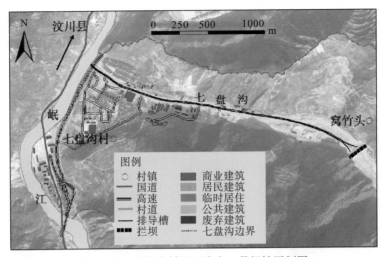

图 10-16　七盘沟村泥石流人口易损性区划图

　　根据承灾体易损值的大小(0～1)，采用等间距的方法将研究区划分为 5 个区：极低易损区 V1(0.00～0.20)、低易损区 V2(0.20～0.40)、中易损区 V3(0.40～0.60)、高易损区 V4(0.60～0.80)和极高易损区 V5(0.80～1.00)。表 10-13 为人口易损性评价结果统计表，图 10-17 为七盘沟村泥石流人口易损性区划图。

表 10-13　七盘沟村人口易损性评价结果统计表

易损性区划	划分标准	栅格数量/个	所占比例/%	主要分布范围
V1	0～0.20	10851	60.06	废弃建筑、住户稀疏处
V2	0.21～0.40	4151	22.98	商业建筑区
V3	0.41～0.60	1542	8.54	住户密集处
V4	0.61～0.80	886	4.90	住户密集处
V5	0.81～1.00	636	3.52	住户密集处、距离沟道近

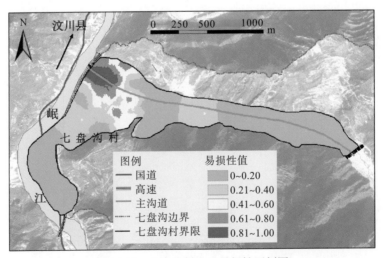

图 10-17　七盘沟村人口易损性区划图

结合图 10-14 的 U-矩阵、18 个变量的平面分布图与图 10-17 人口易损性区划图进行分析可知，七盘沟村村民居住相对集中，多在沟口或离沟一定距离的腹地内。七盘沟村中等规模家庭、少数民族、成年、教育程度低、身体健康、距离泥石流沟 100～300 m 的住户较多，这与实际调查情况相符；人口易损值较高的多为中等家庭或大家庭、少数民族、教育程度较低和距离泥石流沟 0～300 m 的住户，且离泥石流沟道越近的居户易损值越大。根据模型得出的结果可以发现，易损值低的地区多为七盘沟两侧，主要是商业建筑、废弃建筑或公共建筑区，而在 2013 年七盘沟特大泥石流灾害后，多数商业建筑或公共建筑区早已损毁或弃用，导致无人居住，因而易损值低。

10.1.5　结论与讨论

本节根据岷江上游的实际情况和数据的获取情况，选取了修正人口密度、人均 GDP、万人医生数、万人病床数、监测点、劳动人口率 6 个评价因子，基于信息量模型，得出整个岷江上游人口易损性区划图。小尺度七盘沟村选取家庭规模、年龄结构、教育程度、健康状况、民族特征、与泥石流沟的距离为典型区人口易损性评价因子，在实地调研的基础上，通过问卷调查、SPSS 的统计整理、基于 MATLAB 的 SOM 编程、ArcGIS 处理等手段，得到了小尺度七盘沟村的人口易损性区划图。

10.1.5.1　结论

通过对县(市)级区域(岷江上游地区)和乡(镇)级区域(汶川县七盘沟)的案例应用分析，可以得出以下结论。

(1)岷江上游整体人口易损性偏低，低易损区所占比例为 91.09%；高易损区所占比例为 3.78%，如绵虒镇、凤仪镇、威州镇等地。

(2)从图 10-17 的岷江人口易损性区划图可以看出，岷江上游河系两岸(即河谷地区)人口易损性相对较大；5 个县中，黑水、松潘两县人口易损值偏低，汶川县、茂县部分地区人口易损值较高。

(3)通过对各评价因子图和岷江上游人口区划图的分析对比可知，人口易损值基本与修正人口密度呈正相关关系，与万人病床数、万人医生数、人均 GDP、监测点、劳动人口率呈负相关关系。一个地区修正人口密度越大，人口密度会提高系统人口易损值，而在其他因素综合作用下会降低系统人口易损值。人口密度、万人病床数、万人医生数、人均 GDP 是人口易损性的关键影响因素，对人口易损性的影响较大，劳动人口率和泥石流灾害监测点的影响相对较低。同时，合理增加岷江上游各地区的医生数和病床数，对减少灾害所造成的人员伤亡有着重要的意义。

(4)根据图 10-14 中的 U-矩阵、图 10-16 和图 10-17 可以看出，汶川县七盘沟村每个组都有易损值较低和较高的居民，但总体来说，易损值较高的区域集中分布在沟口处，人口易损值为沟口最高，并向四周递减。

(5)从图 10-16 可以看出，泥石流沟上段两侧易损值低，因为两侧多为废弃建筑、工厂或开阔滩地。极高、高易损区域所占比例分别为 3.52%、4.90%，主要集中分布在沟道两侧；中易损区域所占比例为 8.54%；低、极低易损区域所占比例分别为 22.98%、60.06%，居户区多分布在极高、高、中易损区内。

（6）图 10-14 中 18 个变量的平面信息图也较准确地再现了汶川县七盘沟村各评价指标的分布比例。家庭人口、文化程度、与泥石流沟的距离对人口易损性影响很大，年龄结构与健康状况对人口易损性有一定影响，但是影响程度较低，这与实际走访调查情况相符。

（7）基于 MATLAB 平台，SOM 神经网络模型聚类效果较为理想，该模型的优点在于：可以实现实时学习，网络具有自稳定性，聚类过程无须外界给出评价函数，消除了人为因素对各指标权重的影响，特别适用于高维数据的无指导聚类分析。

（8）在 SOM 神经网络模型中，特别加入目标样本，实现了有导师学习，增加了易损性评价模型的精度，高易损性居户聚类的效果更为明显。

10.1.5.2　讨论

本节研究基于信息量模型和 SOM 模型分别得出了岷江上游人口易损性区划图和汶川县七盘沟人口易损性区划图，并得出一些相应的研究结论，但由于评价指标的不完善，还有以下几个方面需要改进。

（1）针对乡（镇）级区域，选择了修正人口密度、人均 GDP、万人医生数、万人病床数、监测点、劳动人口率 6 个评价因子的乡（镇）数据，七盘沟案例研究选择家庭人口、年龄结构、健康状况等 6 个因子作为易损性评价指标，但由于研究区的各项数据不够精细，这些评价因子未能全面反映研究区人口易损性评价的重要影响因素，且七盘沟泥石流本身发生的规模、时间等也是影响聚落人口易损性评价的重要指标。由于现有技术、条件等问题，以上问题还未能更好地加以考虑，将在后续的工作中继续深入研究。

（2）本节研究仅发现了影响泥石流灾害人口易损性的关键因素，但由于技术问题，还不能很好地反映各评价因子的影响程度；七盘沟泥石流距离主要是指住户与泥石流沟的垂直距离，而与泥石流沟的纵向距离也是一个非常关键的因素，值得深入研究。

（3）针对本节研究的易损性评价指标，研究区可考虑政府重视程度、教育程度等影响因素，乡（镇）级区域可考虑不同住户相对泥石流沟的海拔、住户的建筑类型等因素，这些将是后续需要深入研究和改进的地方。

10.2　山区建筑易损性评价

10.2.1　研究区建筑发展概况

10.2.1.1　古代时期建筑

岷江上游地区居住着羌、藏、回、汉等多个民族，其中以羌族为主，因此，当地建筑有浓郁的羌族文化风格。与岷江上游多山地高原的地貌特点相适应，当地村寨形成了类似气候垂直分异的"高山分异"特点，具体表现为村寨在高度上的不连续分布（季富政，2000），如图 10-18 所示。

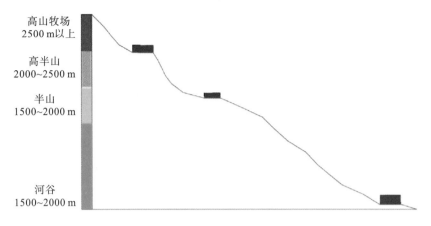

图 10-18　建筑海拔分异示意图(季富政，2000)

从图 10-18 可以看出，岷江上游村寨多分布在相对较缓和的台地、河谷地带，这里水源充足，交通相对方便，是岷江上游最适合人居住的地方，这是长期的人地相互改造适应的结果。岷江上游地区石材多且质坚，强度较高，抗风化能力强，当地居民充分发挥自己的聪明才智，最大化地利用此种资源，这就有了远近闻名的羌族石碉、石室、石屋等建筑。

《后汉书·西南夷》记载：众皆依山居止，垒石为室，高者十余丈，为邛笼。《寰宇记》记载：高二三丈者谓之鸡笼，十余丈者谓之碉，亦有板屋土屋者，自汶川以东皆有屋宇不立碉者。

由此可见，岷江上游的羌族建筑有其独特的民族风格。羌族建筑在细节上浸透着羌族文化，羌族民居有一圈明显的白色条带，并且会供奉几块白石在屋顶，即羌族的"白石神"，这是羌族文化在建筑艺术里的最直接、最深刻的反映(图 10-19)。

图 10-19　传统羌族碉楼(季富政，2000)

10.2.1.2　现当代建筑

岷江上游古建筑充满了羌族人民的智慧，是难得的建筑艺术瑰宝。随着现代化建设的推进,该地区的古建筑不可避免地遭受到了现代工业文明的冲击,古香古色的古建筑群已经大规模缩减,特别是古寨、古碉等羌族建筑的代表之作。在岷江上游除极具特色的旅游景区外,基本已难见古建筑的影子,取而代之的是风格现代、单一的砖房和钢筋混凝土式的高层建筑(图 10-20)。

图 10-20　羌族现代建筑照片

中华人民共和国成立后,经济持续发展,尤其是 2008 年"5·12"汶川地震过后,大规模的建造活动,一座座现代建筑拔地而起,古建筑消失现象更加严重,建筑上的民族符号被进一步弱化,这是一个值得深思的问题。

10.2.2　研究区建筑遥感解译

10.2.2.1　数据处理

岷江上游地广人稀,居民区分散,因此,在进行建筑物实地调查之前,根据 NDVI和土地利用类型的关系,可以实现居民区的粗略提取,从而提高建筑数据获取的效率。具体采用的方法:将不同时期的遥感影像合成、拼接之后,提取岷江上游的 NDVI,将其作为居民区粗略提取的重要依据,具体提取过程如图 10-21 所示。

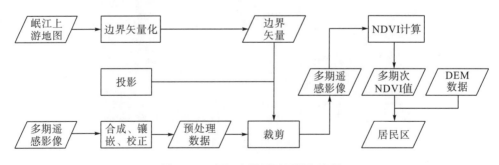

图 10-21　岷江上游居民区提取流程

本次居民区遥感预处理的数据来源于美国 TM、ETM 遥感影像,遥感影像分辨率为

30 m，其全色波段分辨率可以达到 15 m，可以基本满足岷江上游居民区的粗略提取工作要求。所使用的 TM、ETM 数据中的 1～7 波段的详细情况如表 10-14 所示。

表 10-14　TM、ETM 各波段的信息

类型	波段	波长/μm	分辨率/m	类型	波段	波长/μm	分辨率/m
TM	Band1	0.45～0.52	30	ETM	Band1	0.41～0.45	30
	Band2	0.52～0.60	30		Band2	0.45～0.51	30
	Band3	0.63～0.69	30		Band3	0.53～0.59	30
	Band4	0.76～0.90	30		Band4	0.64～0.67	30
	Band5	1.55～1.75	30		Band5	0.85～0.88	30
	Band6	10.4～12.5	120		Band6	1.57～1.65	30
	Band7	2.08～2.35	30		Band7	2.11～2.29	30

对遥感数据进行预处理后，可以进行 NDVI 值的计算，分别得到 1995 年、2005 年、2015 年 3 个岷江上游的 NDVI 值，其计算结果如图 10-22 所示。从图 10-22 可以大致看出整个岷江上游地区的植被覆盖变化情况。1990～2015 年，整个上游地区 NDVI 值的变化呈现一个反复的过程。在 1990 年，岷江上游地区整体植被覆盖情况较良好，植被较少的区域主要集中在高山、河谷，高山因为严寒，常年积雪，故山地植被覆盖很少，河谷地势较为平坦，自古以来是当地居民居住的首选之地，由于受到人类活动的影响，整个河谷地区的植被覆盖度较低；同时从 1990 年的 NDVI 值分布可以看出，在这一时间段内，岷江上游人口主要集中在茂县、汶川境内的岷江上游干流地段。然而在 2005 年左右，整个岷江上游地区的 NDVI 值整体呈下降趋势，整体植被覆盖情况较差，植被覆盖度较差的地方增加并且有向上游主要支流河谷蔓延的趋势，说明该段时间内，岷江上游地区植被覆盖情况在恶化；2015 年左右情况又得到了改善，除河谷地带外，高山、高半山等地区的植被覆盖度都有不同程度的回升，整个地区的植被覆盖情况较前一个 10 年明显改善，同时，植被覆盖度较低的地方更为集中，多集中在河谷地段。查阅资料可知，2008 年 "5·12" 汶川地震后，岷江上游地区，特别是汶川县是 "5·12" 汶川地震的重灾区，灾后住房重建过程中人为控制成分更多，选址大多集中且靠近河谷等低海拔地区，这一决策在植被覆盖上的直观反映就是河谷的植被覆盖度远低于其他地区。

综合分析 1990～2015 年岷江上游地区 NDVI 值的变化过程，可以知道该地区的植被大体上经过了一个覆盖情况较良好—植被遭受破坏—重大自然灾变事件(汶川地震)—人工干预—植被恢复的过程。2008 年 "5·12" 汶川地震是该过程的转折点，这一事件使得人们开始更加关注身边的环境，注意人与自然的和谐相处。

在计算得出 3 个时期的 NDVI 值后，在岷江上游地区随机标注了 50 个样本，对样本土地利用类型和 NDVI 值进行统计分析，发现在大范围内，土地利用类型确实会影响该范围内的植被覆盖。由此可见，植被覆盖度可以作为建筑用地分类的标准。本书研究中的 50 个样本点分布如表 10-15 所示。

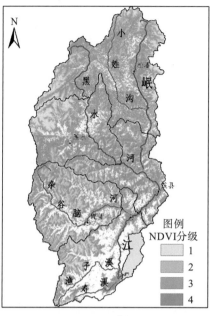

(a)1995年

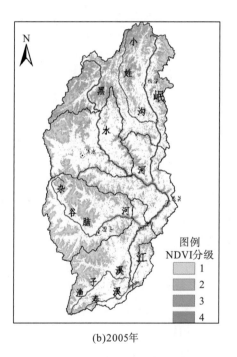

(b)2005年

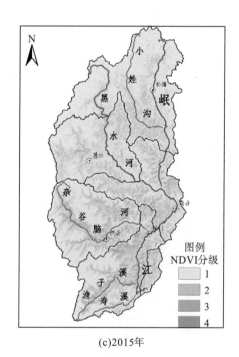

(c)2015年

图 10-22 岷江上游多期次 NDVI

1—低覆盖；2—中低覆盖；3—中覆盖；4—高覆盖

表 10-15　采样点植被指数、海拔、地物类型统计

样本编号	NDVI 值			海拔/m	地物类型
	1995 年	2005 年	2015 年		
1	0.00	0.00	0.00	2310.00	裸地
2	0.00	0.00	0.00	2500.00	裸地
3	0.15	0.16	0.15	851.00	居民区
4	0.21	0.19	0.18	950.00	居民区
5	0.31	0.34	0.38	1206.00	草地
6	0.42	0.36	0.42	1852.00	草地
7	0.54	0.57	0.58	1721.00	草地
8	0.65	0.78	0.79	1964.00	林地
9	0.78	0.64	0.67	2305.00	林地
10	0.98	0.98	0.93	1807.00	林地
11	0.76	0.76	0.69	1068.00	林地
12	0.47	0.35	0.31	978.00	草地
13	0.75	0.78	0.70	1354.00	林地
14	0.39	0.35	0.48	2001.00	林地
15	0.76	0.76	0.82	1057.00	林地
16	0.45	0.32	0.43	2031.00	草地
17	0.21	0.19	0.16	861.00	居民区
18	0.38	0.38	0.41	1687.00	草地
19	0.78	0.87	0.69	2034.00	草地
20	0.97	0.95	0.89	3057.00	林地
21	0.29	0.23	0.19	1657.00	居民区
22	0.31	0.45	0.42	2014.00	草地
23	0.73	0.87	0.84	3784.00	林地
24	0.45	0.45	0.38	2095.00	草地
25	0.42	0.45	0.49	4051.00	林地
26	0.75	0.78	0.82	2018.00	林地
27	0.21	0.28	0.17	810.00	居民区
28	0.17	0.17	0.12	810.00	居民区
29	0.35	0.40	0.30	905.00	草地
30	0.18	0.16	0.15	941.00	居民区
31	0.29	0.29	0.29	1098.00	草地
32	0.34	0.35	0.40	960.00	草地
33	0.13	0.12	0.13	1058.00	居民区
34	0.14	0.15	0.13	851.00	居民区
35	0.54	0.61	0.58	3018.00	林地
36	0.19	0.16	0.17	749.00	居民区

样本编号	NDVI 值			海拔/m	地物类型
	1995 年	2005 年	2015 年		
37	0.31	0.34	0.21	650.00	居民区
38	0.42	0.56	0.49	1016.00	草地
39	0.43	0.65	0.45	5106.00	草地
40	0.71	0.78	0.85	6011.00	林地
41	0.24	0.21	0.29	840.00	居民区
42	0.19	0.19	0.17	806.00	草地
43	0.15	0.16	0.17	799.00	草地
44	0.29	0.30	0.30	2010.00	草地
45	0.87	0.85	0.51	1098.00	林地
46	0.39	0.43	0.47	2306.00	草地
47	0.69	0.74	0.76	5610.00	林地
48	0.43	0.42	0.32	4623.00	草地
49	0.35	0.37	0.31	6015.00	草地
50	0.54	0.61	0.60	3581.00	林地

从表 10-15 可以看出，每个样本点的 NDVI 值变化基本很小，表明 NDVI 值可以作为一个可信的指标进行居民区的粗略提取。从表中的 NDVI 值情况分布来看，居民区的 NDVI 值基本为 0.1~0.2，而林地、绿地等植被较多的地方 NDVI 值均较高。同时，对样本点数据进行进一步的分析可以看出，居民区海拔同前文所讲的"垂直分异"现象相吻合，居民区分布集中在某一特定的海拔范围。

接下来，在 ENVI 中将 NDVI 值进行二值化处理，以遴选出 NDVI 值为 0.1~0.2 的区域，其二值化公式如下：

$$((b1 \ ge \ 0.1) \ AND \ (b1 \ lt \ 0.2))*1+((b1 \ ge \ 0.2) \ OR \ (b1 \ lt \ 0.1))*0 \qquad (10\text{-}2)$$

式中，b1 为运算变量，需要在进行具体计算时先进行定义，ge、lt、AND、OR 均为逻辑运算符。

该运算式的意义如下：当变量数值大于等于 0.1 且小于 0.2 时赋值为 1，变量数值为其他值时赋值为 0。但是，初次计算中，高山裸地也被赋值为 1，与实际情况有较大差距，经过实地调研之后发现在这些高山处均为无人区的荒苔原，植被覆盖率较低，因此需要用到海拔数据进行进一步的判断，其逻辑判断如图 10-23 所示。

判断过程伪代码如下：

```
IF NDVI gt 0.1 AND lt 0.2
THEN IF
DEM gt 560 AND lt 2500
NDVI=1
ELSE
```

```
NDVI=0
ENDIF
ELSE
NDVI=0
ENDIF
```

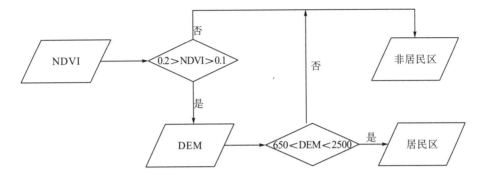

图 10-23　岷江上游居民区二值化提取流程图

根据 NDVI 二值化后的结果，本节大致提取出了岷江上游的居民区并以此为基础，进行建筑物的矢量化解译。

10.2.2.2　岷江上游建筑特征分析

在建筑物解译之前进行了岷江上游建筑物的实地考察。对岷江上游建筑物的功能、结构和材料进行了抽样调查，发现三者之间的相关关系如表 10-16 所示。

表 10-16　岷江上游建筑物评价因子实地勘测抽样情况

编号	地理位置	建筑特征				
		功能	材料	结构	实测面积/m²	计算面积/m²
1	汶川县	居住	砖	砌体	102	98.5
2	汶川县	商业	砖混	框架	243	245
3	汶川县	居住	砖	砌体	96	97
4	汶川县	居住	砖	砌体	101	100.5
5	黑水县	商业	砖	砌体	65	63
6	黑水县	商业	砖混	框架	241	241
7	黑水县	居住	砖	砌体	108	106.7
8	黑水县	居住	砖	砌体	64	63
9	理县	居住	砖	砌体	111	113
10	理县	商业	砖混	框架	180	182
11	理县	居住	砖	砌体	64	61
12	理县	商业	砖	砌体	65	65
13	松潘县	居住	砖	砌体	78	77.6
14	松潘县	商业	砖混	框架	72	70

编号	地理位置	建筑特征				
		功能	材料	结构	实测面积/m²	计算面积/m²
15	松潘县	居住	砖	砌体	68	67.5
16	松潘县	居住	砖	砌体	66	65
17	茂县	居住	砖	砌体	84	82
18	茂县	商业	砖混	框架	88	87
19	茂县	居住	砖	砌体	56	55.1
20	茂县	居住	砖	砌体	56	56.7

从表 10-16 可以看出，岷江上游建筑物的结构、材料和功能具有十分显著的相关性，一般是"居住-砖-砌体"模式或者"商业-砖混-框架"模式，并且实地测得的建筑物面积与几何计算的面积误差控制在 5%以内，符合数据处理的精度要求，可以满足下一步使用。经过解译得到岷江上游建筑分布如图 10-24 所示。从图 10-24 可以看出，建筑物主要分布在河谷地带，这同羌族居民建筑选址、经济发展等情况较吻合。除汶川县建筑物分布均匀外，其余建筑物分布具有典型的"点-带"特点，即以县城为点，以境内主要河流为带进行分布、拓展，这其实是人类对自然环境适应和改造的结果。这样做是为了更加合理地统一规划、分配资源。

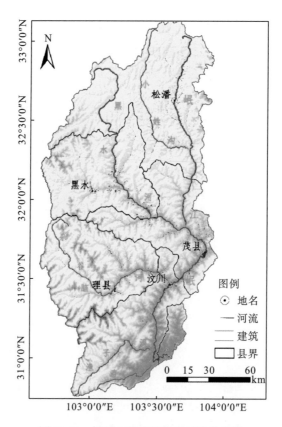

图 10-24　岷江上游建筑解译结果分布图

　　在以乡(镇)为单位分区统计之前,首先需要将各乡(镇)进行栅格化处理,获得岷江上游各乡(镇)的栅格化结果,如图 10-25 所示。

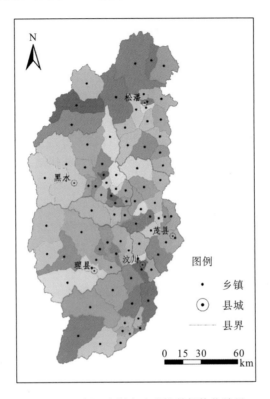

图 10-25　岷江上游各乡(镇)的栅格化结果

　　分别从功能、结构、材料 3 个方面对岷江上游建筑进行统计,分区统计流程如图 10-26 所示。

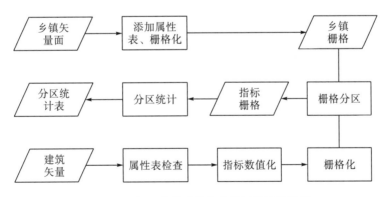

图 10-26　岷江上游建筑信息分区统计流程图

　　岷江上游地区共有 85 个乡(镇)级行政单位,统计如下:都江堰 3 个乡(镇),分别是龙池镇、虹口乡及紫坪铺镇,面积合计 444.29 km²;黑水县 17 个乡(镇),分别是瓦钵梁子乡、色尔古乡、维古乡、木苏乡、龙坝乡、石碉楼乡、麻窝乡、双溜索乡、红岩乡、慈坝乡、洛多乡、扎窝乡、沙石多乡、知木林乡、芦花镇、晴朗乡及卡龙镇，面积合计4146.75 km^2；理县 13 个乡(镇)，分别是朴头乡、蒲溪乡、杂谷脑镇、甘堡乡、木卡乡、夹壁乡、下孟乡、桃坪乡、古尔沟乡、薛城镇、通化乡、上孟乡及米亚罗镇，面积合计4104.79 km^2；茂县 18 个乡(镇)，分别是南新镇、石鼓乡、凤仪镇、黑虎乡、三龙乡、飞虹乡、回龙乡、曲谷乡、雅都乡、沟口乡、白溪乡、渭门乡、维城乡、石大关乡、洼底乡、叠溪镇、太平乡及松坪沟乡，面积合计 3195.46 km^2；松潘 20 个乡(镇)，分别是镇坪乡、镇江关乡、小姓乡、红土乡、岷江乡、红扎乡、下八寨乡、安宏乡、大姓乡、青云乡、进安镇、牟尼乡、上八寨乡、十里回族乡、大寨乡、燕云乡、草原乡、红星乡、水晶乡及川主寺镇，面积合计 6337.97 km^2；汶川县 14 个乡(镇)，分别是水磨镇、三江乡、漩口镇、白花乡、映秀镇、卧龙镇、耿达乡、草坡乡、绵虒镇、威州镇、雁门乡、克枯乡、龙溪乡及银杏乡，面积合计 3824.41 km^2。岷江上游五县及都江堰部分面积从小到大依次为都江堰部分、茂县、汶川县、理县、黑水县、松潘县，但是各部分的乡(镇)级行政机构却和面积不成正比，茂县面积在五县之中最小，下设的乡(镇)级行政机构数量却仅次于面积最大的松潘县。由此可见，该地区的行政机构划分是较不均一，多半是以自然分界线划分(主要是以沟谷、山脊为界)，人为干扰较少，在走访中得知，这不仅仅是该地区独有的现象，也是我国西南山区普遍存在的现象之一。岷江上游各县建筑面积和乡(镇)个数统计情况如表 10-17 所示。

表 10-17　岷江上游各县(市)建筑面积和乡(镇)个数统计

名称	面积/km^2	乡(镇)个数/个
都江堰(部分)	444.29	3
茂县	3195.46	18
汶川县	3824.41	14
理县	4104.79	13
黑水县	4146.71	17
松潘县	6337.97	20
合计	22053.63	85

为了进行建筑易损性评价，需要选择 11 类建筑易损性评级指标，各建筑物指标及其标识码如表 10-18 所示。在 ArcGIS 中进行批量赋值计算，其计算过程伪代码如下：

```
dim m      %定义变量
m = 0      %预赋值
if 判断字段 = "给定属性值 1" then      %属性值判断
m = 1      %如果前面判断为真，则进行标识码赋值
elseif 判断字段 = "给定属性值 2" then      %进入下一个判断
m = 2
elseif 判断字段 = "给定属性值 3" then
m = 3
```

```
elseif 判断字段 = "给定属性值 4" then
m = 4
elseif……
……
else
m = 5
end if
```

表 10-18　岷江上游建筑物特征统计指标

建筑指标类	指标	标识码值
建筑功能	公共服务	1
	居住	2
	商业	3
	学校	4
材料	钢	1
	砖	3
	砖混	4
	砖石	5
结构	钢结构	1
	框架结构	2
	砖石结构	3

对建筑面积进行分段统计，得出岷江上游建筑物面积各区段汇总，如表 10-19 所示。

表 10-19　岷江上游建筑物面积区段统计

指标	面积分段/km²							
	<50	50~99	100~149	150~199	200~249	250~299	300~349	>349
总数/个	7529	41345	54856	37000	20739	11738	7614	20173
比例/%	3.75	20.57	27.29	18.41	10.32	5.83	3.79	10.04
总计/%	100.00							

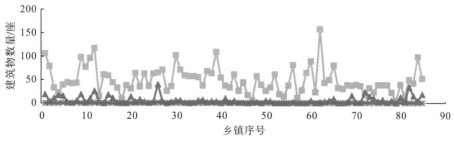

图 10-27　岷江上游各乡(镇)建筑物功能统计

从统计结果可以看出，100~149 km² 的建筑所占比例最高，为 27.29%，其次是 50~99 km² 的建筑，比例达到 20.57%，本节选取建筑面积的众数来设置栅格大小，根据前面分析所得结论，决定栅格大小为 15 m×15 m。按乡(镇)进行分区统计还必须先进行分区栅格化，乡(镇)栅格如图 10-25 所示。对岷江上游地区乡(镇)的各类建筑指标进行统计，统计结果如图 10-27~图 10-29 所示。

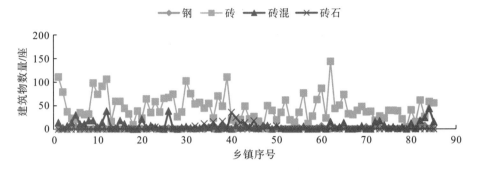

图 10-28　岷江上游各乡(镇)建筑材料统计

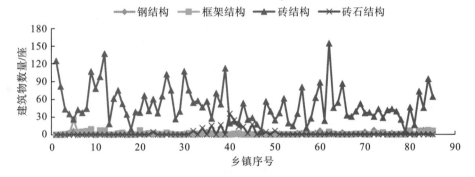

图 10-29　岷江上游各乡(镇)建筑结构统计

通过综合分析图 10-27~图 10-29，可以得出如下结论。

(1) 从建筑功能来看，整个岷江上游地区建筑功能以居住为主，其建筑数量占比为 88.78%，其次是商业建筑，为 10.79%，而公共服务和学校建筑数量占比还不足 1%。同时商业建筑分布还具有集中性，主要集中分布在岷江上游五县的县城附近和都江堰的旅游区；同商业建筑的分布不同，居住建筑的分布则表现出一种"集中又分散"的特点，该特点体现为建筑分布主要集中在中高山河谷地带，整体上呈现均匀分布，每个乡(镇)均有分布。

(2) 从建筑材料来看，整个岷江上游地区的建筑材料以砖为主，这同羌族历史传统民居的建筑材料有较大的区别，砖建筑占了绝对的份额，超过 80%；其次是砖石建筑，占超过 10% 的份额，说明石材作为岷江上游居民建造房屋的首选材料正经渐渐地退出历史舞台，这些用石材作为建筑材料的建筑一般集中在羌族风格浓郁的旅游景区内，全石结构的建筑已经很难看见；钢和砖混材料的建筑加起来份额在 5% 左右，比例很小，钢和砖混材料的建筑主要分布在县城等经济比较发达的地区。

(3) 从建筑结构来看，整个岷江上游地区的建筑结构以砖结构为主，占 90% 以上的比例，这和建筑材料的选择是相对应的，由前文的分析可知，该地区的主流建筑材料已从石过渡到砖，砖成为主要的建筑材料，建筑结构自然也就是砖结构居多；砖石结构和框架结构所占的比例相近，都在 3%左右，框架结构的建筑的分布也呈现出集中特点，基本上出现在县城、旅游景点、经济较好的乡(镇)中心。

(4)纵向比较来看，除都江堰 3 个乡(镇)外，剩下的汶川县、茂县、黑水县、理县、松潘县五县在三大类建筑指标的统计中存在"大同小异"的特点。在建筑材料方面，五县无一例外都是以砖为主，但是又略有差异，汶川县的比例为五县之中最低，与之相对的是汶川县的砖混材料比例为五县之中最高；在建筑功能方面，五县的建筑 80%左右均为居住建筑，其中黑水县以 95.83%为最高，松潘县的居住建筑比例最低，其商业建筑比例最高，受其境内精品旅游路线的影响，松潘县境内的服务型商业建筑是五县之中最高的；在建筑结构方面，五县均以砖结构为主，其中汶川县在五县之中略低，其框架结构为最高，这同前文分析得出的汶川县的砖混材料建筑比例为五县中最高的特点是对应的。

(5)继前文分析得知建筑功能、建筑材料、建筑结构三者之间存在一定的关联，如绝大多数框架结构建筑材料为砖混材料且建筑功能多为商业性建筑。为了进一步研究建筑各指标的关系，利用混淆协同矩阵来判定各指标间的相互关系。

10.2.2.3　七盘沟建筑特征分析

根据各种资料解译的七盘沟村建筑物分布图(图 10-30)可以看出，七盘沟村的建筑物主要集中分布在七盘沟沟口的左岸，统计得出七盘沟建筑共有 222 座，对七盘沟建筑功能情况进行统计得到的统计结果如表 10-20 所示，对 222 座建筑的面积进行统计得到的结果如图 10-31 所示。

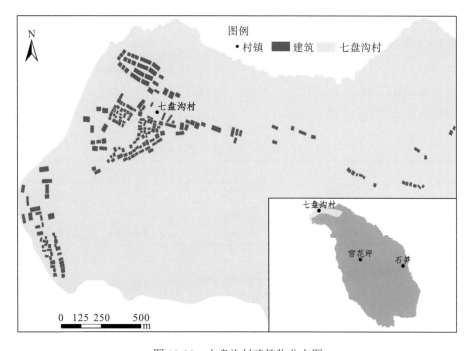

图 10-30　七盘沟村建筑物分布图

表 10-20　七盘沟村建筑物功能统计

功能类型	居住	商业	公共服务	学校
总数/座	198	12	12	0

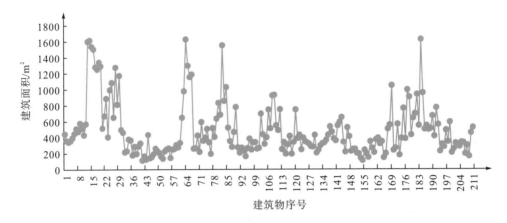

图 10-31　七盘沟村建筑物面积统计

　　从表 10-19 可以看出,七盘沟村建筑物面积主要集中在 200~400 m²,从七盘沟的实地调研中可知,这类建筑物主要用作居住。调查还发现七盘沟村"7·13"特大泥石流前的建筑物多为砌体结构,多以砖(砖石)为建筑材料,"7·13"后的建筑物更多的是砖混材料的框架结构,且砌体建筑多分布在沟的左岸,距沟道较远;框架建筑分布在沟的右岸,距沟道较近。

10.2.3　格网评价单元

10.2.3.1　县市级区域评价单元

　　本节分别选用了 15 m×15 m、50 m×5 m、100 m×100 m 和 500 m×500 m 的格网做信息量计算,在 ArcGIS 中利用格网化方法得到不同尺度下的格网要素,4 种尺度下,参与运算的有效格网数如表 10-21 所示。

表 10-21　岷江上游全区域建筑物格网统计

格网	格网大小/(m×m)			
	15×15	50×50	100×100	500×500
建筑格网/个	63844	36014	19684	4294
全区域格网/个	$5.1066×10^{12}$	9078400	2269600	90784

10.2.3.2　乡(镇)级区域评价单元

　　首先将建筑划分为 8 m×8 m 的规则格网并进行二值化。二值化实质是创建一个 $N×m$ 的矩阵,N 为格网个数,m 为每一个格网的属性字段数,每一行的第 i 列的"1"代表该格网在第 i 个评价指标上的值为真,也就是说这个格网具有该项属性,相反地,该列则被赋值为"0"，如表 10-22 所示，编号为 1 的格网具有性质 1 和性质 i 而不具有其他性质；同理，编号为 2 的格网只具有性质 2 和性质 3。本书研究利用 MATLAB 进行批量赋值，其伪代码如下：

```
A[N,m],B[m] ；A 为格网矩阵，B 为性质矩阵(行矩阵)
For i=1：m ；m 为二级评价指标的个数
    For j =1:N
    If(A[j,i]=B[i]) ；A[:,i] 为格网矩阵的 A[j,i]=1；
如果 A 中该元素与 B 对应列元素相同，则赋值为 1
    Else
        A[j,i]=0；如果不同，则赋值为 0
    Endif ；结束判断
    End
End
```

本节结合 MATLAB 和 Excel 工具，将数据处理过后保存为 TXT 文件，进入下一步操作。

表 10-22　二值化矩阵

编号	性质 1	性质 2	性质 3	...	性质 i
1	1	0	0	...	1
2	0	1	1	...	0
3	0	0	0	...	0
⋮	⋮	⋮	⋮		⋮
j	1	1	1	1	1

10.2.4　评价指标

10.2.4.1　县(市)级区域建筑易损性评价指标

本节结合研究区建筑实际情况，借鉴前人的研究成果，选取建筑物功能、结构、材料、面积和距离(建筑物与最近泥石流沟的距离)5 类一级指标 20 类二级指标作为评价体系，区域建筑易损性评价指标体系如表 10-23 所示。

表 10-23　岷江上游建筑易损性评价指标及代码

一级指标	二级指标	名称	代码
功能	公共服务	F-Public	F1
	居住	F-Living	F2
	商业	F-Commercial	F3
	学校	F-School	F4
结构	钢结构	C-Steel	C1
	框架结构	C-Frame	C2

一级指标	二级指标	名称	代码
	砌体结构	C-Masonry	C3
材料	钢	M-Steel	M1
	砖	M-Brick	M2
	砖混	M-B&C	M3
距离/m	800～1000	D-Farthest	D1
	600～799	D-Farther	D2
	400～599	D-Medium	D3
	200～399	D-Near	D4
	<200	D-Nearest	D5
面积/m^2	3500～17175	A-Largest	A1
	1500～3499	A-Large	A2
	800～1499	A-Medium	A3
	300～799	A-Small	A4
	<300	A-Smaller	A5

10.2.4.2　乡(镇)级区域建筑易损性评价指标

在进行大尺度的七盘沟建筑易损性评价时，因为所处的泥石流环境固定，只考虑七盘沟这一条特定的泥石流沟，故距离(建筑物与最近泥石流沟的距离)这一指标需要重新分级，七盘沟建筑易损性评价指标如表 10-24 所示。

表 10-24　七盘沟村建筑易损性评价指标及代码

一级指标	二级指标	名称	代码
功能	公共服务	F-Public	f1
	居住	F-Living	f2
	商业	F-Commercial	f3
	学校	F-School	f4
结构	钢结构	C-Steel	c1
	框架结构	C-Frame	c2
	砌体结构	C-Masonry	c3
材料	钢	M-Steel	m1
	砖	M-Brick	m2
	砖混	M-B&C	m3
距离/m	0～100	D-Nearest	d1
	100～199	D-Near	d2
	200～299	D-Medium	d3
	300～399	D-Farther	d4

续表

一级指标	二级指标	名称	代码
	400～500	D-Farthest	d5
	0～14	A-Smaller	a1
	15～29	A-Small	a2
面积/m^2	30～44	A-Medium	a3
	45～59	A-Large	a4
	60～64	A-Largest	a5

10.2.5　案例应用

不同尺度下的建筑易损性评价须采用不同的研究方法，中尺度研究区的岷江上游［县（市）级］区域采用信息量模型进行评价，而大尺度的七盘沟村［乡（镇）级］采用自组织神经网络模型(SOM)进行评价。

10.2.5.1　县(市)级建筑易损性评价

本节仅以 15 m×15 m 格网单元计算得到的岷江上游建筑易损性统计进行分析，其各评价因子的分布情况如图 10-32 所示。由图 10-32 可以得出如下结论。

(1)岷江上游建筑物结构以砌体结构为主，约有 80%的建筑物结构为砌体结构，这和遥感解译和实地调研结果较符合。

(2)岷江上游建筑物材料多以砖或者砖石为主，这和(1)所提到的建筑物结构多为砌体结构相适应，当地居民建造房屋，多就地取材，采石砌墙或者烧土为砖。

(a)建筑物结构

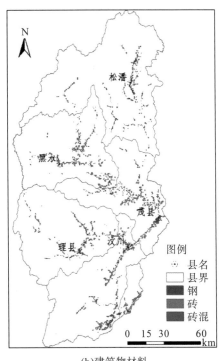

(b)建筑物材料

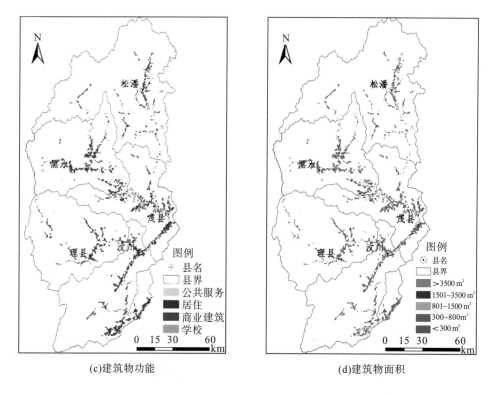

(c)建筑物功能　　　　　　　　　　　　　　　　(d)建筑物面积

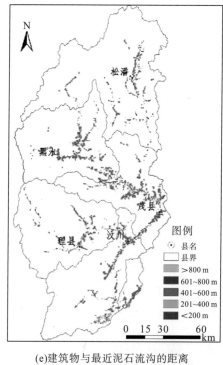

(e)建筑物与最近泥石流沟的距离

图 10-32　岷江上游建筑物单项指标分布图

(3)岷江上游建筑物被用作商业或者其他用途的不多，占比不到 10%，整个地区的建筑物以居住为主，这和整个区域的经济生产实际相符，该地区以农耕、农产品加工为主，工业生产集中份额很低。

(4)建筑物承担的主要功能是居住功能，这就使得建筑物的面积偏小，很难见大型或超大型建筑物，同时，建筑物距离泥石流沟道的距离为 800～1500 m 的居多。

综上所述，该地区建筑物存在"居住为主，砖石居多，靠近沟道"的特点。本研究同时还以每个县为单位，对易损性评价指标中的建筑物功能、材料和结构 3 个指标进行统计对比，从中可以发现，虽然各县有差异，但是都具有"居住为主，材料多采用砖石，多为砌体结构"的特点。

利用信息量模型计算得到的建筑易损性分级结果如图 10-33 所示。整体上看，岷江上游建筑易损值偏高，易损值较高的建筑占整体的比例在 53%左右，超过了 1/2，建筑易损值高的建筑物比例也有 28%；与之相对的是易损值较低和易损值低的建筑物，两者占比加起来还不足 20%。这样的易损性评价结果同 2015 年岷江上游建筑物损坏实地调查获得的结果较吻合，说明评价结果是比较可信的。

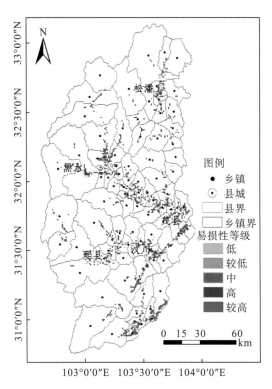

图 10-33　岷江上游建筑易损性分级图

本节还从不同的统计尺度对岷江上游建筑易损性进行了分析，以县(市、区)为单位进行的建筑易损性统计结果如表 10-25 所示。

表 10-25　岷江上游各县(市、区)建筑易损性统计(%)

县(市、区)	低	较低	中	高	较高
松潘县	0.84	2.35	17.38	24.28	55.16
黑水县	0.21	0.87	14.45	23.32	61.15
茂县	0.81	2.40	17.27	25.63	53.89
理县	2.05	4.95	20.15	31.33	41.53
汶川县	0.87	2.97	13.68	39.13	43.35
都江堰(紫坪铺和虹口)	0.00	0.41	4.67	23.85	71.06

从表 10-25 可以看到,各县(市、区)的建筑易损性分布与整体情况相符。将各县(市、区)的数据进行对比来看,每个县(市、区)的建筑易损性又略有不同,不同易损性等级的比例稍有出入,如以汶川和松潘两县为例,建筑易损性较高的比例分别为 43.35%和55.16%,从统计资料来看,在 2008 年"5·12"汶川地震过后,汶川县重建过程中有很多新建建筑物的设计标准、建筑材料等各方面均有了大幅度的改进,因此较高易损性建筑物比例整体上有所下降,但还是居高不下,这也是因为汶川的重建主要集中在重要城镇,而很多山区农村的建筑物还是十多年甚至几十年前修建的,所以即使总体比例下降,高易损性建筑物还是占最多份额。然而有一个值得注意的现象是,都江堰(紫坪铺和虹口)的建筑易损性分布呈现一个向高易损性与较高易损性集中的趋势,实地考察得知,这两个乡(镇)的商业活动发达,建筑的社会功能多为商业性建筑,故这两个乡(镇)的建筑易损性评价分化较为严重。与都江堰两镇情况相反,理县的建筑易损性是五县及都江堰两镇地区中较为集中的,虽然整体上高易损性和较高易损性的合计比例超过了 50%,但是其比例差别是最小的,也就是说理县的建筑易损性分布较平衡,整体差别在五县及都江堰两镇中最小,如图 10-34 所示。

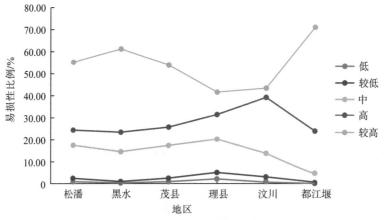

图 10-34　岷江上游各县建筑易损性比例

为了进一步评价岷江上游山区聚落的建筑易损性,本书又以各乡(镇)为统计单元,对各个乡(镇)的建筑易损性做了分析,各乡(镇)的建筑易损性从总体上看分布也符合岷江上游建筑易损性的整体趋势,高易损性和较高易损性占比较大,部分乡(镇)甚至低易损性建筑物占比为零，低易损性和较低易损性建筑物占比之和不到 5%，为了便于比较，以不同等级的易损性对该结果进行了二次统计，得到如下结论。

(1)岷江上游建筑物低易损性占比不超过 1%的乡(镇)有 72 个，分别是水磨镇、三江乡、漩口镇、白花乡、卧龙镇、龙池镇、草坡乡、朴头乡、蒲溪乡、雁门乡、木卡乡、夹壁乡、下孟乡、南新镇、薛城镇、通化乡、黑虎乡、飞虹乡、上孟乡、米亚罗镇、沟口乡、瓦钵梁子乡、维城乡、维古乡、木苏乡、龙坝乡、麻窝乡、双溜索乡、红岩乡、慈坝乡、太平乡、洛多乡、镇坪乡、松坪沟乡、沙石多乡、镇江关乡、小姓乡、岷江乡、红扎乡、下八寨乡、卡龙镇、大姓乡、上八寨乡、十里回族乡、大寨乡、燕云乡、草原乡、红星乡、水晶乡、虹口乡、紫坪铺镇、川主寺镇、晴朗乡、石碉楼乡、安宏乡、渭门乡、雅都乡、曲谷乡、石大关乡、白溪乡、知木林乡、叠溪镇、石鼓乡、映秀镇、芦花镇、龙溪乡、甘堡乡、扎窝乡、色尔古乡、洼底乡、三龙乡、银杏乡。

(2)岷江上游建筑物低易损性占比超过 1%但不超过 10%的乡(镇)共有 13 个，分别是古尔沟乡、克枯乡、回龙乡、绵虒镇、进安镇、威州镇、耿达乡、凤仪镇、青云乡、红土乡、牟尼乡、杂谷脑镇和桃坪乡，其中杂谷脑镇和桃坪乡的占比最高，分别为 5%和 8%左右。

(3)岷江上游建筑物较低易损性占比超过 10%的乡(镇)有古尔沟镇、镇平乡、木卡乡和镇关江乡共计 4 个乡(镇)，其余乡(镇)该项比例均未超过 10%，结合(1)、(2)和(3)可看出，岷江上游建筑易损性整体偏高，这与之前的整体情况分析也是比较符合的。

(4)岷江上游建筑物中易损性占比超过 20%的乡(镇)有大姓乡、雁门乡、石大关乡、镇坪乡、芦花镇、红土乡、绵虒镇、川主寺镇、石鼓乡、回龙乡、桃坪乡、雅都乡、岷江乡、牟尼乡、青云乡、甘堡乡、麻窝乡、松坪沟乡、杂谷脑、镇洼底乡、龙坝乡共 21 个乡(镇)，其中，该项占比最高的乡(镇)有 39%左右，比例较高。剩下的乡(镇)均不超过 20%。

(5)岷江上游建筑物较高易损性占比可以分为 4 段。第一段，该项比值不超过 20%，这样的乡(镇)有木苏乡、双溜索乡、燕云乡、蒲溪乡、洛多乡、十里回族乡、黑虎乡、叠溪镇、曲谷乡、虹口乡、慈坝乡、上八寨乡、下孟乡、渭门乡、安宏乡、维城乡、草坡乡、草原乡、沟口乡、甘堡乡、瓦钵梁子乡、红扎乡、红星乡、下八寨乡、石碉楼乡、沙石多乡共 26 个；第二段，该项比值在 20%～30%，包括松坪沟乡、红土乡、龙溪乡、洼底乡、石大关乡、飞虹乡、杂谷脑镇、扎窝乡、色尔古乡、麻窝乡、薛城镇、卡龙镇、三龙乡、维古乡、回龙乡、银杏乡、大姓乡、水晶乡、大寨乡、石鼓乡、威州镇、川主寺镇、知木林乡、雅都乡、雁门乡和牟尼，共计有 26 个乡(镇)；第三段，易损值在 31%～50%，该区间段内的乡(镇)共有 24 个，分别是青云乡、芦花镇、绵虒镇、晴朗乡、白溪乡、红岩乡、小姓乡、桃坪乡、卧龙镇、进安镇、凤仪镇、南新镇、耿达乡、映秀镇、龙池镇、太平乡、岷江乡、白花乡、紫坪铺镇、通化乡、克枯乡、古尔沟乡、上孟乡、米亚罗镇；第四段，包括龙坝乡、镇坪乡、朴头乡、镇江关、夹壁乡、木卡乡、漩口镇、水磨镇和三江乡在内的 9 个乡(镇)，这些乡(镇)的该项比值最高达 86%左右，建筑易损性主要集中在高易损性的第四区段。

(6)岷江上游建筑物较高易损性的分布范围较广，占比最低的木卡乡为 0，而最高的木苏乡占比高达 98%以上。为 10%～40%的有三江乡、水磨镇、漩口镇、夹壁乡、朴头乡、米亚罗镇、桃坪乡、杂谷脑镇、岷江乡、上孟乡、牟尼乡、青云乡、凤仪镇、克枯乡、古尔沟乡、耿达乡、进安镇、绵虒镇、洼底乡和松坪沟乡共计 20 个乡(镇)；为 41%～50%的有紫坪铺镇、麻窝乡、南新镇、白花乡、雅都乡、石鼓乡、川主寺镇、小姓乡、芦花镇、映秀镇、回龙乡、白溪乡、雁门乡、红岩乡、太平乡、大姓乡、通化乡、甘堡乡和红土乡共计 19 个乡(镇)；而蒲溪乡、草原乡、燕云乡、上八寨乡、黑虎乡、虹口乡、慈坝乡、双溜索乡、洛多乡和木苏乡共计 10 个乡(镇)的该项占比在 85%以上，这 10 个乡(镇)的建筑易损性在整个岷江上游地区都较高。

总的来看，岷江上游建筑易损性偏高，需要采取多种有效手段对该地区的建筑物进行保护，降低易损性。

10.2.5.2　乡(镇)级建筑易损性评价

(1)单项评价指标的计算结果分析。结合研究区建筑物实际情况，借鉴前人的研究成果，本书研究决定选取建筑物功能、结构、材料、面积和距离(建筑物与最近泥石流沟的距离)共 5 类一级指标、20 类二级指标作为评价体系，区域建筑易损性评价指标体系如表 10-26 所示。

表 10-26　岷江上游建筑易损性评价指标及代码

一级指标	二级指标	名称	代码
功能	公共服务	F-Public	F1
	居住	F-Living	F2
	商业	F-Commercial	F3
	学校	F-School	F4
结构	钢结构	C-Steel	C1
	框架结构	C-Frame	C2
	砌体结构	C-Masonry	C3
材料	钢	M-Steel	M1
	砖	M-Brick	M2
	砖混	M-B&C	M3
面积/m^2	3500～17175	A-Largest	A1
	1500～3499	A-Large	A2
	800～1499	A-Medium	A3
	300～799	A-Small	A4
	<300	A-Smaller	A5
距离/m	800～1000	D-Farthest	D1
	600～799	D-Farther	D2
	400～599	D-Medium	D3
	200～399	D-Near	D4
	<200	D-Nearest	D5

在典型区七盘沟建筑易损性评价时，因为所处的泥石流环境影响，只考虑七盘沟这一条特定的泥石流沟，故建筑物与泥石流沟距离这一指标需要重新分级，七盘沟建筑易损性

评价指标如表 10-27 所示。

表 10-27　七盘沟村建筑易损性评价指标及代码

一级指标	二级指标	名称	代码
功能	公共服务	F-Public	f1
	居住	F-Living	f2
	商业	F-Commercial	f3
	学校	F-School	f4
结构	钢结构	C-Steel	c1
	框架结构	C-Frame	c2
	砌体结构	C-Masonry	c3
材料	钢	M-steel	m1
	砖	M-Brick	m2
	砖混	M-B&C	m3
面积/m^2	0~15	A-Smaller	a1
	15~29	A-Small	a2
	30~44	A-Medium	a3
	45~59	A-Large	a4
	60~64	A-Largest	a5
距离/m	0~100	D-Nearest	d1
	100~199	D-Near	d2
	200~299	D-Medium	d3
	300~399	D-Farther	d4
	400~499	D-Farthest	d5

　　各个指标的评价结果如图 10-35 所示。从图 10-35 可以看出,居住类建筑占了较大比例,而学校类建筑为零,与走访调查结果相符,七盘沟村内并没有该类建筑;砌体结构的建筑易损性普遍较高,框架结构类最低;以砖为主要材料的建筑相对易损性最高;在七盘沟村内,建筑物到沟道的距离对建筑易损性影响不大。

　　(2)综合评价结果分析。七盘沟村建筑易损性评价结果如图 10-36 所示。从图 10-36 可以看出,易损性较高的地区主要集中在沟道左侧的老建筑区,这些建筑均为居民住宅,在"7·13"特大泥石流事件中部分损毁但是又整体完好,这样同沟口的新建住宅小区的建筑物比起来易损性较高;同时,对于新建小区的建筑物来说,具体的每一幢建筑物的不同部位的易损值也略有出入,从评价结果来看,一般是建筑物的内部易损值高于建筑物四周(即建筑物的墙体),尤其是对于新建小区中的框架结构的建筑物来讲,这一特点更为明显,因为框架结构建筑物的建造特点就是墙体的四角有承重柱,中间填充砖等填充材料,内部空间同砌体结构不同,往往不具有承重墙,因此内部的易损值反而略高于墙体的易损值。最后,从图 10-36 还可以看出,七盘沟村内的建筑易损值整体偏高的是商业类建筑物,其次是砌体结构的居住建筑物和框架建筑物的内部空间,易损值最低的是新修建的距离沟口较远的砌体类建筑物和框架结构建筑物的墙体部分。以上结论同本书研究团队在七盘沟"7·13"

特大泥石流事件重建后的走访中所得的调查结果较相符，具有较高的可信度。

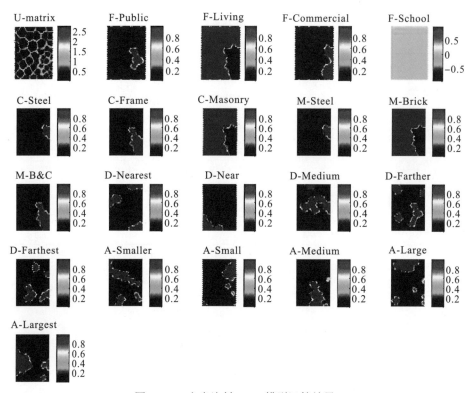

图 10-35　七盘沟村 SOM 模型运算结果

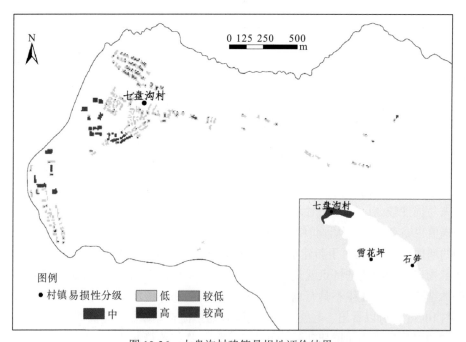

图 10-36　七盘沟村建筑易损性评价结果

同时，以格网为统计单元对其易损值进行抽样统计，得到的结果如表 10-28 所示。从表 10-28 可以看到，每个格网的评价结果同建筑物整体的易损值是比较符合的，但是，因为格网的面积较统一，基于格网的计算，面积对建筑易损性的影响的表达不是很充分，但是这也是合理的，因为在基于格网的评价方法中，主要是为了突出建筑物不同部位的易损性差异，而建筑物内部不存在面积的影响，所以这样的评价结果是符合预期和实际情况的。

表 10-28 七盘沟建筑易损性抽样统计

功能	结构	材料	面积/m²	距离/m	易损值
居住	砌体结构	砖	17.18	415.95	0.11
居住	砌体结构	砖	61.45	401.73	0.23
居住	砌体结构	砖	59.02	398.88	0.00
商业	框架结构	砖混	43.43	491.16	0.55
商业	框架结构	砖混	63.92	488.30	0.99
居住	砌体结构	砖	4.95	0.00	0.05
公共服务	框架结构	砖混	2.22	381.33	0.22
公共服务	框架结构	砖混	63.96	375.64	0.37
居住	砌体结构	砖	64.00	100.00	0.16

10.2.6 结论

岷江上游地区是典型的山区地貌、生态环境脆弱区，2008 年"5·12"汶川地震以来，次生地质灾害频发，每次灾害事件都给当地居民造成重大的生命财产损失。建筑物是山区居民的主要财产，是每次灾害事件最大的潜在威胁对象。本书采用了多学科综合的研究方法对岷江上游泥石流环境下的山区建筑易损性进行研究，取得的主要成果和结论如下。

(1) 以分辨率为 15 m×15 m 的 DEM 数据为基础，综合运用 RS(remote sensing，遥感)和 ArcGIS 技术，统计得出岷江上游地区共有泥石流沟 249 条，其中汶川县有 34 条，分布在 34 个乡(镇)；黑水县有 53 条，分布在 53 个乡(镇)；理县有 38 条，分布在 37 个乡(镇)；茂县有 70 条，分布在 67 个乡(镇)；松潘县有 54 条，分布在 54 个乡(镇)。统计分析后认为，岷江上游泥石流沟发育特征各异，对泥石流环境下的建筑易损性评价需要视实际情况进行具体分析。

(2) 利用 1995 年、2005 年、2015 年的 NDVI 粗略地提取出整个岷江上游建筑物可能分布的区域；再以此为基础进行建筑物的目视解译，共得到建筑物 200994 座(幢)，建筑物的解译率不低于 75%。面积在 50~200 m² 的建筑物比例最高，大型建筑物多集中分布在经济文化中心地带；同时还得到该区域的建筑物可分为公共服务、居住、商业、学校 4 类，其中以居住类建筑物所占的比例最高，公共服务和商业类建筑物其次，学校最少，这同该地区的经济水平较符合；同时，建筑物材料和建筑结构关系较紧密，砌体结构建筑物的建筑材料一般是砖或者砖石，而框架结构建筑物则多采用砖混材料；最后，建筑物同泥石流沟的距离差异极大，距离近的不足 50 m，距离远的则可以有 1000 m 以上，体现了岷江上游地区之前在建筑物选址时对环境的妥协。

(3) 从整个岷江上游来看，该区域的建筑易损性普遍偏高，高易损性和较高易损性区域分别占了 28%和 53%。本书以乡(镇)为统计对象进行易损性统计，得出岷江上游地区各乡(镇)建筑易损性差异极大，那些承担着经济活动、交通运输等社会功能的乡(镇)的易损性明显高于其他乡(镇)。

(4) 运用基于格网的 SOM 模型对七盘沟村的建筑易损性做评价，从结果可知，七盘沟村内的商业建筑易损性最高，其次是居住类的建筑物。同一座建筑物的不同部分也存在易损性的差异，如框架结构的住宅，其内部易损性略高于其墙体部分的易损性。

今后的工作是进一步将 GIS 技术与地域地质灾害风险管理结合起来，利用"互联网+"思维，建立灾害风险在线监测网络平台，建成某一地区乃至全国的灾害数据库，为所有人提供监测平台的 App 入口权限，做到所有人员均是灾害监测人员，任何人在任何地方发现任何灾害险情均可以通过 App 接入检测平台，发布灾害信息，提醒有关部门进行灾害险情排除作业；同时，灾害管理部门可以逐级下达灾害预警等信息，利用"互联网+"确保每一个民众都能获得最新的灾害数据和灾情预警信息，希望借此形成灾害风险管理 "全民参与，全民受益"的局面。

第 11 章　泥石流灾害风险评估及其预警报

泥石流风险评价及其预警预报研究的重点是针对一个区域内若干条或某一单沟泥石流开展灾害易发性、承灾体易损性和综合风险评价，预测分析泥石流沟谷发育的潜在趋势以及对泥石流活动未来可能发生的情况进行预警预报研究，这已成为国内外泥石流防灾减灾工作的重要组成部分。西南山区降雨型泥石流的暴发地点、时间及造成的后果具有明显的随机不确定性，采用概率论与数理统计等数理手段，应建立短期、中长期概率预报模式来探讨泥石流活动的随机性与周期性。

本章预警预报内容主要包括泥石流活动短临预警报和中长期预报两部分，在降雨型泥石流预警预报基本原理的基础上，借鉴前人对暴雨型泥石流的时间预报分类的研究，结合灰色理论的预报模型与残差修正模型及非线性概率论的预警模型，构建岷江上游地区降雨型泥石流的短临预警报以及中长期预报模型。

11.1　泥石流灾害风险评价

11.1.1　风险评价方法

泥石流灾害风险分析是泥石流灾害防灾减灾的重要工作之一。泥石流灾害风险是指在一定区域和给定时段内，不同强度泥石流发生的可能性及其对人类生命财产、经济活动和资源环境产生损失的期望值。泥石流灾害风险综合反映了泥石流灾害的自然属性和社会属性，由致灾子系统与孕灾子系统的危险性和承灾子系统的易损性组合而成。根据联合国对自然灾害风险的定义（UNDHA，1991，1992），泥石流风险度的数学计算公式［与式(4-3)相似］可以表达为

$$R = HV \tag{11-1}$$

式中，R 为地质灾害风险度(0～1)；H 为地质灾害危险度(0～1)；V 为地质灾害易损度(0～1)。

11.1.2　风险分级与分区

在泥石流灾害危险性评价和承灾体易损性评价的基础上，我们能够获得研究区内各评价单元的风险度(归一化到 0～1)。然而，如何科学地分析和表达泥石流灾害风险评价结果，使复杂的风险评价问题简单化，使过于微观的结果宏观化，以便将评价结果应用于防灾减灾工作实践，这就需要对评价结果进行分级与区划。

目前，泥石流风险评价的数据分级和风险分区没有统一的标准，也没有理想的解决方案。本章采用等间距分级方法，对泥石流危险度和易损度进行了自然断点法分级，划分为 5 个等级，即分为 0.0000～0.0137、0.0138～0.0503、0.0504～0.1574、0.1575～0.4576、0.4577～1.0000 五个等级区间，并由此自动生成泥石流风险度的 5 个等级(表 11-1)。

表 11-1　泥石流风险分级及其实际意义

风险度区间	风险分级	实际意义
0.0000～0.0137	Ⅰ低风险区	泥石流危险度和易损度低，安全投资区和待开发区
0.0138～0.0503	Ⅱ较低风险区	泥石流危险度和易损度都较低，可提供安全投资区和待开发区供参考
0.0504～0.1574	Ⅲ中风险区	遭受轻度泥石流危害，易损度较低；与Ⅰ区相比，基础设施和社会经济水平有所提高，可能遭受的风险和承灾能力也随之加大，风险小、收益大，是最佳投资区和适宜开发区
0.1575～0.4576	Ⅳ高风险区	泥石流危险度和易损度都适中，风险与效益并存，是适宜投资区，开发时应实施和加强风险管理
0.4577～1.0000	Ⅴ极高风险区	泥石流危险度和易损度都较高，表明泥石流规模大、频率高，或人口较稠密、社会经济发达，一旦受灾，则破坏损失和风险较大、收益也可能较大，是谨慎投资区，开发时须考虑最大限度地降低投资成本，避免增加易损性，可通过灾害保险等方式实现风险转移

11.1.3　风险评价结果

泥石流危险性评价采用信息量模型，泥石流易损性评价采用贡献权叠加模型，然后获得泥石流灾害风险度区划图。

本章的泥石流灾害风险综合评价基于风险性，由致灾子系统与孕灾子系统的危险性和承灾子系统的易损性组合而成，结合 ArcGIS 的空间处理技术将泥石流灾害危险性的评价结果和承灾体易损性的评价结果进行叠加分析，最终得到岷江上游泥石流风险性区划图（图 11-1），并划分为低（0～0.0137）、较低（0.0138～0.0503）、中（0.0504～0.1574）、较高（0.1575～0.4576）和高（0.4577～1.0000）5 级风险性区划。

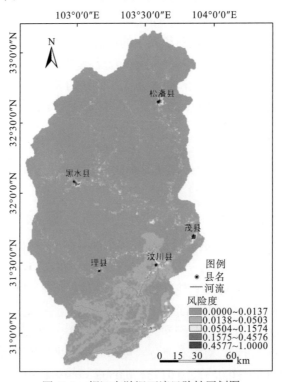

图 11-1　岷江上游泥石流风险性区划图

从图 11-1 可以看出，岷江上游整体风险度很小，基本都在低风险区，较高风险区主要集中在茂县、黑水县、松潘县的城区附近，汶川县境内属于较低和中等风险度区域，与实际情况基本吻合。而风险度相对较大的区域也是易损性较高的地区，这些地区多为县城所在地，社会经济活动频繁。而汶川县"5·12"地震后，沟谷中松散堆积物剧增，原有一些可能成为物源的滑坡体稳定性变差，使泥石流暴发的危险性增大，严重地威胁到县城上万人的生命和财产安全，灾害风险度普遍较大。

11.2　泥石流活动短临预警报

由于人们往往更关注近期是否会发生滑坡泥石流等地质灾害，故而短临预警报研究比中长期预报更具有实际意义。降水量是泥石流暴发最主要、最直接的激发因子，降水量也影响泥石流形成的规模。短临预警报研究主要是统计分析流域内泥石流发生前几日的降雨资料、地质条件等因素，科学划分降雨过程，通过对降雨模型参数与泥石流灾害的关系进行分析，得出降雨总量临界值并对其进行分级，在易发性区划的基础上构建短临预警报模型，其中，如何合理地确定易发区的临界雨量阈值是提高泥石流活动预警报精度的关键。

11.2.1　有效降雨过程的确定

自然界的降雨是十分复杂的，降雨事件是由大小不均、不连续的时间序列组合而成的，通常从雨量站获取的原始降水数据是由工作人员设定的特定间隔内的连续采集的数据，并不是泥石流暴发时刻的雨量，因此在建立泥石流预警模型之前，首先需要选定一种降雨过程划分标准，将收集到的降水数据按照不同时间段进行分割，从而定义一场连续降雨，才能进一步计算影响泥石流的降雨参数，再计算降雨预警临界值或建立降雨预警模型。国内许多泥石流方面的专家学者采用不尽相同的方法对降雨事件进行分类，本书通过查阅相关文献，将降雨过程划分为 6 种类型。

通过参考尹国龙按不同降雨划分标准对绵竹市清平片区文家沟、牛圈沟泥石流暴发的降雨参数(持续时间 T、累计雨量 R)的影响研究，参考岷江上游所处的地理位置、蒸发、植被覆盖程度等综合因素提出降雨划分方法，即定义本次降雨的开端为小时雨量大于 4 mm 时刻，连续 6 h 降水量均小于 4 mm 的时刻作为该次降雨过程的结束，这期间时间段为一个降雨过程。为了更加清楚地表示降雨划分标准，以 1 h 作为横坐标，小时雨量作为纵坐标绘制示意图(图 11-2)。

降雨对泥石流暴发的影响最为活跃，降雨作用成为泥石流形成过程中必不可少的一项，一般而言，多大的降雨量会诱发泥石流活动是目前泥石流监测预警领域最为关心的问题之一。目前，该领域的研究主要使用两种方法来确定泥石流临界降雨量指标，一种是对特定区域的大量暴雨及相应泥石流事件进行统计和调查，找到适用于该区域泥石流活动的降雨指标，运用统计方法分析总结这些事件中泥石流暴发时各个降雨指标的关系和特征，找出相应规律，进而制定出该区域泥石流启动的降雨临界指标。例如，考虑了多次泥石流降雨资料的降雨强度和降雨延时，确定了泥石流发生的通用临界雨量判别式：

$I = 18.82T^{-0.89}$（I 为降雨量，T 为降雨时间）；吴积善（1990）通过研究蒋家沟泥石流的发生过程，提出将前 10 min 降雨量（i_{10}）和前期有效降雨量（p）相结合的适用于蒋家沟的泥石流临界雨量判别式：$i_{10} \geq 5.5 - 0.091p \geq 0.5$。另一种是从物理学的角度建立力学方程式，分析泥石流启动时的应力条件，推导出泥石流启动时需要时的降水量，从而确定泥石流降雨临界指标。

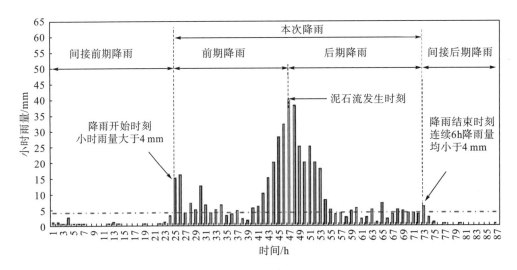

图 11-2　降雨过程划分示意图

由于不同区域地质条件、松散固体物质储量、各条泥石流沟道的激发雨量不尽相同，相较于单沟泥石流的预警预报获取资料简便详细，区域内多条沟群发性的泥石流预警报，具体到每一条泥石流沟的详细资料获取较为困难，故只能从统计学的角度分析降雨与泥石流灾害发生之间的相关规律，结合前人的研究成果，用统计分析的方法，通过确定前期有效累计降水量和当日激发雨量参数来确定临界雨量阈值。

（1）当日激发雨量。当日激发雨量是指发生泥石流当日降雨量的累计值，为造成泥石流暴发最直接的降雨量。

当日激发雨量 R_{t2} 计算公式为

$$R_{t2} = \int_{t1}^{2} f(R_{t2}) \mathrm{d}t \tag{11-2}$$

式中，t_1 为降雨开始时间；t_2 为降雨结束时间。

（2）前期有效累计降雨量。从图 11-2 降雨过程划分示意图可知，当日降雨量前的降雨量为前期雨量，为造成泥石流暴发的间接降雨量。但由于受到地表径流、渗透、日照蒸发、填洼及物源的工程地质特性等因素干扰，前期降雨并未全部参与到泥石流灾害的发生过程中。为了区分和更好地研究前期降雨量对泥石流发生的贡献率，为此提出了"前期有效降雨量"的概念。

降雨对泥石流激发的有效作用是一个随时间衰减的过程，越接近泥石流暴发时刻的前期降雨对泥石流暴发的贡献越大；相反，时间间隔越长，对泥石流暴发的贡献越小。目前

通常采用衰减系数 K 的倍数值乘以泥石流暴发之前的日降雨量求得贡献值，然后贡献值相加得到前期有效累计降雨量。计算公式为

$$R_a = \sum_{t=1}^{n} R_t(K)^t \tag{11-3}$$

式中，R_t 为前 t 日的降雨量，mm；t 为前期降雨天数，$t=1,2,\cdots,15$；K 为降雨衰减系数，其值随着时间的推移而减小。

11.2.2　有效降雨量的界定

通过学习研究不同专家学者的成果得知，研究区自身独特的地质条件、气候状况等，使得泥石流发生的前期累计降雨量的范围和其他地区前期降雨量范围统计值有很大的差别。目前，国内泥石流监测预警领域的专家学者对多少天前的前期降雨量对泥石流起动造成影响的问题说法不一，有的专家认为是前 15 天，有的专家认为是前 7 天。针对此问题，本书研究选择用回归分析的方法确定影响天数，即 n 值。

设 p 为 $[0,1]$ 的某事件发生的概率，$1-p$ 即为该事件不发生的概率，将其两者的比值（即优势比率）取自然对数 $\ln[p/(1-p)]$，以 p 为因变量，x_m 为自变量，建立线性逻辑斯谛（Logistic）回归方程：

$$\ln\left(\frac{p}{1-p}\right) = \alpha + \beta_1 x_1 + \beta_2 x_2 + \cdots + \beta_m x_m \tag{11-4}$$

式中，α 为常数；$\beta_i(i=1,2,\cdots,m)$ 为逻辑回归系数。

Logistic 回归模型是普通多元线性回归模型的推广，误差项服从伯努利（Bernoulli）分布。

由式（11-4）可得

$$p = \frac{\exp(\alpha + \beta_1 x_1 + \beta_2 x_2 + \cdots + \beta_m x_m)}{1 + \exp(\alpha + \beta_1 x_1 + \beta_2 x_2 + \cdots + \beta_m x_m)} \tag{11-5}$$

本节统计了 45 条发生过泥石流灾害的降雨数据与 15 条无泥石流灾害发生的降雨数据，分析诱发泥石流灾害的当日降雨量、前期降雨量与泥石流之间的关系。因变量 p 用数字表示：数字"1"定义为泥石流灾害确切发生，数字"0"定义为泥石流灾害未曾发生。x_m 为地质灾害发生前每日的降雨量，即 x_0 表示当日激发雨量，x_1 表示前 1 天降雨量，x_2 表示前 2 天降雨量，x_3 表示前 3 天降雨量，以此类推。

在 SPSS 软件中逐一分析当日激发雨量、前 1 天降雨量等变量拟合效果，计算结果如表 11-2 所示。

上述模型汇总表中给出的是 Logistic 模型拟合效果的统计值，其中 Nagelkerke R^2 代表模型所能解释的因变量变异的百分比，随着前 7 天降雨量加入后，模型的拟合度达到 90.7%（与 1 较接近），拟合效果较好，预测总百分比达到 96.7%。对降雨前 8 天、前 9 天进行了计算，所得结果与第 7 天相近，表明泥石流发生与前 8 天、前 9 天降雨量无关，故将前期降雨量范围确定为泥石流发生的前 7 天。

表 11-2　SPSS 计算结果

模型汇总

步骤 1	-2 对数似然值	Cox & Snell R^2	Nagelkerke R^2
	10.603[a]	0.612	0.907

方程中的变量

		B	S.E.	Wald	df	Sig.	Exp(B)
	当日激发雨量	0.596	0.623	0.914	1	0.339	1.815
	前 1 天降雨量	0.153	0.198	0.599	1	0.439	1.165
	前 2 天降雨量	0.049	0.063	0.594	1	0.441	1.050
	前 3 天降雨量	-0.116	0.164	0.501	1	0.479	.890
步骤 1[a]	前 4 天降雨量	0.007	0.033	0.053	1	0.819	1.008
	前 5 天降雨量	-0.291	0.333	0.763	1	0.382	.747
	前 6 天降雨量	-0.155	0.189	0.670	1	0.413	0.856
	前 7 天降雨量	-0.205	0.331	0.385	1	0.535	0.814
	常量	-16.430	13.515	1.478	1	0.224	0

注：a 为在步骤 1 输入的变量：当日激发雨量，前 1 天至前 7 天降雨量。

分类表[a]

实测			预测		
			P		正确百分比/%
			0	1	
步骤 1	P	0	24	1	93.3
		1	1	44	97.8
	总体百分比				96.7

注：a 为分界值，为 0.500。

11.2.3　预警雨量临界值的确定

预警雨量临界值的获得建立在研究区历史泥石流灾害雨量统计的基础上，为研究区域泥石流的雨量临界值，首先需要获取泥石流发生的确切位置、时间，然后对有确切降雨观测资料的各易发性分区(分区结果见第 4 章)降雨过程进行时空统计，以统计值当中诱发泥石流的最小雨量值作为激发阈值，由于雨量站空间分布不均匀，为此在 ArcGIS 中进行空间插值，从而获取整个岷江上游流域的不同易发区泥石流预警雨量临界值。

前面提到在进行 Logistic 回归模型计算时，共使用了 45 条泥石流沟发生时的雨量数据，其中有 44 条泥石流沟数据验证成功，预测正确百分比达到 97.8%，故删除验证失败的 1 条雨量数据，以 44 条泥石流沟降雨数据来获取研究区的预警雨量临界线。

通过对前期有效累计雨量和当日激发雨量的确定，以理县塔斯沟泥石流 2010 年 7 月 24~31 日的一次降雨过程为例，计算泥石流发生的前期有效累计雨量和当日激发雨量(此处的衰减系数 K=0.8)，具体计算过程如表 11-3 所示。

本节计算了 44 条泥石流沟降雨量的前期有效累计雨量和当日激发雨量值，并参照第 8 章的岷江上游泥石流灾害易发性分区图，将 44 条泥石流沟划分为不同的易发程度(由于极低易发区的泥石流事件较少，统计意义不大，故未做统计），对不同易发区的泥石流前期有效累计雨量和当日激发雨量进行统计(图 11-3 和图 11-4)，并将其最小值作为临界阈值，同时，在中国气象数据网中获取流域境内 25 个雨量站点的降雨资料(图 11-5)，基于 ArcGIS 中的空间分析工具，采用反距离权重法对岷江上游数据进行空间插值，获取整个岷江上游区域的泥石流激发降雨阈值分布图(图 11-6 和图 11-7)。

表 11-3　理县塔斯沟 2010 年 7 月 24～31 日的降雨数据

日期	雨量/mm	有效降雨量(衰减系数 K=0.8)
2010.7.24	1.2	0.3
2010.7.25	48	12.6
2010.7.26	19	6.2
2010.7.27	6.9	2.8	Σ 前期有效累计雨量=74.3 mm
2010.7.28	61	31.2
2010.7.29	26	16.6
2010.7.30	5.8	4.6
2010.7.31	42	42	当日激发雨量=42 mm

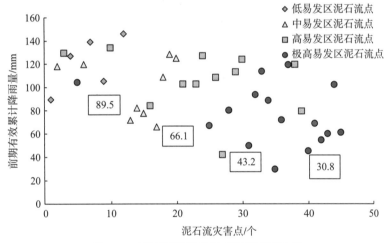

图 11-3　不同易发区前期有效累计雨量图

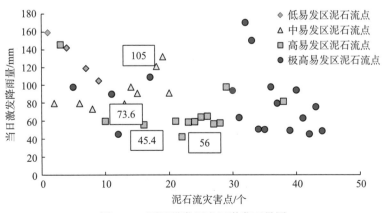

图 11-4　不同易发区当日激发雨量图

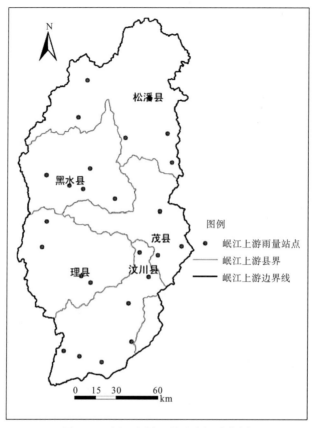

图 11-5　岷江上游雨量站空间分布图

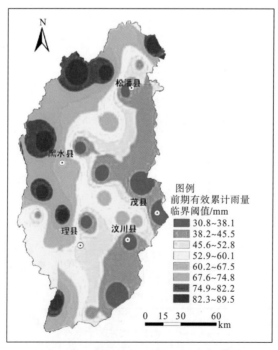

图 11-6　岷江上游前期有效累计雨量临界阈值图

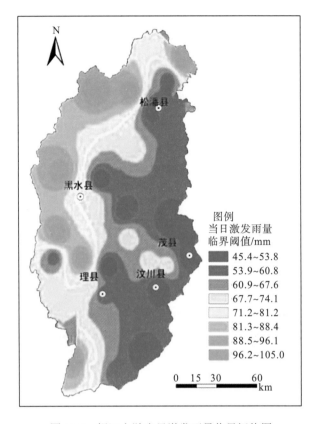

图 11-7　岷江上游当日激发雨量临界阈值图

11.2.4　预警模型建立及案例应用

上述确定不同易发区的预警雨量临界值,参照云南蒋家沟泥石流灾害预警方法,当 λ 达 90% 时作为红色预警界限;λ 在 80%~90% 时发出橙色预警;λ 在 70%~79% 时发出黄色预警;λ 在 60%~69% 时发出蓝色预警(表 11-4)。按照灾害系数 0.9、0.8、0.7、0.6 依次为红、橙、黄、蓝的预警界限值,可以分别获得高、中、低易发区泥石流灾害 Ⅰ、Ⅱ、Ⅲ 及 Ⅳ 级预警雨量阈值(表 11-5,图 11-8~图 11-11)。

表 11-4　泥石流预警等级划分

项目	>90%	80%~90%	70%~79%	60%~69%
预警等级	Ⅰ 级	Ⅱ 级	Ⅲ 级	Ⅳ 级
预警颜色				
等级描述	风险很高	风险高	有一定风险	风险较低
相应措施	人员撤离住宅,搬迁避难	沟内人员避难,做好准备撤离	遇难提醒	内部信息

表 11-5　岷江上游泥石流预警报临界雨量值划分表　　　　（单位：mm）

泥石流预警报等级	不同易发分区的岷江上游泥石流预警报临界雨量值							
	极高易发性分区		高易发性分区		中易发性分区		低易发性分区	
	前期有效累计雨量	当日激发雨量	前期有效累计雨量	当日激发雨量	前期有效累计雨量	当日激发雨量	前期有效累计雨量	当日激发雨量
临界值	30.8	45.4	43.2	56	66.1	73.6	89.5	105
I 级	27.7	40.86	38.88	50.4	59.49	66.2	80.55	94.5
II 级	24.6	36.3	34.56	44.8	52.88	58.9	71.6	84
III 级	21.56	31.78	30.24	39	46.27	51.5	62.65	73.5
IV 级	18.48	27.24	25.9	33.6	39.66	44.2	53.7	63

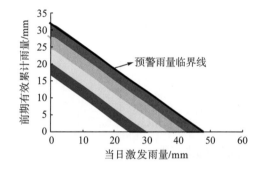

图 11-8　极高易发区降雨临界线分级预警图

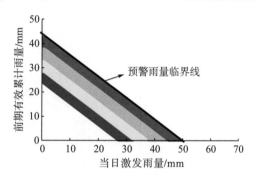

图 11-9　高易发区降雨临界线分级预警图

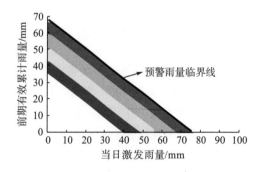

图 11-10　中易发区降雨临界线分级预警图

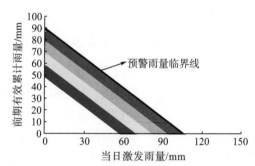

图 11-11　低易发区降雨临界线分级预警图

　　基于以上方法构建的岷江上游泥石流短临预警报模型，最终生成图片格式的泥石流灾害预警报成果。为了验证该泥石流短临预警报模型的合理性，以 24 h 为预警报时间尺度（当日 20 时至次日 20 时），并生成泥石流短临预警报图片，选取岷江上游历史上规模较大且引发泥石流造成较大损失的 2013 年 7 月 10 日和 2019 年 8 月 20 日两次强降雨事件来验证模型精度。

11.2.4.1　2013 年 7 月 10 日降雨——泥石流预警报

　　2013 年自进入汛期以来，研究区内降雨天气不断，7 月 8 日起出现了入汛以来涉及范围最广、降雨量最大的一次区域性暴雨天气，据当地及省气象部门资料显示，暴雨集中区出现在"5·12"汶川地震震区、"4·20"芦山地震震区，截至 7 月 12 日强降雨结束，四川省各地共发生较大规模地质灾害 343 处，其中岷江上游地区的汶川县、茂县等地受灾情况较为严重。

通过收集 25 个雨量站 7 月 10 日的降雨数据，并按照上述不同易发分区的临界雨量值，确定泥石流灾害风险预警等级，空间插值得到此次降雨事件的泥石流风险预警图(图 11-12)。从图 11-12 可以看出，茂县部分、汶川县全部风险等级高，尤其是汶川县东南部的银杏乡、映秀镇等地风险极高。

为了验证结果的准确性，从中国气象门户网站中查找了 2013 年 7 月 10 日中国气象局和国土资源部联合发布的当日 20 时至次日 20 时全国地质灾害气象风险预警图，从该图可以看出，汶川县、茂县地区为Ⅱ级橙色预警，松潘等其余三县为Ⅲ级橙色预警。

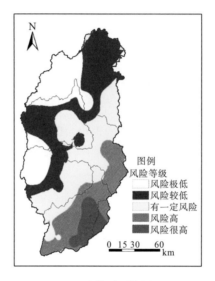

图 11-12　泥石流模型预警图(2013.7.10)

通过对比可以看出，该预警报模型得出的泥石流灾害风险预警报图与中国气象局发布的预警报图基本一致，从而验证了该预警报模型的有效性。

11.2.4.2　2019 年 8 月 20 日降雨——泥石流预警报

通过搜集 2019 年 8 月 20 日的降雨数据，按照上述方法进行空间插值，得到此次降雨事件的泥石流灾害风险预警报图(图 11-13)。从图 11-13 可以看出，汶川县大部、理县东南部、茂县南部、松潘县中部地区风险等级高，尤其是汶川县中部的草坡乡、绵虒镇、映秀镇以及理县的杂谷脑镇、甘堡乡等地风险极高。

同样，为了验证预警报结果，在四川省自然资源厅门户网站上找到了 2019 年 8 月 19 日四川省气象局和自然资源厅联合发布当日 20 时至次日 20 时全国地质灾害气象风险预警报图(图 11-14)。从图 11-14 中标出范围可以看出，汶川县部分地区为Ⅱ级橙色预警，茂县、理县等其余四县为Ⅲ级黄色预警。风险预警图与模型预警结果基本一致，而且与图 11-14 所示的汶川县 2019 年实际发生的泥石流对应，验证了模型的有效性。

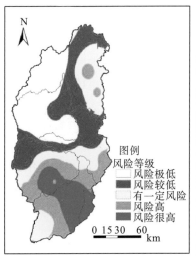

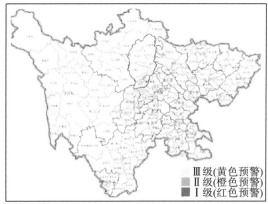

图 11-13 泥石流模型预警报图(2019.8.20)   图 11-14 四川气象台预警报图

11.3 泥石流活动中长期预报

中长期预报采用 C.M.弗莱施曼(1986)的理论,即以统计学方法对历史资料进行综合分析,主要预测在未来较长一段时间内泥石流的活动周期、强度及发展趋势。为了验证该方法理论的科学性,韦京莲和董桂芝(2001)、崔之久(1986)等在北京山区做了深入研究,以山洪泥石流为研究对象,总结出了泥石流暴发往往有着"逢九必发"的活动特征。中长期预报主要在于掌握历史资料的准确性与详细程度,可以服务于政府部门对区域降雨型泥石流灾害应急预案的准备以及长期的防灾减灾规划。

11.3.1 灰色理论概述

1982 年,我国学者邓聚龙首次提出了"灰色系统"的概念,它是用于解决不完备信息系统的一种数学方法,主要研究被广泛应用于客观世界的各种灰色概念性的问题。经过二十多年不断的探索发展,灰色系统理论已逐渐完善成为一种新兴的结构体系,并被应用到社会经济和自然科学等多个领域。

灰色 GM(1,1)模型,简单地说就是以灰色系统理论为基础,采用数学当中一阶线性递增常微分方程来描述数据动态变化,是一种抽象化模型。该模型主要是发掘系统内部潜在的规律问题,不仅能为灰色系统中所涉及的因素由不明确到明确提供研究基础,而且对采集数据及其分布情况并无严格的要求,计算工作量小、预测准确度较高,可用于近期、短期、中长期预测,因此在数列预测、灾变预测、季节灾变异常值预测以及系统预测等领域均有较多应用。

灰色理论的基本原理如下:①差异信息原理,即任何信息都会存在差异;②最少信息原理,即以最少的信息进行最大程度的利用;③灰性不灭原理,即任何系统当中都存在灰色性;④新信息优先原理,即最近的事件因素对预测的扰动程度大于以前的旧信息。

11.3.2　灰色预报模型的构建

首先设有数据序列 $x^{(0)} = \left\{ x^{(0)}(1),\ x^{(0)}(2),\cdots,x^{(0)}(n) \right\}$，构建序列 $x^{(0)}$ 的级比公式进行可行性分析：

$$\sigma(k) = \frac{x^{(0)}(k-1)}{x^{(0)}(k)} \tag{11-6}$$

式中，$k = 2,3,\cdots,n$，当级比满足 $\sigma(k) \in \left(e^{-\frac{2}{n+1}}, e^{\frac{2}{n+1}} \right)$ 时，表明序列 $x^{(0)}$ 可以构建 GM(1,1) 模型。

然后获取这样一组原始时间数据构建模型，并按照规则排序形成序列 $x^{(0)}$：

$$x^{(0)} = \left(x_k^{(0)} \middle| k=1,2,\cdots,n \right) = \left(x_1^{(0)}, x_2^{(0)}, \cdots, x_n^{(0)} \right) \tag{11-7}$$

对上述排序的原始时间数据进行一次累加（1-AGO）生成新的数据序列 $x^{(1)}$，即

$$x^{(1)} = \left(x_k^{(1)} \middle| k=1,2,\cdots,n \right) = \left(x_1^{(0)}, \sum_{k=1}^{1} x_k^{(0)}, \sum_{k=1}^{2} x_k^{(0)}, \cdots, \sum_{k=1}^{n} x_k^{(0)} \right) \tag{11-8}$$

根据新的数据序列 $x^{(1)}$，建立白化模式的一元微分方程：

$$\frac{\mathrm{d}x^{(1)}}{\mathrm{d}t} + ax^{(1)} = u \tag{11-9}$$

式中，a 为发展系数，反映数据序列 $x^{(1)}$ 的发展趋势，需要满足 $|a| < 0.3$；u 为灰作用量，即外部因素进入系统的量。

解白化微分方程求得如下时间响应函数：

$$x_k^{*(1)} = \left(x_1^{(0)} - \frac{u}{a} \right) \mathrm{e}^{-a(k-1)} + \frac{u}{a} \qquad (k=1,2,\cdots,n) \tag{11-10}$$

记参数列为 $\hat{a} = [a,u]^{\mathrm{T}}$，$\hat{a}$ 用最小二乘法确定：

$$\hat{a} = \left[\boldsymbol{B}^{\mathrm{T}} \boldsymbol{B} \right]^{-1} \boldsymbol{B}^{\mathrm{T}} \boldsymbol{Y}_N = [a,u]^{\mathrm{T}} \tag{11-11}$$

这里构造累加矩阵 $\boldsymbol{B}$ 和常数向量 $\boldsymbol{Y}_N$ 为

$$\boldsymbol{B} = \begin{bmatrix} -Z_2^{(0)} & 1 \\ -Z_3^{(0)} & 1 \\ \vdots & \vdots \\ -Z_N^{(0)} & 1 \end{bmatrix}, \quad \boldsymbol{Y}_N = \left[x^{(0)}(2), x^{(0)}(3), \cdots x^{(0)}(N) \right]^{\mathrm{T}} \tag{11-12}$$

式中，$Z_k^{(1)} = \frac{1}{2} \left[x^{(1)}(k) + x^{(1)}(k-1) \right]$。

$x_k^{*(1)}$ 为 $x_k^{(1)}$ 序列的估计值，对 $x_k^{*(1)}$ 做一次累减（前后两个数据做差值运算），即 $x^{(0)}(k) = x^{(1)}(k) - x^{(1)}(k-1)$，得到初始数据序列 $x^{(0)}$ 的还原值：

$$x_k^{*(0)} = \left(1 - \mathrm{e}^a \right) \left(x_1^{(0)} - \frac{u}{a} \right) \mathrm{e}^{-a(k-1)} \tag{11-13}$$

将 $k = 2,3,\cdots,n$ 代入式（11-13）中，便可得初始数据的还原值，当 $k > n$ 时，便可得未来的预测值。

建立模型后进行模型的精度检验，精度直接反映的是模型的准确性与实用性，在模型

得到运算结果后,为了确保模型计算结果是有效、可靠的,采取一定的方法手段对模型精度予以检验非常必要。若精度满足要求,则表明模型构建合理,可对未来值进行预测;若精度未达到要求,则表明存在较大误差,需重新建模再做检验。在灰色预测模型的精度检验中最常见的方法有如下 3 种:后验差检验法、残差检验法以及关联度检验法,通过对 3 种方法进行比较,本书采用按照残差概率分布情况对模型精度检验的后验差法。基本过程如下所示。

设 $x^{(0)}$ 为原始数据序列, $\varepsilon^{(0)}$ 为残差序列。

(1)计算方差 S_1 和 S_2 :

$$S_1 = \frac{1}{n-1}\sum_{k=1}^{n}\left[x^{(0)}(k)-\overline{x}^{(0)}\right]^2 \tag{11-14}$$

$$S_2 = \frac{1}{n-1}\sum_{k=1}^{n}\left[\varepsilon^{(0)}(k)-\overline{\varepsilon}^{(0)}\right]^2 \tag{11-15}$$

式中, $\overline{x}^{(0)}$ 、 $\overline{\varepsilon}^{(0)}$ 分别为原始序列 $x^{(0)}$ 和残差序列 $\varepsilon^{(0)}$ 的均值。

(2)计算方差比 C 和小误差概率 p :

$$C = \frac{S_2}{S_1} \tag{11-16}$$

$$p = \left\{\left(\varepsilon^{(0)}(k)-\overline{\varepsilon}^{(0)}\right)<0.6475S_1\right\} \tag{11-17}$$

模型的精度由 C 和 p 共同率定, C 越小,即 S_1 越大、 S_2 越小的情况表明建模精度越高, C 越小反映出模型预测值与实际值误差较小。 p 越大,即残差序列 $\varepsilon^{(0)}$ 与平均值的差小于 $0.6475S_1$ 的数据点越多,预测值分布更均匀。一般地,将模型精度等级分为 4 级,各级 C 、 p 值如表 11-6 所示。

表 11-6　灰色预测模型精度等级

p	C	预测精度等级
$p \geqslant 0.95$	$C \leqslant 0.35$	Ⅰ 级(好)
$0.95>p \geqslant 0.80$	$0.35<C \leqslant 0.50$	Ⅱ 级(合格)
$0.80>p \geqslant 0.70$	$0.50<C \leqslant 0.65$	Ⅲ 级(勉强)
$P<0.70$	$C>0.65$	Ⅳ 级(不合格)

11.3.3　基于傅里叶变换的残差修正模型

灰色 GM(1,1)模型虽然原理易懂、运算速率快、原始数据样本较少,但在某些情况下受其自身局限性制约,如随着原始数据时间周期不断增长,就会有一些未知的干扰因素进入系统中,使得模型计算结果受到干扰,预测误差增大,精度明显降低。

鉴于灰色模型会存在一些局限性的问题,专家学者们在模型的应用过程中提出了诸多的改进方法,大多分为两类:一类是针对原始数据序列的改进,如在原始数据序列中加入缓冲因子、提高原始数据光滑度算法等;另一类是对残差进行改进,如马尔可夫残差改进模型、傅里叶变换修正残差模型等。

本节从改进残差这一方面切入,选择对提高预测精度较明显的傅里叶变换残差修正模型对灰色模型进行改进。傅里叶变换函数本身通过运算能够滤除泥石流灾变时间序列中降水、地质环境等扰动因素的影响，减少外部扰动因素对系统未来预测的干扰，起到降噪作用，通过结合 GM(1,1)模型，不仅可以深层发掘时间序列中存在的周期规律，而且可以减小灾变时间数据序列模型计算结果的随机误差，提高 GM(1,1)模型预测的精度。具体过程如下所示。

构建由原始值和预测值得到的残差时间序列：

$$\boldsymbol{E}_a = \left[e(2), e(3), \cdots, e(n) \right]^{\mathrm{T}} \tag{11-18}$$

将残差序列 $\boldsymbol{E}_a$ 转换为傅里叶级数形式，如下所示：

$$
\begin{aligned}
e_j &= \frac{1}{2}a_0 + \sum_{i=1}^{\infty}\left[a_i \cos\left(\frac{2\pi i}{T_a} j \right) + b_j \sin\left(\frac{2\pi i}{T_a} j \right) \right] \\
&\approx \frac{1}{2}a_0 + \sum_{i=1}^{ka}\left[a_i \cos\left(\frac{2\pi i}{T_a} j \right) + b_j \sin\left(\frac{2\pi i}{T_a} j \right) \right]
\end{aligned}
\qquad (j = 2, 3, \cdots, n) \tag{11-19}
$$

式中，$T_a = n-1$，$k_a = \left| \dfrac{n-1}{2} - 1 \right|$，其中 a_0、a_i、b_i 为常数，称为傅里叶系数。

将式(11-18)整理为简单矩阵形式，即

$$\boldsymbol{E}_a \approx \boldsymbol{P}_a \boldsymbol{C}_a \tag{11-20}$$

其中，

$$
\boldsymbol{P}_a = \begin{bmatrix}
\dfrac{1}{2} & \cos\left(\dfrac{1\times 2\pi}{T_a} \times 2 \right) & \sin\left(\dfrac{1\times 2\pi}{T_a} \times 2 \right) & \cdots & \cos\left(\dfrac{k_a \times 2\pi}{T_a} \times 2 \right) & \sin\left(\dfrac{k_a \times 2\pi}{T_a} \times 2 \right) \\
\dfrac{1}{2} & \cos\left(\dfrac{1\times 2\pi}{T_a} \times 3 \right) & \sin\left(\dfrac{1\times 2\pi}{T_a} \times 3 \right) & \cdots & \cos\left(\dfrac{k_a \times 2\pi}{T_a} \times 3 \right) & \sin\left(\dfrac{k_a \times 2\pi}{T_a} \times 3 \right) \\
\vdots & \vdots & \vdots & \ddots & \vdots & \vdots \\
\dfrac{1}{2} & \cos\left(\dfrac{1\times 2\pi}{T_a} \times n \right) & \sin\left(\dfrac{1\times 2\pi}{T_a} \times n \right) & \cdots & \cos\left(\dfrac{k_a \times 2\pi}{T_a} \times n \right) & \sin\left(\dfrac{k_a \times 2\pi}{T_a} \times n \right)
\end{bmatrix}
$$

$\boldsymbol{C}_a = \left[a_0, a_1, b_1, \cdots, a_{ka}, b_{ka} \right]^{\mathrm{T}}$，为残差的傅里叶系数向量。

根据最小二乘法将系数向量转变为如下形式：

$$\boldsymbol{C}_a = \left(\boldsymbol{P}_a^{\mathrm{T}} \boldsymbol{P}_a \right)^{-1} \boldsymbol{P}_a^{\mathrm{T}} \boldsymbol{E}_a \tag{11-21}$$

将求得的系数向量 $\boldsymbol{C}_a$ 中的值 $a_0, a_1, b_1, \cdots, a_{ka}, b_{ka}$ 代入式(11-21)中，并令 $j = n+1$，$n+2, \cdots$，即可求得 GM(1,1)模型修正后的预测误差值，从而得到傅里叶变换残差修正的真正预测值 X_k 为

$$X_k = \hat{x}^{(0)}(k) + \hat{e}_a(j) \qquad (j = 2, 3, \cdots, n+1, n+2, \cdots) \tag{11-22}$$

11.3.4　案例应用

11.3.4.1　汶川县泥石流活动情况

汶川县位于阿坝州东南角，周边与宝兴县、小金县、都江堰市等毗邻相通，317 国道从其境内横亘穿过，全县面积约为 4084 km²（图 11-15）。由于地处青藏高原东缘，汶川县境内以高中山地貌为主，中山、低山、河谷等均有分布，区域内山峦崎岖，沟壑遍布。汶川县地质构造复杂，发育汶川-茂县断裂等多处大中型破碎带，构造以倒转背斜等褶皱为主，地层发育完整，但岩性差异明显。县内地层岩性及工程地质岩组空间变化较大，其中奥陶系、志留系地层缺失较多，基岩出露主要为新元古代震旦系、古生代泥盆系以及干支河流两侧的新生代第四系等地层，岩性以变质砂岩、千枚岩、粉砂质板岩等为主，在境内多有分布（图 11-16）。

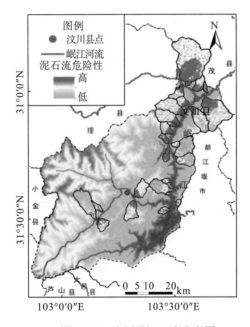 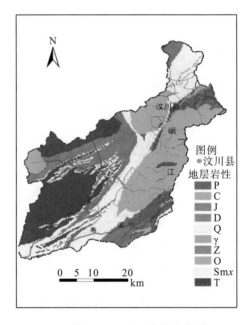

图 11-15　汶川县泥石流分布图　　　　　　图 11-16　地层岩性分布图

自然环境与人类社会环境共同的作用使得泥石流等地质灾害频发，汶川县地质环境比较脆弱，自然生态恢复能力较弱，境内 90% 的区域为高中山地貌，岩体破碎，加之降水类型为连绵细雨，使得汶川县受泥石流危害较为严重。2008 年"5•12"地震造成的强大破坏作用给生态环境本就脆弱的汶川县带来重大经济损失和人员伤亡，震后地质灾害数量陡增，分布范围更广。据统计，汶川县辖区各乡（镇）均受到破坏波及，尤其是绵虒镇、威州镇、映秀镇等地受影响尤为严重（图 11-17）。"5•12"汶川地震强烈的破坏作用使得汶川县地质环境受到严重破坏的同时，其山体稳定性亦遭到破坏，汶川县境内覆盖层土体结构松散，基岩裂隙发育，沟谷中小型崩塌多为泥石流的发生提供了丰富的松散物源，地震之后，当地的强降雨天气使得泥石流灾害频发，相较于震前地质灾害暴发频率增加，活跃周期更短（图 11-18）。

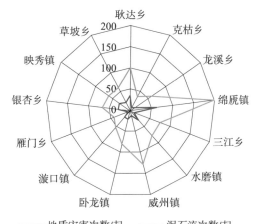

图 11-17　汶川县各乡(镇)地质灾害统计图

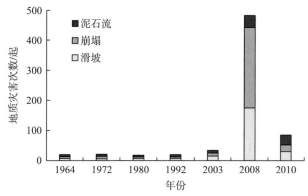

图 11-18　汶川县地质灾害灾情年际分布图

　　泥石流灰色灾变预测模型,本质上是通过模型计算出汶川县下一个或下几个泥石流灾害异常值可能出现的时间,政府相关部门及时获取信息,做好宏观部属,通知居民以便提前做好准备,减少灾害损失。由于泥石流本身受到构造地质作用以及外部气候、降水等因素的影响,其灾害发生时间、发生次数具有明显的不确定性、重现性等非线性特征,故本节研究选用 GM(1,1)模型对未来汶川县泥石流活动的时间进行预测。由于 GM(1,1)模型的预测精度与系统误差受可获得数据的长短以及资料来源真实性的制约,本书选取了四川省自然资源厅发布的历年地质灾害月报数据库中汶川县 1960～2010 年的灾情数据,统计泥石流发生次数大于 5 次的灾情数据发生日期(以发生次数最多的年份为准,前后一年不足 5 次的加到该年份上)作为灾变日期序列建立模型式(11-6),以近几年的实际发生灾害日期对预测结果进行有效性验证。

表 11-7　汶川县泥石流灾变序列

指标	年份										
	1964	1972	1980	1992	2003	2008	2010	2012	2013	2016	2019
活动强度/次	7	7	6	8	5	40	33	19	74	7	10
灾变序号	64	72	80	92	103	108	110	112	113	115	119

以表 11-7 中的数据构建原始数据序列，首先建立汶川县泥石流 1960～2010 年的灾变序列集合，对其数据建模可行性进行分析：

$$x^{(0)} = \begin{bmatrix} 1 & 2 & 3 & 4 & 5 & 6 & 7 \\ 64 & 72 & 80 & 92 & 103 & 108 & 110 \end{bmatrix}$$

根据 $\sigma(k) = \dfrac{x^{(0)}(k-1)}{x^{(0)}(k)}$，$k = 2,3,\cdots,7$，求其级比，得到

$$\sigma(k) = \{0.889, 0.90, 0.87, 0.893, 0.954, 0.982\}$$

而 $\left(\mathrm{e}^{-\frac{2}{n+1}}, \mathrm{e}^{\frac{2}{n+1}}\right) = (0.779, 1.284)$，级比完全在范围内，故该数据序列适合建模。

然后对 $x^{(0)}$ 序列进行一阶累加生成：

$$x^{(1)} = \begin{bmatrix} 1 & 2 & 3 & 4 & 5 & 6 & 7 \\ 64 & 136 & 216 & 308 & 411 & 519 & 629 \end{bmatrix}$$

构造汶川县泥石流累加数据矩阵 $\boldsymbol{B}$ 和常数向量 $\boldsymbol{Y}_n$：

$$\boldsymbol{B} = \begin{vmatrix} -\frac{1}{2}\left(x^{(1)}(1)+x^{(1)}(2)\right) & 1 \\ -\frac{1}{2}\left(x^{(1)}(2)+x^{(1)}(3)\right) & 1 \\ -\frac{1}{2}\left(x^{(1)}(3)+x^{(1)}(4)\right) & 1 \\ -\frac{1}{2}\left(x^{(1)}(4)+x^{(1)}(5)\right) & 1 \\ -\frac{1}{2}\left(x^{(1)}(5)+x^{(1)}(6)\right) & 1 \\ -\frac{1}{2}\left(x^{(1)}(6)+x^{(1)}(7)\right) & 1 \end{vmatrix} = \begin{vmatrix} -100 & 1 \\ -176 & 1 \\ -262 & 1 \\ -359.5 & 1 \\ -465 & 1 \\ -574 & 1 \end{vmatrix}, \quad \boldsymbol{Y}_n = \begin{vmatrix} x^{(0)}(2) \\ x^{(0)}(3) \\ x^{(0)}(4) \\ x^{(0)}(5) \\ x^{(0)}(6) \\ x^{(0)}(7) \end{vmatrix} = \begin{vmatrix} 72 \\ 80 \\ 92 \\ 103 \\ 108 \\ 110 \end{vmatrix}$$

根据上式，用 Excel 进行矩阵变换运算得到 $a = -0.0841$，$u = 67.0232$，可以看出发展系数 $|a| < 0.3$，表明上述构建模型适用于泥石流中长期活动趋势预测，将参数代入式(11-23)，并对其做一次累减，求得时间响应预测数学模型为

$$\bar{x}^{(1)}(k) = 860.9465\mathrm{e}^{0.841(k-1)} - 796.9465 \tag{11-23}$$

令 $k = 2,3,\cdots,7$ 可得到预测结果(表 11-8)，可以看出预测值与原始值拟合误差较大，故需采用傅里叶变换函数修正减小误差值。

根据表 11-8 中残差计算结果，计算出汶川县泥石流灾变时间预测均方差比 C 和小误差概率 p 分别为 0.206 和 1。

$$C = \frac{S_2}{S_1} = \frac{\sqrt{\dfrac{1}{6}\sum_{k=2}^{7}\left[\varepsilon^{(0)}(k) - \bar{\varepsilon}^{(0)}\right]^2}}{\sqrt{\dfrac{1}{6}\sum_{k=1}^{7}\left[x^{(0)}(k) - \bar{x}^{(0)}\right]^2}} = 0.206$$

$$0.6745 S_1 = 12.305$$

$$p = P\left\{\left|e(k) - \bar{e}\right| < 0.6745 S_1\right\} = 1$$

　　通过上述计算结果及参照表 11-8 可以看出 C、p 均在精度等级为 I 级的范围内，表明基于傅里叶变换残差修正的 GM(1,1) 模型对汶川县泥石流活动趋势预测结果满足精度要求。继续对趋势预测延伸依次取 $k=8$、$k=9$、$k=10$、$k=11$，并代入上述建立的模型当中计算求得如下结果：

$$x^{(0)}(8)=124.914，\quad x^{(0)}(9)=136.092，\quad x^{(0)}(10)=148.031，\quad x^{(0)}(11)=161.019$$

表 11-8　汶川县泥石流活动预测结果

序号(k)	灾变时间预测结果			
	模型预测值	原始值	残差	相对误差/%
2	75.537	72	-3.537	-4.91
3	81.164	80	-1.164	-1.456
4	89.373	92	2.627	2.856
5	97.215	103	5.785	5.617
6	105.744	108	2.256	2.089
7	115.022	110	-5.022	-4.565

　　根据表 11-8 中原始值与预测值构建 GM(1,1) 模型的残差序列为

$$\boldsymbol{E}_a=[-3.537,-1.164,2.627,5.785,2.256,-5.022]$$

　　根据上式计算 $\boldsymbol{E}_a$ 的傅里叶级数，其中 $T_a=6$，$K_a=2$。求得系数矩阵：

$$\boldsymbol{P}=\begin{bmatrix} 0.5 & -0.5 & 0.866 & -0.5 & -0.866 \\ 0.5 & -1 & 1.225\times10^{-16} & 1 & -2.449\times10^{-16} \\ 0.5 & -0.5 & -0.866 & -0.5 & 0.866 \\ 0.5 & 0.5 & -0.866 & -0.5 & -0.866 \\ 0.5 & 1 & -2.449\times10^{-16} & 1 & -4.899\times10^{-16} \\ 0.5 & 0.5 & 0.866 & -0.5 & 0.866 \end{bmatrix}$$

由此求得残差的傅里叶系数向量：

$$\boldsymbol{C}_a=[-1.214,0.624,-0.246,0.063,0.099]$$

将 $\boldsymbol{C}_a$ 以及 a、b 各值代入上式中建立残差模型为

$$\hat{e}_j\approx-0.607+\sum_{i=1}^{2}a_i\left[\cos\left(\frac{2\pi i}{T_a}j\right)+b_i\sin\left(\frac{2\pi i}{T_a}j\right)\right]\qquad(j=2,3,\cdots,n)$$

　　求得修正后的残差序列 $\hat{e}_a(j)$，并将修正后的残差值与修正前的残差值进行对比（图 11-19），可以看出修正后的残差值与 0 更为接近，在 x 轴上下动态起伏更小。

$$\hat{e}_a(j)=[-1.249,-1.168,-0.652,-0.2,0.08,-0.531]$$

　　将修正后的残差序列 $\hat{e}_a(j)$ 代入 GM(1,1) 模型，得到预测结果，如表 11-9 和表 11-10 所示。

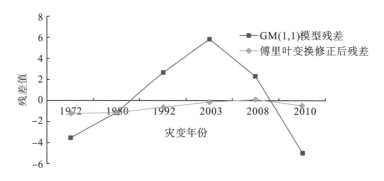

图 11-19　GM(1,1)模型傅里叶变换修正后残差模型对比图

表 11-9　残差修正后预测结果表

序号(k)	灾变年份	原始值	GM(1,1)模型			傅里叶变换修正模型		
			预测值	残差	相对误差%	预测值	残差	相对误差/%
1	1964	64	64	0	0	64	0	0
2	1972	72	75.537	-3.537	-4.91	73.249	-1.249	-1.73
3	1980	80	81.164	-1.164	-1.456	81.168	-1.168	-1.46
4	1992	92	89.373	2.627	2.856	92.652	-0.652	-0.71
5	2003	103	97.215	5.785	5.617	103.2	-0.2	-0.19
6	2008	108	105.744	2.256	2.089	107.92	0.08	0.07
7	2010	110	115.022	-5.022	-4.565	110.531	-0.531	-0.48
模型平均误差/%			3.582			0.773		

表 11-10　汶川县 2010 年之后泥石流灾变预测结果

序号(k)	预测结果	修正后预测结果	对应泥石流发生年份
8	124.914	112.707	2012 年或 2013 年
9	136.092	118.475	2018 年或 2019 年
10	148.031	133.343	2033 年或 2034 年
11	161.019	151.846	2051 年或 2052 年

通过整理实地勘察报告资料，获得 2011～2019 年汶川县实际发生泥石流点，并在 ArcGIS 中生成分布图［图 11-20(a)～(d)］，并且跟上述修正预测模型计算结果进行对比验证。从表 11-10 和图 11-20 中可以得出以下结论。

(1)汶川县在 2012 年、2013 年、2016 年和 2019 年由于降雨等因素多地同时暴发大规模泥石流，发生年份与预测结果近似，其中 2013 年泥石流发生规模最大，以岷江干流及支流沿岸发生最为密集。

(2)泥石流频繁发生于东南部的映秀镇、漩口镇以及中部的草坡乡、绵虒镇等易发性程度高、断裂构造活动强烈、受地震影响较大的乡(镇)。

通过本书建立模型，预测出汶川县未来于 2033 年或 2034 年、2051 年或 2052 年可能在县内多地发生较大规模的泥石流。

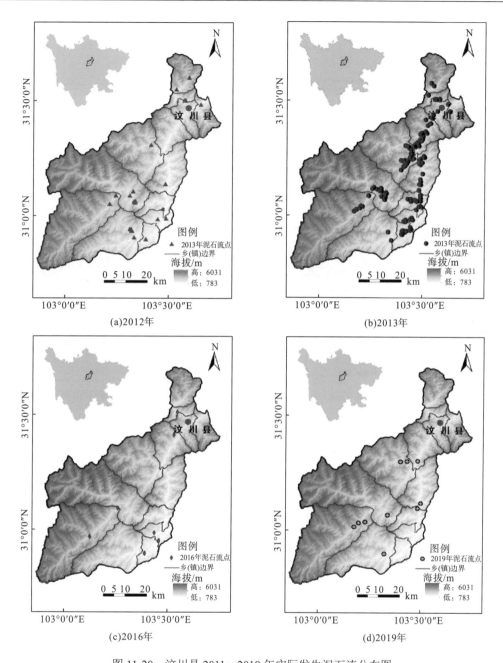

图 11-20　汶川县 2011～2019 年实际发生泥石流分布图

11.3.4.2　松潘县泥石流活动情况

为了说明傅里叶残差修正的灰色 GM(1,1)模型对区域性泥石流活动趋势的中长期预测是科学可行的，以阿坝州北部的松潘县为例再次进行验证。松潘县地理上与九寨沟县、红原县、黑水县毗邻，坐标为 32°06′～33°09′N，102°38′～104°15′E，全县面积为 8373 km^2（图 11-21）。松潘县以高山峡谷地貌为主，地势随山脉走向向东南方向倾斜，为流域支流发源地，发育有岷江断裂、虎牙断裂等多处断裂，横向、纵向均有分布（图 11-22），北部、东部属于摩天岭小区，南、西两部属于金川小区，地层以中生界分布最广，缺失侏罗系、白垩系、奥陶系、寒武系地层。

图 11-21　松潘县泥石流分布图

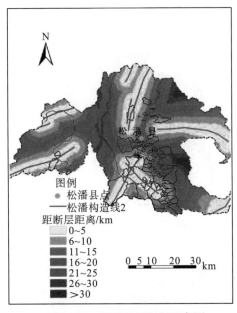

图 11-22　松潘县距断层距离图

从图 11-21 可以看出，岷江、黑水河等沿岸地区为泥石流高危险区，据文献记载以及四川省地质灾害统计报告，松潘县在"5·12"汶川地震之前有历史活动的泥石流沟有近 60 条(图 11-23)，如 20 世纪 80 年代发生的磨子沟泥石流，2005 年 9 月 4 日发生的小姓乡姑哪沟泥石流及 2006 年发生的红扎乡红扎村泥石流均造成较大的破坏，淤埋农田、冲毁多处道路设施，给当地群众日常生活带来极大的不便与损失。

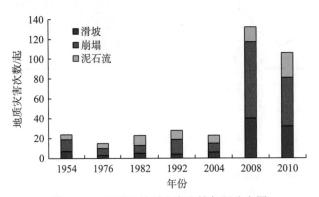

图 11-23　松潘县地质灾害灾情年际分布图

本节选取 1950～2010 年 60 年间松潘县泥石流发生次数大于 5 次的灾情数据作为初始数据序列建立模型(表 11-11)，同样以 2011～2019 年实际地质灾害发生年份对预测结果进行验证。

表 11-11　松潘县泥石流灾变年份对应的活动强度、灾变序号

项目	灾变年份						
	1954	1976	1982	1992	2004	2008	2010
活动强度/次	5	5	10	9	8	15	23
灾变序号	54	76	82	92	104	108	110

与汶川县相同，首先以表 11-11 中的松潘县泥石流数据为预测样本，建立松潘县 1950～2010 年泥石流的灾变年份集合：

$$x^{(0)} = \begin{bmatrix} 1 & 2 & 3 & 4 & 5 & 6 & 7 \\ 54 & 76 & 82 & 92 & 104 & 108 & 110 \end{bmatrix}$$

首先进行可行性分析，级比 $\sigma(k) = \{0.889, 0.90, 0.87, 0.893, 0.954, 0.982\}$，

$\left(e^{-\frac{2}{n+1}}, e^{\frac{2}{n+1}} \right) = (0.779, 1.284)$，故该数据序列适合建模。

对 $x^{(0)}$ 序列进行一次累加生成：

$$x^{(1)} = \begin{bmatrix} 1 & 2 & 3 & 4 & 5 & 6 & 7 \\ 54 & 130 & 212 & 304 & 408 & 516 & 626 \end{bmatrix}$$

构建累加数据构造矩阵 B 和常数向量 Y_n，通过 Excel 矩阵变换运算求得

$$\hat{a} = \left(B^{\mathrm{T}} B \right)^{-1} B^{\mathrm{T}} Y_n = \begin{vmatrix} -0.07638 \\ 71.0511 \end{vmatrix}$$

进而解得松潘县泥石流灾变时间的灰色 GM(1,1) 预测模型为

$$\tilde{x}^{(1)}(k) = 985.207 e^{0.0763(k-1)} - 931.207$$

将原始时间序列代入上述预测模型中，得到预测结果如表 11-12 所示。根据相对误差计算结果，计算出松潘县泥石流灾变时间预测均方差比 C 和小误差概率 p 分别为 0.165 和 1：

$$C = \frac{S_2}{S_1} = \frac{\sqrt{\frac{1}{6} \sum_{k=2}^{7} \left[\varepsilon^{(0)}(k) - \overline{\varepsilon}^{(0)} \right]^2}}{\sqrt{\frac{1}{6} \sum_{k=1}^{7} \left[x^{(0)}(k) - \overline{x}^{(0)} \right]^2}} = 0.165$$

$$0.6745 S_1 = 13.707$$

$$p = P\left\{ |e(k) - \overline{e}| < 0.6745 S_1 \right\} = 1$$

通过上述 C、p 值以及参照表 11-12 可以看出，精度等级亦为 Ⅰ 级，达到精度标准，重复操作同样取 $k=8$、$k=9$、$k=10$、$k=11$ 进行延伸预测，代入上述建立的模型当中计算并求得结果。

表 11-12　松潘县灾变年份预测结果（累加值）

序号(k)	模型预测值	原始值	残差	相对误差/%
2	78.113	76	-2.113	-2.78
3	84.307	82	-2.307	-2.813
4	90.991	92	1.009	1.097
5	98.206	104	5.794	5.571
6	105.991	108	2.009	1.86
7	114.396	110	-4.396	-3.996

根据表 11-12 构建残差序列：

$$E_a = [-2.113, -2.307, 1.009, 5.794, 2.009, -4.396]$$
$$E_a = [-2.113, -2.307, 1.009, 5.794, 2.009, -4.396]$$

通过计算得到残差的傅里叶向量：

$$C_a = [-0.001, 1.856, -3.843, -0.148, -2.040]$$

建立残差模型为

$$\hat{e}_j \approx -0.0005 + \sum_{i=1}^{2} a_i \left[\cos\left(\frac{2\pi i}{T_a} j\right) + b_i \sin\left(\frac{2\pi i}{T_a} j\right) \right] \qquad (j = 2, 3, \cdots, n) \qquad (11\text{-}24)$$

得到修正后的残差序列 $\hat{e}_a(j) = [-1.249, -1.168, -0.652, -0.2, 0.08, -0.531]$ $\hat{e}_a(j) = [-1.249, -1.168, -0.652, -0.2, 0.08, -0.531]$。将修正后的残差序列 $\hat{e}_a(j)$ 代入式（11-24），得到如表 11-13 和表 11-14 所示的修正后的预测结果。

表 11-13　修正后的预测结果

序号(k)	灾变年份	原始值	GM(1,1)模型			傅里叶变换修正模型		
			预测值	残差	相对误差/%	预测值	残差	相对误差/%
1	1954	54	54	0	0	54	0	0
2	1976	76	78.113	-2.113	-2.78	77.249	-1.249	-1.64
3	1982	82	84.307	-2.307	-1.456	83.168	-1.168	-1.42
4	1992	92	90.991	1.009	2.856	92.652	-0.652	-0.71
5	2004	104	98.206	5.794	5.617	104.2	-0.2	-0.19
6	2008	108	105.991	2.009	2.089	107.92	0.08	0.07
7	2010	110	114.396	-4.396	-4.565	110.531	-0.531	-0.48
模型平均误差/%			3.227			0.647		

表 11-14　松潘县 2010 年之后泥石流灾变预测结果

序号(k)	预测结果	修正后预测结果	对应泥石流发生年份
8	123.453	112.415	2011 年或 2012 年
9	133.269	115.005	2014 年或 2015 年
10	143.673	144.38	2044 年或 2045 年
11	155.367	154.587	2054 年或 2055 年

基于残差修正后的灰色预测模型结果显示，松潘县于 2011 年或 2012 年、2014 年或 2015 年发生大规模群发性泥石流，未来将于 2044 年或 2045 年、2054 年或 2055 年发生群发性泥石流。通过查阅文献与实地调查搜集资料，在 ArcGIS 中获得 2011～2019 年间松潘县实际发生泥石流分布图(图 11-24)，从而对预测结果进行案例验证。

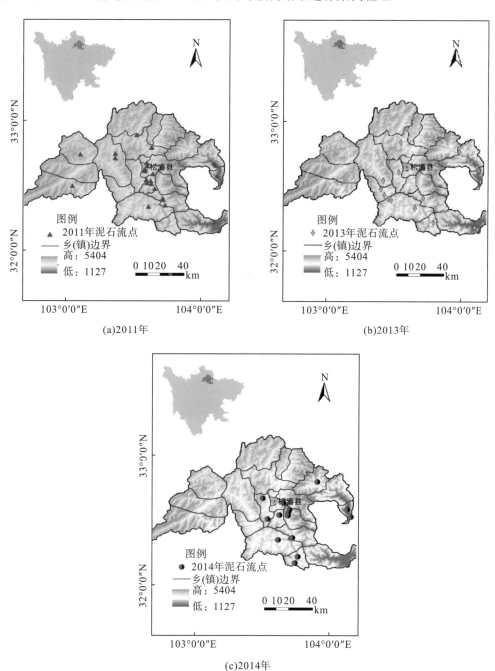

图 11-24　松潘县 2011～2019 年实际发生泥石流分布图

从图 11-24 可以得出以下结论：①松潘县于 2011 年或 2012 年、2014 年或 2015 年发生群发性泥石流事件，与预测结果近似，验证了该模型的有效性；②其中 2011 年泥石流发生规模最大，几乎 1/2 以上的乡(镇)均有泥石流发生，其中 70%发生在岷江附近，松潘县西部乡(镇)发生泥石流次数较少，这与易发程度相对应；③泥石流频繁发生于松潘县大寨乡、岷江乡、安宏乡等地质构造活动强烈的、易发程度较高的乡(镇)。

11.4　小结

本章主要内容分为两部分，分别为泥石流中长期活动趋势预报和泥石流短临发生情况的预警报。中长期预报主要采用灰色 GM(1,1)理论，将历史泥石流的灾变时间作为主要分析的对象，进行建模分析和精度检验，采用傅里叶变换模型对误差进行修正，并以汶川县 1960～2010 年和松潘县 1950～2010 年发生泥石流灾变时间进行验证和预测，结果显示汶川县将于 2033 年或 2034 年和 2051 年或 2052 年、松潘县将于 2044 年或 2045 年和 2054 年或 2055 年发生大规模泥石流，从而验证了预测模型的可行性；短临预警报通过划分降雨过程，选择前期有效累计雨量和当日激发雨量两个降雨指标，采用 SPSS 工具对前期雨量资料进行统计，得出前期有效降雨过程为前 7 天，选择 44 条有效历史降水数据，通过 ArcGIS 空间插值工具获得不同灾害易发区的预警临界值，并以 2013 年 7 月 10 日和 2019 年 8 月 20 日的降雨过程为例进行预警研究，预警结果与中央气象台和四川气象台发布的当日预警图进行对比分析，验证了预测模型的有效性。

参 考 文 献

白利平, 孙佳丽, 张亮, 等, 2008. 基于 GIS 的北京地区泥石流危险度区划[J]. 中国地质灾害与防治学报, 19(2): 12-15.

曹蕾, 梁启学, 莫燕, 等, 2008. 基于 SOM 的小城镇土地集约利用评价——以重庆市渝北区为例[J]. 河北农业科学, 12(10): 120-122.

查在墉, 1996. 地震危险性分析及其应用[M]. 上海: 同济大学出版社.

常鸣, 唐川, 李为乐, 等, 2013. "4·20" 芦山地震地质灾害遥感快速解译与空间分析[J], 成都理工大学学报(自然科学版), 40(3): 275-281.

常业军, 吴明友, 2001. 建筑物结构易损性分析及抗震性能比较[J]. 山西地震(104): 23-24.

陈国玉, 2010. 喜马拉雅山中部地区泥石流危险性评价研究[D]. 长春: 吉林大学.

陈建平, 丁火平, 王功文, 等, 2004. 基于 GIS 和元胞自动机的荒漠化演化预测模型[J]. 遥感学报, 8(3): 254-256.

陈亮, 孟高头, 张文杰, 等, 2003. 信息量模型在县市地质灾害调查与区划中的应用研究——以浙江省仙居县为例[J]. 水文地质工程地质(5): 49-52.

陈宁生, 刘丽红, 邓明枫, 等, 2013. "4·20" 芦山地震后的四川地质灾害形势预测与防治对策 [J].成都理工大学学报, 40(4): 371-378.

陈晓清, 崔鹏, 游勇, 等, 2013. "4·20" 芦山地震次生山地灾害与减灾对策[J]. 地学前缘, 40(1): 1-6.

程根伟, 王金锡, 2006. 三江流域生态功能区建设的理论与模式[M]. 成都: 四川科学技术出版社.

崔鹏, 陈晓清, 张建强, 等, 2013. "4·20" 芦山 7.0 级地震次生山地灾害活动特征与趋势[J]. 山地学报, 31(3): 257-265.

崔之久, 1986. 初探沟谷泥石流及其扇形地的沉积类型、宏观特征与形成机制[J].沉积学报(2): 69-79, 138.

丁明涛, 程尊兰, 王青, 2014. "4·20" 芦山震区次生山地灾害易发性评价[J].山地学报, 32(1): 117-123.

丁明涛, 王骏, 庙成, 等, 2015. 岷江上游土地利用类型对泥石流灾害的敏感性[J]. 山地学报, 33(5): 587-596.

杜榕恒, 段金凡, 1990. 中国泥石流形成环境剖析[J]. 云南地理环境研究, 2(2): 8-11.

樊晓一, 乔建平, 陈永波, 2004. 层次分析法在典型滑坡危险度评价中的应用[J]. 自然灾害学报, 13(1): 72-76.

冯夏庭, 王泳嘉, 卢世宗, 1994. 边坡稳定性的神经网络估计[J]. 工程地质学报, 3(4): 54-61.

弗莱施曼 C M, 1986. 泥石流[M]. 姚德基译. 北京: 科学出版社.

高惠瑛, 别冬梅, 马建军, 等, 2010. 汶川地震区砖砌体住宅房屋易损性研究[J]. 世界地震工程, 26(4): 73-75.

高克昌, 2003. 基于 GIS 的万州区滑坡地质灾害危险性评价研究[D].重庆: 重庆师范大学.

高克昌, 崔鹏, 赵纯勇, 等, 2006. 基于地理信息系统和信息量模型的滑坡危险性评价——以重庆万州为例[J]. 岩石力学与工程学报, 25(5): 991-996.

高桥保, 中川一, 佐藤宏章, 1988. 扇状地土砂泛滥灾害危险度评价[J]. 京都大学防灾研究所年报, 31(B2): 655-676.

高野秀夫, 1973. 地すべり防止工事と地下水[J]. 地すべり, 10(4): 1-3.

高治群, 薛传东, 尹飞, 等, 2010. 基于 GIS 的信息量法及其地质灾害易发性评价应用——以滇中晋宁县为例[J]. 地质与勘探, 46(6): 1112-1117.

郭显光, 1994. 熵值法及其在综合评价中的应用[J]. 财贸研究(6): 56-60.

郭小东, 马东辉, 苏经宇, 2005. 城市抗震防灾规划中建筑物易损性评价方法的研究[J].世界地震工程, 21(2): 129-132.

郭跃, 2013. 自然灾害与社会易损性[M]. 北京: 中国社会科学出版社.

郭跃, 朱芳, 赵卫权, 等, 2010. 自然灾害社会易损性评价指标体系框架的构建[J]. 灾害学, 25(4): 68-72.

国家地震局震害防御司, 自然灾害学报编辑部. 1990. 国际减轻自然灾害十年计划的实施[M].北京: 地震出版社.

国家科技基础条件平台, 2010[2021-09-10]. 地球系统科学数据共享平台[OL]. http://www.geodata.cn/extra/TopicsWin/?

　　isCookieChecked=true.

韩金华, 2010. 基于 GIS 的白龙江流域泥石流危险性评价研究[D]. 兰州: 兰州大学.

何玉林, 黎大虎, 范开红, 等, 2002. 四川省房屋建筑易损性研究[J]. 中国地震, 18(1): 52-54.

侯圣山, 李昂, 周平根, 2007. 四川雅安市雨城区地质灾害预警系统研究[J]. 地学前缘, 14(6): 160-165.

侯爽, 郭安薪, 李惠, 等, 2007. 城市典型建筑的地震损失预测方法: 结构易损性分析[J]. 地震工程与工程振动, 27(6): 64-67.

侯西勇, 常斌, 于信芳, 2004. 基于 CA-Markov 的河西走廊土地利用变化研究[J]. 农业工程学报, 20(5): 285-289.

胡瑞林, 范林峰, 王珊珊, 等, 2003. 滑坡风险评价的理论和方法研究[J]. 工程地质学报, 21(1): 76-84.

黄崇福, 2001. 自然灾害风险分析[M]. 北京: 北京师范大学出版社.

黄崇福, 2005. 自然灾害风险评价——理论与实践[M]. 北京: 科学出版社.

黄润秋, 许向宁, 唐川, 等, 2008. 地质环境评价与地质灾害管理[M].北京: 科学出版社.

黄伟, 唐川, 刘洋, 2013. 基于灰色关联度的冰川泥石流危险性评价因子分析[J]. 灾害学(2): 172-176.

季富政, 2000. 中国羌族建筑史[M]. 成都: 西南交通大学出版社.

姜建梅, 刘长礼, 叶浩, 等, 2010. 甘肃省天水市王家半坡滑坡的风险评价研究[M]//中国地质调查局. 全国主要城市环境地质
　　调查评价学术交流会议论文集[C]. 北京: 中国地质出版社.

姜彤, 许朋柱, 1996. 自然灾害研究的新趋势——社会易损性分析[J]. 灾害学, 11(2): 5-9.

姜云, 2012. 小城镇灾害易损性熵权与可变模糊集评估方法研究[J]. 地理与地理信息科学, 25(6): 88-91.

角媛梅, 王金亮, 马剑, 2002. 三江并流区土地利用覆被变化因子分析[J]. 云南师范大学学报, 22(3): 59-64.

金江军, 潘懋, 李铁峰, 2007. 区域滑坡灾害风险评价方法研究[J]. 山地学报, 25(2): 197-201.

久保田哲也, 正务章, 板桓昭彦, 1990. 流域任意地点短时降雨预测手法在土石流发生危险度判定中的应用[J]. 新砂防, 42(6):
　　11-17.

孔军, 周荣军, 2014. 龙门山和成都地震构造区的划分[J].震灾防御技术(1): 64-73.

兰恒星, 周成虎, 高星, 等, 2013. 四川雅安芦山震区次生地质灾害评估及对策建议[J]. 地理科学进展, 32(4): 499-504.

雷璐宁, 石为人, 范敏, 2009. 基于改进的 SOM 神经网络在水质评价分析汇总的应用[J]. 仪器仪表学报, 30(11): 2379-2383.

李昂, 侯圣山, 周平根, 2007. 四川雅安市雨城区降雨诱发滑坡研究[J]. 中国地质灾害与防治学报, 18(3): 15-17.

李成帅, 杨建思, 田宝峰, 等, 2013. 四川芦山 7.0 级地震直接经济损失快速评估[J].自然灾害学报, 22(3): 9-17.

李春华, 李宁, 史培军, 2007. 基于 SOM 模型的中国耕地压力分类分析[J]. 长江流域资源与环境, 16(3): 318-322.

李行, 1986. 建筑的目的性[J].建筑学报(7): 43-49.

李菊雯, 2009. 三江并流区植物多样性和各片区特点综述[J]. 科技信息(15): 335-337.

李军, 周成虎, 2003. 基于 GIS 滑坡风险评价方法中网格大小选取分析[J].遥感学报, 7(2): 86-93.

李阔, 唐川, 2007. 泥石流危险性评价研究进展[J]. 灾害学(1): 106-111.

李闵, 2002. 地质灾害人口安全易损性区划研究[J]. 中国地质矿产经济(8): 24-27.

李为乐, 黄润秋, 许强, 等, 2013. "4•20"芦山地震次生地质灾害预测评价[J]. 成都理工大学学报, 40(3): 264-274.

李为乐, 唐川, 杨武年, 等, 2008. RS 和 GIS 技术在县级区域泥石流危险区划中的应用研究——以四川省泸定县为例[J].灾害学
　　(2): 71-75.

李伟, 王晞, 2010. GIS 支持下的滑坡危险性评价研究[J].中国西部科技(31): 9-11.

李雅辉, 杨武年, 杨鑫, 等, 2011. 基于流域系统的地貌信息熵泥石流敏感性评价[J]. 中国水土保持(1): 55-57.

李媛, 2005. 四川雅安市雨城区降雨诱发滑坡临界值初步研究[J]. 水文地质工程地质(1): 26-29.

廖赤眉, 彭丽芳, 胡宝清, 等, 2004. 人地关系研究的新领域——人居地理学[J].广西师范学院学报(自然科学版)(1): 10-15.

刘传正, 李云贵, 温铭生, 等, 2004. 四川雅安地质灾害时空预警试验区初步研究[J]. 水文地质工程地质(4): 20-30.

刘洪江, 韩用顺, 江玉红, 等, 2007. 云南昆明东川区泥石流危险性评价. 水土保持研究, 14(6): 241-244.

刘金龙, 林均岐, 刘如山, 等, 2013. 芦山"4·20"地震公路交通系统震害调查分析[J].自然灾害学报, 22(3): 18-23.

刘丽娜, 2015. 芦山地震区泥石流易发性评价[D]. 北京: 中国地质大学.

刘涛, 张洪江, 吴敬东, 等, 2008. 层次分析法在泥石流危险度评价中的应用[J].水土保持通报, 28(5): 7-9.

刘希林, 1988. 泥石流危险度判定的研究[J].灾害学, 9(3): 10-15.

刘希林, 2000. 区域泥石流风险评价研究[J]. 自然灾害学报, 9(1): 54-61.

刘希林, 2002a. 区域泥石流危险度评价研究进展[J]. 中国地质灾害与防治学报, 13(4): 2-8.

刘希林, 2002b. 我国泥石流危险度评价研究: 回顾与展望[J]. 自然灾害学报, 11(4): 2-8.

刘希林, 莫多闻, 张丹, 等, 2003. 泥石流风险评价[M]. 成都: 四川科学技术出版社.

刘希林, 王全才, 孔纪名, 等, 2004. 都(江堰)汶(川)公路泥石流危险性评价及活动趋势[J]. 防灾减灾工程学报, 24(1): 41-46.

刘希林, 倪化勇, 赵源, 等, 2006. 四川凉山州美姑"6·1"泥石流灾害研究[J]. 工程地质学报(2): 10-16.

刘鑫, 迟道才, 吴萍, 2008. 基于 MATLAB 的 SOM 网络的干旱聚类分析[J]. 沈阳农业大学学报, 39(1): 61-64.

柳源, 2003. 中国地质灾害(以崩、滑、流为主)危险性分析与区划[J]. 中国地质灾害与防治学报, 14(1): 95-99.

卢涛, 2004. 岷江上游植物物种多样性与生态系统多样性研究[D]. 杨凌: 西北农林科技大学.

罗兵, 韩丽芳, 2011. 西南某泥石流发育特征及危险性分析[J].四川地质学报(1): 56-59.

罗元华, 张梁, 张业成, 1998. 地质灾害风险评估方法[M]. 北京: 地质出版社.

骆银辉, 周道银, 朱荣华, 等, 2008. 世界自然遗产——"三江"并流区地质生态环境特征及其成因初探[J]. 地质灾害与环境保护, 19(2): 94-97.

马爱武, 2010. 建筑结构地震易损性曲线的应用研究[J].中国水运, 10(11): 223-224.

马强, 2015. 吉林省泥石流灾害易发性分析与评价[D].吉林: 吉林大学.

马致远, 2009. 基于改进熵值法的综合评价模型[J].中国科技信息(17): 293-294.

苗会强, 刘会平, 范九生, 等, 2008. 汶川地震次生灾害的成因、成灾与治理[J].地质灾害与环境保护, 19(4): 1-5.

明庆忠, 2006. 纵向岭谷北部三江并流区河谷地貌发育及其环境效应研究[D]. 兰州: 兰州大学.

明庆忠, 2007. 三江并流区地貌与环境效应[M]. 北京: 科学出版社.

莫婷, 2015. 基于流域的攀西地区泥石流灾害危险性评价[D]. 南京: 南京信息工程大学.

倪化勇, 刘希林, 2005. 泥石流灾害的分形研究[J].灾害学, 20(4): 18-22.

宁娜, 马金珠, 张鹏, 等, 2013. 基于 GIS 和信息量的甘肃南部白龙江流域泥石流灾害危险性评价[J].资源科学, 35(4): 892-899.

欧朝蓉, 2004.GIS 和遥感 RS 在滇西北三江并流区地貌环境演化研究中的应用[D]. 云南: 云南师范大学.

佩塔克, 阿特金森, 向立云, 1993. 自然灾害风险评价与减灾政策[M].程晓陶等, 译.北京: 地震出版社.

祁生文, 伍法权, 刘春玲, 等, 2004. 地震边坡稳定性的工程地质分析[J].岩土力学与工程学报, 23(16): 2792-2797.

乔建平, 1997.滑坡减灾理论与实践[M]. 北京: 科学出版社.

乔建平, 1999.瑞士的山地灾害研究[J]. 山地学报, 17(3): 284-287.

乔建平, 吴彩燕, 2008. 滑坡本底因子贡献率与权重转换研究[J]. 中国地质灾害与防治学报, 19(3): 13-16.

乔亚玲, 闫维明, 郭小东, 2005. 建筑物易损性分析计算系统[J].工程抗震与加固改造, 27(4): 75-76.

邱海军, 2012. 区域滑坡崩塌地质灾害特征分析及其易发性和危险性评价研究——以宁强县为例[D].西安: 西北大学.

R.L.舒斯特, R.J.克利泽克, 1987. 滑坡的分析与防治[M]. 铁道部科学研究院西北研究所译. 北京: 中国铁道出版社.

沈娜, 2008. 四川省九龙县石头沟泥石流特征与防治工程措施研究[D]. 成都: 成都理工大学.

沈益人, 1999. 建筑本质的诠释[J].四川建筑, 19(1): 34-36.

施明辉, 赵翠薇, 郭志华, 等, 2011. 基于 SOM 神经网络的白河林业局森林健康分等评价[J]. 生态学杂志, 30(6): 1295-1303.

石莉莉, 乔建平, 2009. 基于 GIS 和贡献权重迭加方法的区域滑坡灾害易损性评价[J]. 灾害学, 24(3): 46-50.

宋立军, 谢瑞民, 李锰, 等, 1999. 喀什及其周围地区农村房屋建筑易损性矩阵的建立[J].内陆地震, 13(3): 234-235.

宋晓雨, 赵丹, 高衡, 2012. 地质环境质量评价的指标体系与理论方法[J].黑龙江科技信息(11): 19-21.

苏经宇, 周锡元, 樊水荣, 1993. 泥石流危险等级评价的模糊数学方法[J].自然灾害学报, 2(2): 83-90.

苏鹏程, 倪长健, 孔纪名, 等, 2009. 区域泥石流危险度评价的影响因子识别[J]. 水土保持通报, 29(1): 128-132.

苏生瑞, 1994. 关中地区斜坡稳定性模糊综合评判[J]. 西北地质, 15(3): 74-78.

孙璐, 范世奇, 1999. "建筑与人类历史" 杂谈[J].吉林建筑设计(3): 5-7.

孙研, 王绍玉, 2011. 基于自然和社会属性的堰塞湖风险评估[J].四川大学学报(工程科学版), 43(Supp.1): 24-28.

谭炳炎, 1986. 泥石流沟严重程度的数量化综合评判[J], 水土保持通报, 6(1): 51-57.

唐川, 1993. 泥石流堆积扇研究综述[M]//首届全国泥石流滑坡防治学术会议论文集[C].昆明: 云南科技出版社.

唐川, 2007. 泥石流危险性评价研究进展[J]. 灾害学, 22(1): 106-111.

唐川, 刘希林, 朱静, 1993. 泥石流堆积泛滥区危险度的评价与应用[J]. 自然灾害学报, 4(2): 79-84.

唐川, 张军, 周春花, 等, 2005. 城市泥石流易损性评价[J]. 灾害学, 20(2): 11-17.

唐川, 马国超, 2015. 基于地貌单元的小区域地质灾害易发性分区方法研究[J].地理科学(1): 91-98.

唐红梅, 林孝松, 陈洪凯, 2004.重庆万州区地质灾害危险性分区与评价[J]. 中国地质灾害与防治学报, 15(3): 1-4.

唐玲, 刘怡君, 2012. 自然灾害社会易损性评价指标体系与空间格局分析[J]. 电子科技大学学报(社科版), 14(3): 49-53, 59.

田述军, 孔纪名, 樊晓一, 等, 2014. 芦山震区地震前后地质灾害发育规律与对比[J].山地学报, 32(1): 111-116.

铁永波, 唐川, 周春花, 2005. 基于信息熵理论的泥石流沟谷危险度评价[J].灾害学, 20(4): 43-46.

万庆, 等, 1999. 洪水灾害系统分析与评估[M]. 北京: 科学出版社.

汪明武, 2000. 基于神经网络的泥石流危险度区划[J]. 水文地质工程地质(2): 18-19.

王爱军, 孙莹洁, 田运涛, 2011. 基于 GIS 平台泾川县地质灾害危险性分析[J]. 工程地质学报, 19(Suppl.): 152-157.

王成华, 谭万沛, 罗晓梅, 2000. 小流域滑体危险性区划研究[J]. 山地学报, 18(1): 31-36.

王存玉, 王思敬, 1987. 地震条件下二滩水库岸坡稳定性研究[M]// 岩土工程地质力学问题(七).北京: 科学出版社.

王海军, 2006. 重庆市自然灾害社会易损性研究[D].重庆: 重庆师范大学.

王欢, 丁明涛, 2011. 基于 GIS 的三江并流区泥石流危险性评价[J]. 水土保持通报, 31(5): 168-170.

王佳佳, 殷坤龙, 肖莉丽, 2014. 基于 GIS 和信息量的滑坡灾害易发性评价——以三峡库区万州区为例[J]. 岩石力学与工程学报(4): 797-808.

王家伟, 周浩瑜, 同庆, 等, 2013. 基于 MATLAB 的自组织特征映射网络的实际应用[J]. 电子设计工程, 21(6): 47-48.

王钧, 欧国强, 杨顺, 等, 2013. 地貌信息熵在地震后泥石流危险性评价中的应用[J]. 山地学报(1): 83-91.

王礼先, 1982. 关于荒溪分类[J]. 北京林学院学报(3): 94-105.

王学良, 李建, 2011. 基于层次分析法的泥石流危险性评价体系研究[J]. 中国矿业, 20(10): 114-116.

王艺陶, 周宇飞, 李丰先, 等, 2014.基于主成分和 SOM 聚类分析的高粱品种萌发期抗旱性鉴定与分类[J].作物学报, 40(1):

110-121.

王哲, 2009. 基于层次分析法的绵阳市地质灾害易发性评价[J]. 自然灾害学报, 18(1): 14-23.

王铮, 吴静, 2011. 计算地理学[M]. 北京, 科学出版社.

韦方强, 谢洪, 钟敦伦, 2000. 四川省泥石流危险度区划[J]. 水土保持学报, 14(1): 59-63.

韦京莲, 董桂芝, 2001.北京市地质灾害的危害及防治对策[J].水文地质工程地质(3): 31-34.

魏一鸣, 金菊良, 杨存建, 等, 2002. 洪水灾害风险管理理论[M]. 北京: 科学出版社.

魏永明, 谢又予, 伍永秋, 1998. 关联度分析法和模糊综合评判法在泥石流沟谷危险度划分中的应用——以北京市郊区怀柔、
　　密云县为例[J]. 自然灾害学报, 7(2): 109-117.

文彦君, 2012. 陕西省自然灾害的社会易损性分析[J].灾害学, 27(2): 77-81.

吴积善, 1990. 云南蒋家沟泥石流观测研究[M]. 北京: 科学出版社.

吴信才, 1998. 地理信息系统的基本技术与发展动态[J]. 中国地质大学学报, 23(4): 229-333.

夏添, 2013. 震区泥石流危险性评价及预警减灾系统研究[D]. 成都: 成都理工大学.

肖桐, 2007. 基于 GIS 的兰州市滑坡空间模拟研究[D].兰州: 兰州大学.

谢全敏, 刘鹏, 夏元友, 2004. 滑坡灾害风险评价研究[J]. 金属矿山(3): 58-61.

谢全敏, 边翔, 夏元友, 2005. 滑坡灾害风险评价的系统分析[J]. 岩土力学, 26(1): 71-74.

许冲, 徐锡伟, 2012. 逻辑回归模型在玉树地震滑坡危险性评价中的应用与检验[J]. 工程地质学报, 20(3): 326-333.

杨桂山, 施雅风, 张琛, 等, 2000. 未来海岸环境变化的易损范围及评估——江苏滨海平原个例研究[J]. 地理学报, 4(55):
　　385-394.

杨小玲, 周建中, 丁杰华, 等, 2010. 基于熵值法的洪灾等级评估属性识别模型[J].人民长江, 41(12): 16-19.

尹继尧, 宋治平, 薛艳, 等, 2012. 全球巨大地震活动性分析[J].地震学报, 34(2): 191-201.

应丹琳, 李忠权, 曾庆, 等, 2013. "4·20"芦山地震与"5·12"汶川地震发震断裂初析[J]. 成都理工大学学报, 40(3):
　　251-255.

岳素青, 2006. SOM 神经网络的研究及在水文分区中的应用[D]. 南京: 河海大学.

曾超, 赵景峰, 李旭娇, 2011. GIS 支持下岷江上游水文特征空间分析[J].水土保持研究, 18(3): 5-9.

曾超, 贺拿, 宋国虎, 2012. 泥石流作用下建筑物易损性评价方法分析与评价[J].地球科学进展, 27(11): 1211-1214.

曾超, 崔鹏, 葛永刚, 等, 2014. 四川汶川七盘沟"7·11"泥石流破坏建筑物的特征与力学模型[J].地球科学与环境学报, 36(2):
　　81-91.

曾忠平, 汪华斌, 张志, 等, 2006. 地理信息系统/遥感技术支持下三峡库区青干河流域滑坡危险性评价[J].岩石力学与工程学
　　报, 25(Suppl.1): 2777-2784.

詹小国, 2002. 基于 GIS 的洪灾风险评估的研究[D]. 武汉: 武汉大学.

张晨辉, 2006. ApoE 基因_SOM 在痴呆诊断中的地位及 BPSD 的分析与康复[D]. 广州: 第一军医大学.

张春耀, 2008. 基于 GIS 的金华市泥石流风险性评价系统研究[D]. 南京: 南京师范大学.

张青贵, 2004. 人工神经网络导论[M].北京: 中国水利水电出版社.

张文娟, 2011. 基于可拓物元模型的区域水环境承载力研究——以烟台市牟平区为案例[D].南京: 南京农业大学.

张业成, 郑学信, 1995. 云南省东川市泥石流灾害灾情评估[J]. 中国地质灾害与防治学报, 6(2): 67-76.

赵胜利, 吴雅琴, 刘燕, 等, 2007. 基于 SOM_BP 复合神经网络的边坡性分析[J]. 河北农业大学学报, 30(3): 105-109.

赵卫权, 2008. 自然灾害社会易损性评价指标体系研究——以重庆市为例[D].重庆: 重庆师范大学.

赵晓丹, 齐志, 2008. 基于 SOM 神经网络的聚类方法研究[J]. 吉林省经济管理干部学院学报, 22(2): 81-83.

赵源, 刘希林, 2005. 人工神经网络在泥石流风险评价中的应用[J].地质灾害与环境保护, 16(2): 135-138.

赵振东, 王桂萱, 赵杰, 2010. 地震次生灾害及其研究现状[J].防灾减灾学报, 26(2): 9-14.

赵振江, 2012. 中国自然灾害社会易损性空间格局[D].重庆: 重庆师范大学.

郑乾墙, 1999. 滑坡危险性的模糊综合评判[J]. 江西地质, 13(4): 299-303.

周爱国, 周建伟, 梁合诚, 等, 2008. 地质环境评价[M].武汉: 中国地质大学出版社.

周忠学, 任志远, 2007. 基于 SOM 的陕北黄土高原土地利用动态变化的空间差异分析[J]. 干旱区资源与环境, 21(2): 75-81.

朱良峰, 吴信才, 殷坤龙, 等, 2004. 基于信息量模型的中国滑坡灾害风险区划研究[J].地球科学与环境学报(3): 52-56.

庄建奇, 崔鹏, 葛永刚, 等, 2010. "5·12"汶川地震崩塌滑坡危险性评价研究——以都汶公路沿线为例[J]. 岩石力学与工程学报, 29(Suppl.): 3735-3742.

Akbas S O, Blahut J, Sterlacchini S, 2009. Critical assessment of existing physical vulnerability estimation approaches for debris flows[M] // Malet J P, Remaitre A, Bogaard T, et al. Proceedings of Landslide Processes: From geomorphologic Mapping to Dynamic Modeling[C]. Strasburg, France.

Alam N, Alam S M, Tesfamariam S, 2012. Buildings' seismic vulnerability assessment methods: A comparative study[J].Natural Hazards(62): 405-408

Alexander D, 2004.Natural Hazards on an Unquiet Earth[M] // Matthews J, Herbert D. Common Heritage, Shared Future[C]. London : Routledge.

Alexander E D, 1993. Natural Disasters[M]. London: UCL Press Limited.

Amico S D, Meroni F, Sousa M L, 2016. Building vulnerability and seismic risk analysis in the urban area of Mt. Etna volcano[J]. Bulletin of Earthquake Engineering(14): 2031-2040.

Azizi-Bondarabadi H, Mendes N, Lourengo P B, 2016. Empirical seimic vulnerability analysis for masonry buildings based on school buildings survey in Iran[J]. Bulletin of Earthquake Engineering, 14(11): 1-35..

Barbat A H, Lagomarsino S, Pujades L G, 2015. Vulnerability Assessment of Dwelling Buildings[M]. Netherlands: Springer.

Barbolini M, Cappabianca F, Savi F, 2004. Risk assessment in avalanche-prone areas[J]. Annals of Glaciology (38): 115-122.

Bertrand D, Naaim M, Brun M.2010, Physical vulnerability of reinforced concrete buildings impacted by snow avalanches[J]. Natural Hazards and Earth System Sciences, 10: 1531-1535.

Birkmann J, 2006.Measuring Vulnerability to Natural Hazards[M]. Tokyo : United Nations University Press.

Birkmann J, Cardona O M, Carreño M L, et al., 2013.Framing vulnerability, risk and societal responses: The MOVE framework[J]. Natural Hazards, 67(2): 193-211.

Caprili S, Nardini Luca, Salvatore W, 2012. Evaluation of seismic vulnerability of a complex RC existing building by linear and nonlinear modeling approaches[J].Bulletin of Earthquake Engineering (10): 913-916.

Cardona O, 2004.The need for rethinking the concepts of vulnerability and risk from a holistic perspective: A necessary review and criticism for effective risk management[M]//Bankoff G, Frerks G, Hilhorst D, et al. Mapping Vulnerability. Disasters, Development and People[C]. Earthscan, London: 37-51.

Carrara A, Guzzetti F, 1995. Geographical Information Systems in Assessing Natural Hazards[M]. Dordrecht:Kluwer Academic Publisher.

Chigira M, Wu X, Inokuchi T, et al., 2010. Landslides induced by the 2008 Wenchuan earthquake, Sichuan, China[J]. Geomorphology, 118: 225-238.

Cui P, Chen X, Zhang J, et al., 2013. Activities and tendency of mountain hazards induced by the Ms7.0 Lushan Earthquake, April

20[J]. Journal of Mountain Science, 31: 257-265.

Cui P, Wei F, Chen X, et al., 2008. Geo-hazards in Wenchuan earthquake area and countermeasures for disaster reduction[J] .Bulletin of Chinese Academy of Sciences, 23: 317-323.

Cui P, Zhuang J-Q, Chen X-C, et al., 2010. Characteristics and counter-measures of debris flow in Wenchuan area after the earthquake[J]. Journal of Sichuan University (EngSci Ed), 42(5): 10-19 .

Cui P, Zou Q, Xiang L Z, et al., 2013. Risk assessment of simultaneous debris flows in mountain townships[J]. Progress in Physical Geography, 37(4): 516–542.

Cutter S, Finch C, 2008. Temporal and spatial changes in social vulnerability to natural hazards[J]. Proceedings of the National Academy of USA, 105(7): 2301-2306.

Cutter S, Boruff B, Shirley W, 2003. Social vulnerability to environmental hazards[J]. Social Science Quarterly, 84(2): 242-261.

Cutter S, Barnes L, Berry M, et al., 2008. A place-based model for understanding community resilience to natural disasters[J]. Global Environmental Change, 18(4): 598-606.

Dall' Osso F, Gonella M, Gabbianelli G, 2009 . Assessing the vulnerability of building to tsunami in sydney[J]. Natural Hazards and Earth System Sciences, 9(6): 2015-2026.

D' Ayala D F, 2005. Force and displacement based vulnerability assessment for traditional building[J].Bulletin of Earthquake Engineering, 3: 235-260

De Oliveira M J M, 2009. Social vulnerability indexes as planning tools: Beyond the preparedness paradigm[J]. Journal of Risk Research, 12(1): 43-58.

Delgado J, Garrido J, Martino C, et al., 2011. On far field occurrence of seismically induced landslides[J].Engineering Geology, 123: 204-213.

Deyle R E, French S P, Olshansky R B, et al., 1998. Hazard Assessment: the Factual Basis for Planning and Mitigation[M]// Cooperating with Nature: Confronting Natural Hazards with Land-use Planning for Sustainable Communities[C].Washington, D.C.: Joseph Henry Press.

Dilley M, Chen R, Deichmann U, et al., 2005.Natural disaster hotspots: A global risk analysis, vol 5[R] .Disaster Risk Management Series. The World Bank, Washington.

Ding M T, Hu K H, 2014. Susceptibility mapping of landslides in Beichuan County using cluster and MLC methods[J]. Natural Hazards, 70(1): 755-766.

Ding M T, Tellez R D, Hu K H, 2010. Mapping vulnerability to debris flows based on SOM method[C]. The 2nd International Conference on Computer and Automation Engineering, Beijing: 393-398.

Ding M T, Wei F Q, Hu K H, 2012. Property insurance against debris-flow disasters based on risk assessment and the principal–agent theory[J]. Natural Hazards, 60(3): 801-817.

Ding M T, Heiser M, Hübl J, Fuchs S, 2016. Regional vulnerability assessment for debris flows in China—a CWS approach[J].Landslides, 13(3): 537-550.

Ding M, 2013. IM-based hazard assessment on debris flows in the upper reaches of Min River[J]. Disaster Advances, 6: 39-47, .

Ding M, Cheng Z, Wang Q, 2014. Coupling mechanism of rural settlements and mountain disasters in the upper reaches of Min River[J].Journal of Mountain Science, 11: 66-72.

Du F, Long F, Ruan X, et al., 2013. The M7.0 Lushan earthquake and the relationship with the M8.0 Wenchuan earthquake in Sichuan, China[J]. Chinese Journal of Geophysics, 56: 1772-1783.

Eldeen M T, 1980. Predisaster physical planing: Integration of disaster risk analysis into physical planning-a case study in Tunisia[J]. Disasters, 4(2): 211-212.

Ellen S D, 1988. Landslide, floods and native effects of the storm of january 1982, in the San Francisco Bay Region[J]. California, V.S.S: 3-5.

Fan X, Westen C, Xu Q, et al., 2012. Analysis of landslide dams induced by the 2008 Wenchuan earthquake[J].Journal of Asian Earth Sciences, 57: 25-37.

Fannin R J, Wise M P, 2001. An empirical-statistical model for debris flow travel distance[J]. Canadian Geotechnical Journal, 38(5): 982-994(3).

Fausto G, Paola R, Francesca A, et al., 2006. Estimating the quality of landslide susceptibility models[J]. Geomorphology, 81 (1): 166-184.

Fell R, Corominas J, Bonnard C, et al., 2008. Guidelines for landslide susceptibility, hazard and risk zoning for land-use planning[J]. Engineering Geology, 102(3-4): 85-98.

Feng C, Liu R, Gou C, et al., 2013. Research of landslide susceptibility after the Lushan earthquake based on logistic regression model, Journal of Chengdu University of Technology[J].Science & Technology Edition, 40: 282-287.

Fotopoulou S D, Pitilakis K D, 2013. Vulnerability assessment of reinforced concrete buildings subjected to seismically triggered slow-moving earth slides[J].Landslides(10): 563-570.

Fuchs S, 2009. Susceptibility versus resilience to mountain hazards in Austria—paradigms of vulnerability revisited[J]. Natural Hazards & Earth System Sciences, 9(2): 337-352.

Fuchs S, Thaler T, 2018. Vulnerability and Resilience to Natural Hazards[M]. Cambridge : Cambridge University Press.

Fuchs S, Heiss K, Huebl J, 2007. Towards an empirical vulnerability function for use in debris flow risk assessment[J]. Natural Hazards Earth System Sciences, 7: 495-506.

Fuchs S, Kuhlicke C, Meyer V, 2011. Editorial for the special issue: Vulnerability to natural hazards—the challenge of integration[J]. Natural Hazards, 58(2): 609-619.

Fuchs S, Birkmann J, Glade T, 2012a. Vulnerability assessment in natural hazard and risk analysis: Current approaches and future challenges[J]. Natural Hazards, 64(3): 1969-1975.

Fuchs S, Ornetsmüller C, Totschnig R, 2012b. Spatial scan statistics in vulnerability assessment—an application to mountain hazards[J]. Natural Hazards, 64(3): 2129-2151.

Fuchs S, Keiler M, Sokratov S, et al., 2013. Spatiotemporal dynamics: The need for an innovative approach in mountain hazard risk management[J]. Natural Hazards, 68(3): 1217-1241.

Galli M, Guzzetti F, 2007. Landslide vulnerability criteria: A case study from Umbria, Central Italy[J]. Environmental Management, 40(4): 649-664.

Gao K C, 2006.Probability forecast of regional landslide based on weather forecast[J].Wuhan University Journal of Natural Science, 11(4): 853-858.

Ge Y G, Cui P, Zhang J Q, et al., 2015. Catastrophic debris flows on July 10th 2013 along the Min River in areas seriously-hit by the Wenchuan earthquake[J]. Journal of Mountain Science, 12(1): 186-206.

Geiß C, Taubenböck H, Tyagunov S, et al., 2014. Assessment of seismic building vulnerability from space[J].Earthquake Spectra, 30(4): 1553-1561.

Gorum T, Fan X, Westen C, et al., 2011. Distribution pattern of earthquake-induced landslides triggered by the 12 May 2008

Wenchuan earthquake[J]. Geomorphology, 133: 152-167.

Gupta R P, Josh B C, 1990. Landslide hazard zoning using the GIS approach: a case study from the Rumgnga Catchments Himalayas [J]. Engineering Geology, 28(2): 125-135.

Hollingsworth R, Kovacs G S, 1981. Soil slumps and debris flows: Prediction and protection[J]. Bulletin of the Association of Engineering Geologists, 18(1): 17-28.

Holub M, Suda J, Fuchs S, 2012. Mountain hazards: Reducing vulnerability by adopted building design[J].Environ Earth Sciences (66): 1853-1858.

Hu T, Huang R Q, 2017. A catastrophic debris flow in the Wenchuan Earthquake area, July 2013: Characteristics, formation, and risk reduction[J]. Journal of Mountain Science, 14(1): 15-30.

Huang R, Li W, 2009. Analysis of the geo-hazards triggered by the 12 May 2008 Wenchuan earthquake, China[J].Bulletin of Engineering Geology and the Environment, 68: 363-371.

Huang X, Tang C, 2016. Quantitative risk assessment of catastrophic debris flows through numerical simulation[J]. Advances in Earth Science, 31(10): 1047-1055.

Hungr O, Morgan G C, VanDine D R L, 1987. Debris flow defenses in British Columbia[J]. Geological Society America Reviews in Eenineering Geology(1): 201-202.

Hungr O, Fell R, Couture Réjean, et al., 2005. Landslide Risk Management[M]. London : CRC Press.

Hurst N W, 1998. Risk Assessment: the Human Dimension[M].Cambridge: The Royal Society of Chemistry.

IUGS, 1997. Quantitative risk assessment for slope and landslides-the state of the art[C]. Landslide Risk Assessment. Rotterdam: A.A.Balkema: 3-12.

Jiang Y, Chen G, Xing G, et al., 2011. Characteristics of 5.12earthquake geo-hazards in Lushan, Sichuan Province[J]. Journal of Engineering Geology, 19 (suppl.): 158-168.

Jibson R W, Harp E L, Michael J A, 2000. A method for producing digital probabilistic seismic landslide hazard maps[J]. Engineering Geology, Special Issue, 58(3-4): 98-113.

Jin J, Pan M, Tiefeng L I, 2007. Regional landslide disaster risk assessment methods[J]. Journal of Mountain Science, 25(2): 197-201.

John C D, Chang J C, Gregory C O, 2006. Two models for evaluating landslide hazards[J]. Computers & Geosciences, 32(8): 1120-1127.

Kang H S, Kim Y T, 2016. The physical vulnerability of different types of building structure to debris flow events[J].Natural Hazards (80): 1475-1482.

Kappes M, Malet J P, Remaître A, et al., 2011. Assessment of debris-flow susceptibility at medium-scale in the Barcelonnette Basin, France[J]. Natural Hazards and Earth System Sciences, 11(2): 627-641.

Kappos A J, Panagopoulos G, Panagiotopoulos C, 2006. A hybrid method for the vulnerability assessment of R/C and URM buildings[J]. Bulletin of Earthquake Engineering, 4(4): 391-410.

Keefer D V, 1984. Landslides caused by earthquakes[J]. Geological Society of America Bulletin, 95: 406-421.

Keiler M, Knight J, Harrison S, 2010. Climate change and geomorphological hazards in the eastern European Alps[J]. Philosophical Transactions of the Royal Society A, 368: 2461-2479.

Kienholz H, Krummenacher B, Kipfer A, et al., 2004. Aspects of integral risk management in practiceconsiderations with respect to mountain hazards in Switzerland[J]. Sterreichische Wasser-und Abfallwirtschaft, 56: 43-50.

Kohonen T, 1982. Self-organized formation of topologically correct feature maps[J]. Biological Cybernetics, 4(3): 59-69.

Kohonen T, 2000. Self-Organizing Maps（3rd）[M] . Berlin Heidelberg: Springer.

Kohonen T, Hynninen J, Kangas J, et al., 1996. SOM_PACK: The self-organizing map program package[J].Helsinki University of Technology, 4（9）: 1657-1665.

Lagomarsino S, Giovinazzi S, 2006. Macroseismic and mechanical models for the vulnerability and damage assessment of current buildings[J]. Bulletin of Earthquake Engineering （4）: 415-420.

Lei X, Ma S, Su J, et al., 2013. Inelastic triggering of the 2013 M$_w$6.6 Lushan earthquake by the 2008 M$_w$7.9 Wenchuan earthquake[J].Seismology and Geology, 35: 411-422.

Leone F, Asté J P, Leroi E, 1996. L' évaluation de la vulnérabilité aux mouvements du terrain: Pour une meilleure quantification du risque[J]. Revue de Géographie Alpine, 84（1）: 35-46.

Lewis J, 2014. The susceptibility of the vulnerable: some realities reassessed[J]. Disaster Prevention & Management, 23（1）: 2-11.

Li C H, Li N, Shi P J, 2007. On the cluster of pressure level of cultivated land and in China based on SOM[J]. Resources and Environment in the Yangtze Basin, 16（3）: 318-322.

Li W, Huang R, Xu C, et al., 2013. Rapid prediction of co-seismic landslides triggered by Lushan earthquake, Sichuan, China[J].Journal of Chengdu University of Technology （Science & Technology Edition）, 40: 264-274.

Li Y S, Wei Y L, Li H Z, 1991. A primary study on economic and social benefits of disaster reduction[J]. Journal of Catastrophology, 6（4）: 1-4.

Liu J, Yi G, Zhang Z, et al., 2013. Introduction to the Lushan, Sichuan M7.0 earthquake on 20, April, 2013[J]. Chinese Journal of Geophysics, 56: 1404-1407.

Liu X L, 2006. Site-specific vulnerability assessment for debris flows: Two case studies[J]. Journal of Mountain Science, 3（1）: 20-27.

Liu X L, Lei J Z, 2003. A method for assessing regional debris flow risk: An application in Zhaotong of Yunnan Province （SW China）[J].Geomorphology, 52: 181-191.

Luna B Q, Blahut J, van Westen C J, et al., 2011. The application of numerical debris flow modelling for the generation of physical vulnerability curves[J]. Natural Hazards and Earth System Sciences, 11: 1-14.

Luo Y, Long Y, Li P, 1992. Evaluating principles for economic efficiency of preventing disaster engineering[J]. Journal of Catastrophology, 7（4）: 7-10.

Maio R, Vicente R, Formisano A, et al., 2015. Seismic vulnerability of building aggregates through hybrid and indirect assessment techniques[J].Bulletin of Earthquake Engineering, 13（10）: 2995-2998.

Malone E L, Engle N L, 2011. Evaluating regional vulnerability to climate change: Purposes and methods[J]. Wiley Interdisciplinary Reviews Climate Change, 2（3）: 462-474.

Mavrouli O, Corominas J, 2014. Rockfall vulnerability assessment for reinforced concrete buildings[J].Natural Hazards and Earth System Sciences, 10: 2055-2058.

Mavrouli O, Fotopoulou S, Pitilakis K, et al., 2016. Vulnerability assessment for reinforced concrete buildings exposed to landslides[J].Bulletin of Engineering Geology & the Environment, 73（2）: 265-289.

Mejia-Navarro M, Wohl E E, 1994. Geological hazard and evaluation using GIS: Methodology and model applied to Medellin, Colombia[J]. Environmental & Engineering Geoscience, 31（4）: 459-481.

Merz B, Kreibich H, Thieken A, 2004. Estimation uncertainty of direct monetary flood damage to buildings[J].Natural Hazards and Earth System Sciences（4）: 153-160.

Miao H, Liu H, Fan J, et al., 2008. Secondary disasters, hazard chains and the curing in Wenchuan earthquake-hit area, West

China[J].Journal of Geological Hazards and Environment Preservation, 19: 1-5.

Mora A M, Merelo J J, Briones C, et al., 2007. Clustering and Visualizing HIV Quasispecies using Kohonen's Self-Organizing Maps[M]//International Work-conference on Artificial Neural Networks. Berlin: Springer.

Neves F, Costa A, Vicente R, et al., 2012. Seismic vulnerability assessment and characterisation of the building on Faial island, Azores[J]. Bulletin of Earthquake Engineering, 10(1): 27-31.

Oja M, Kaski S, Kohonen T, 2003. Bibliography of self-organizing map (SOM) papers: 1998–2001 addendum[J]. Neural Computing Surveys, 3(1): 1-156.

Papadopoulos G, Plessa A, 2000. Magnitude–distance relations for earthquake-induced landslides in Greece[J]. Engineering Geology, 58: 377-386.

Papathoma-Köhle M, Kappes M, Keiler M, et al., 2011. Physical vulnerability assess- ment for alpine hazards: State of the art and future needs[J]. Natural Hazards, 58(2): 645-680.

Parise M, Jibson R, 2000. A seismic landslide susceptibility rating of geologic units based on analysis of characteristics of landslides triggered by the 17 January, 1994 Northridge, California earthquake[J]. Engineering Geology, 58: 251-270.

Paskaleva I, Simeonov S V, 2008. An assessment of the parameters controlling seismic input for the design and construction of a high-rise building: A case study for the city of sofia[J]. Harmonization of Seismic Hazard in Vranca Zone, 197-223.

Peatross J L, 1986. A morphometric study of slop stability controls in Central Virginia[D]. Virginia : University of Virginia.

Pei X, Huang R, 2013. Analysis of characteristics of geological hazards by "4.20" Lushan earthquake in Sichuan, China[J]. Journal of Chengdu University of Technology (Science & Technology Edition), 40: 257-263.

Petley D N, Hearn G J, Hart A B, 2005. Towards the development of a landslide risk assessment for rural roads in Nepal[J]. Social Science Electronic Publishing, 137(6): 123-150.

Puissant A, Van Den Eeckhaut M, Malet J-P, et al., 2014. Landslide consequence analysis: A region-scale indicator-based methodology[J]. Landslides, 11(5): 843-858.

Qiao Y, Ma Z, Lv F, 2009. Characteristics and dynamic cause mechanism of the Wenchuan earthquake geological Hazards[J] .Geology in China, 36: 736-742.

Radbruch-hall D H, Colton R B, Davies W E, 1983. Landslide overview map of the conterminous United States[R]. Reston, VA, USA: United States Geological Survey.

Rodríguez C, Bommer J, Chandler R, 1999. Earthquake-induced landslides: 1980–1997[J]. Soil Dynamics and Earthquake Engineering, 18: 325-346.

Schwarz J, Maiwald H, 2008. Damage and loss prediction model based on the vulnerability of building types[C].Institute for Catastrophic Loss Reduction.

Shen X, 2013. An analysis of the deformation of the crust and LAB beneath the Lushan and Wenchuan earthquake in Sichuan Province[J]. Chinese Journal of Geophysics, 56: 1895-1903, .

Shi Z, Wang G, Wang C, et al., 2014. Comparison of hydrological responses to the Wenchuan and Lushan earthquakes[J]. Earth and Planetary Science Letters, 391: 193-200.

Shou K, Wang C, 2003. Analysis of the Chiufengershan landslide triggered by the 1999 Chi-Chi earthquake in Taiwan[J]. Engineering Geology, 68: 237-250.

Silva M, Pereira S, 2016. Assessment of physical vulnerability and potential losses of buildings due to shallow slides[J]. Natural Hazards, 72(2): 1029-1050.

Smith K, 1996. Environmental Hazards: Assessing Risk and Reducing Disaster[M]. London: Rout Ledge.

Tang C, 2004. A study on compilation of landslide risk map[J]. Journal of Natural Disasters, 13 (3): 8-12.

Tang C, Zhang J, 2005. Vulnerability assessment of urban debris flow hazard[J]. Journal of Catastrophology, 20 (2): 11-15.

Tignor M, Mach K J, Midgley P M, 2012. Managing the Risks of Extreme Events and Disasters to Advance Climate Change Adaptation[M]// Special Report of the Intergovernmental Panel on Climate Change[C]. Cambridge: Cambridge University Press.

Tobin G A, Montz B E, 1997. Natural Hazards: Explanation and Integration[M].New York: The Guilford Press.

Totschnig R, Fuchs S, 2013. Mountain torrents: Quantifying vulnerability and assessing uncertainties[J]. Engineering Geology, 155 (2): 31-44.

UNDHA, 1991. Internationally agreed glossary of basic terms related to disaster management[R]. Geneva.

UNDHA, 1992. Internationally agreed glossary of basic terms related to disaster management[R]. Geneva.

UNDP, 2004. Reducing disaster risks: A challenge for development[R]. USA, Development Programme.

United Nations, 1991. Department of Humanitarian Affairs[M]// Mitigating Natural Disasters: Phenomena, Effects and Options—a Manual for Policy Makers and Planners[C]. New York: United Nations.

United Nations, 1992. Department of Humanitarian Affairs[M]// Internationally Agreed Glossary of Basic Terms Related to Disaster Management, DNA/93/96, Geneva.

van Westen C, Castellanos E, Kuriakose S, 2008. Spatial data for landslide susceptibility, hazard, and vulnerability assessment: an overview[J]. Engineering Geology, 102 (3-4): 112-131.

Vandine D F, Moore G, Wise M, et al., 2004. Technical terms and methods[M]//Landslide risk case studies in forest development planning and operations[C]. B.C., Ministry of Forests, Forest Science Program, Abstract of Land Management Handbook: 13-26.

Varnes D J, 1984. Landslide hazard zonation: A review of principles and practice[J].Natural Hazards, 3.

Wang C, 2013.Institute of remote sensing and digital earth (RADI), Chinese Academy of Sciences[J]. EARSeL newsletter (94): 33-34.

Wang W, Hao J, Yao Z, 2013. Preliminary result for rupture process of Apr.20, 2013, Lushan earthquake, Sichuan, China[J] .Chinese Journal of Geophysics, 56: 1412-1417.

Wei F Q, Yu Z, Hu K H, 2006. The model and method of debris flow risk zoning based on momentum analysis[J]. Wuhan University Journal of Natural Sciences, 11 (4): 835-839.

Wei F, Su P, Jiang Y, 2012. Distribution characteristics of landslides and debris flows in the Wenchuan earthquake region before and after the earthquake[J]. Disaster Advances, 5: 285-294.

Wei F, Hu K, Lopez J L, et al., 2003. Method and its application of the momentum model for debris flow risk zoning[J]. Chinese Science Bulletin, 48 (6): 594-598.

Wieczork G F, 1984 . Evaluating danger landslide caralogue mape[J]. Bulletin of the Association of Engineering Geologists, 1 (1): 337-342.

Wieland M, Pittore M, Parolai S, 2012. Estimating building inventory for rapid seismic vulnerability assessment: Towards an integrated approach based on multi-source imaging[J].Soil Dynamics and Earthquake Engineering (36): 70-75.

Wilhelm C, 1998. Quantitative risk analysis for evaluation of avalanche protection projects[R]. Proceedings of the 25 Years of Snow Avalanche Research, Oslo, Norway: 288-293.

Wilson R, Crouch E A C, 1987. Risk assessment and comparison: An introduction[J].Science, 236 (4799): 267-270.

Wu F, Hu R, Yue Z, 2009. Wenchuan earthquake geohazards[J]. Geological Publishing House, Beijing, China, 3: 1-2.

Xiang G P, Zhang D D, Chang Ming et al., 2015. Hydrodynamics and debris flow-triggering conditions after Dam Break in Qipan Gully[J].Water Resour Power, 33(4): 143-146.

Xie H, Zhong D L, Jiao Z, et al., 2009. Debris flow in Wenchuan quake-hit area in 2008[J]. Journal of Mountain Science, 27(4): 501-509.

Xu C, Xiao J, 2013. Spatial analysis of landslides triggered by the 2013 Ms7.0 Lushan earthquake: A case study of a typical rectangle area in the northeast of Taiping Town[J]. Seismology and Geology, 35: 436-452.

Xu J, 2006. Assessing study of city mud-rock flow destruction-a case of Dongchuan, Yunnan[J]. Journal of Baoshan Teachers College, 5: 83-87.

Xu Q, 2010. The 13 August 2010 catastrophic debris flows in Sichuan Province: Characteristics, genetic mechanism and suggestions[J]. Journal of Engineering Geology, 18: 596-608.

Yin Y, Pan G, Liu Y, 2009. Great Wenchuan earthquake: Seismogeology and landslide hazards[J]. Geological Publishing House, Beijing, China, 3: Ⅰ-Ⅳ.

Ying D, Li Z, Zeng Q, et al., 2013. Preliminary analysis of causative faults of Lushan earthquake and Wenchuan earthquake in Sichuan, China[J]. Journal of Chengdu University of Technology (Science & Technology Edition), 40: 250-256.

Yu Q D, Shen R F, 1996. Assessment methods of disaster economic loss[J]. Journal of Catastrophol, 11(2): 10-14.

Yuan L, Zhang Y, 2006. Debris flow hazard assessment based on support vector machine[J]. Wuhan Univesity Journal of Natural Sciences, 11(4).

Zhang G Y, Yin K L, 2007. Population vulnerability assessment on regional landslide hazards and casualty risk forecasting in Yongjia County, Zhejiang Province[J]. Geological Science and Technology Information, 26(4): 70-75.

Zhang X D, Wang Y A, 1996. Discussion on cost and benefit calculation method for disaster resistant engineering[J]. Journal of Catastrophology, 11(2): 1-3.

Zhang Y L, You W J, 2014. Social vulnerability to floods: A case study of Huaihe River Basin[J]. Natural Hazards, 71(3): 2113-2125.

Zou Q, Cui P, Zeng C, et al., 2016. Dynamic process-based risk assessment of debris flow on a local scale[J]. Physical Geography, 37(2): 132-152.